# 从0到1

## Python 数据可视化

莫振杰 著

人民邮电出版社

北京

**图书在版编目（CIP）数据**

从0到1：Python数据可视化 / 莫振杰著. -- 北京：
人民邮电出版社，2022.8
ISBN 978-7-115-58713-8

Ⅰ. ①从… Ⅱ. ①莫… Ⅲ. ①软件工具－程序设计
Ⅳ. ①TP311.56

中国版本图书馆CIP数据核字(2022)第030885号

◆ 著　　　　莫振杰
责任编辑　赵　轩
责任印制　陈　犇

◆ 人民邮电出版社出版发行　　北京市丰台区成寿寺路 11 号
邮编　100164　电子邮件　315@ptpress.com.cn
网址　https://www.ptpress.com.cn
三河市中晟雅豪印务有限公司印刷

◆ 开本：787×1092　1/16
印张：25　　　　　　　　　　2022 年 8 月第 1 版
字数：659 千字　　　　　　　2022 年 8 月河北第 1 次印刷

定价：89.90 元

读者服务热线：**(010)81055410**　印装质量热线：**(010)81055316**
反盗版热线：**(010)81055315**
广告经营许可证：京东市监广登字 20170147 号

　　一本好的书就如指路明灯，不仅可以让小伙伴们学得更轻松，更重要的是可以让初学者少走很多弯路。如果你需要的并不是"大而全"，而是恰到好处的教程，那么不妨看看从 0 到 1 这个系列的书。

　　就像经典的冰山理论——第一眼看到的美，只是全部创造的八分之一。实际上，这个系列的书源自我多年开发工作的经验总结，除了技术介绍外，也融入了自己非常多的思考。虽是一名技术工程师，但实际上也是一个对文字非常敏感的人。对于技术书的写作来说，我更喜欢用简单的语言把"丰满"的知识呈现出来。

　　在接触任何一门技术时，我都会记录初学时遇到的各种问题，以及自己的各种思考。所以我比较了解初学者的心态，也知道怎样才能让小伙伴们快速而无阻碍地学习。对于从 0 到 1 系列图书来说，我更多的是站在初学者的角度，而不是已学会者的角度来编写的。

　　从 0 到 1 系列图书从基本语法出发，并延伸到了 Python 的各个重要领域，包括网络爬虫、数据分析、数据可视化等。这个系列的几本书连贯性非常强，这样做也是为了让小伙伴们能够一步到位地系统学习，而不至于浪费大量时间走弯路。

　　最后想要跟小伙伴们说的是：或许从 0 到 1 系列图书并不完美，但相信其独树一帜的讲解方式能够让小伙伴们的学习步伐走得更快、走得更远。

## 读者对象

- ▶ 零基础的初学者。
- ▶ 想要系统学习 Python 的工程师。
- ▶ 高校相关专业的老师和学生。

## 配套资源

　　绿叶学习网是我开发的一个开源技术网站，也是从 0 到 1 系列图书的配套资源网站。本书的所有配套资源都可以在该网站下载。

　　此外，小伙伴们如果有任何技术方面的问题，或想要获取更多学习资源，以及希望和更多技术"大牛"进行交流，可以加入我们的官方 QQ 群：280972684、387641216。

## 特别说明

　　书中所有数据均为便于读者理解的虚拟数据，不具备其他任何用途，仅供编程练习。并且数据的数值、单位皆为举例，不具备实际功能与价值。

## 特别感谢

在编写本书的过程中，我得到了很多人的帮助。首先要感谢赵轩老师（本书责任编辑），感谢他这么多年的照顾，他是一位非常专业而不拘一格的编辑。

感谢五叶草团队的一路陪伴，感谢韦雪芳、陈志东、秦佳、莫振浩这几位小伙伴花费大量时间对本书进行细致的审阅，并且给出了诸多非常好的建议。

最后要特别感谢我的妹妹莫秋兰，她一直都在默默地支持和关心我。有这样一个善解人意的妹妹，是我一生中非常幸运的事情。

由于个人水平有限，书中难免存在疏漏之处，小伙伴们如果发现问题或有任何意见，可以登录绿叶学习网或发邮件（lvyestudy@qq.com）与我联系。

莫振杰

# 作者简介

**莫振杰**

全栈工程师、产品设计师，涉猎前端、后端、Python 等多个领域，熟练掌握 JavaScript、Vue、React、Node.js、Python 等多门技术。拥有一个高人气的个人网站——绿叶学习网，用于分享开发经验以及各种技术。

他还是多本图书的作者，凭着"从 0 到 1"系列图书，获得了"人民邮电出版社 IT 图书 2020 年最有影响力作者"称号。

# 资源与支持

本书由异步社区出品，社区（https://www.epubit.com/）为您提供相关资源和后续服务。

## 配套资源

本书提供如下资源：

- 本书源代码；
- 书中彩图文件。

要获得以上配套资源，请在异步社区本书页面中单击 配套资源 ，跳转到下载界面，按提示进行操作即可。注意：为保证购书读者的权益，该操作会给出相关提示，要求输入提取码进行验证。

如果您是教师，希望获得教学配套资源，请在社区本书页面中直接联系本书的责任编辑。

## 提交勘误

作者和编辑尽最大努力来确保书中内容的准确性，但难免会存在疏漏。欢迎您将发现的问题反馈给我们，帮助我们提升图书的质量。

当您发现错误时，请登录异步社区，按书名搜索，进入本书页面，单击"图书勘误""发表勘误"，输入勘误信息，点击"提交勘误"按钮即可。本书的作者和编辑会对您提交的勘误进行审核，确认并接受后，您将获赠异步社区的 100 积分。积分可用于在异步社区兑换优惠券、样书或奖品。

## 扫码关注本书

扫描下方二维码，您将会在异步社区微信服务号中看到本书信息及相关的服务提示。

## 与我们联系

我们的联系邮箱是 contact@epubit.com.cn。

如果您对本书有任何疑问或建议，请您发邮件给我们，并请在邮件标题中注明本书书名，以便我们更高效地做出反馈。

如果您有兴趣出版图书、录制教学视频，或者参与图书翻译、技术审校等工作，可以发邮件给我们；有意出版图书的作者也可以到异步社区在线提交投稿（直接访问 www.epubit.com/

selfpublish/submission 即可）。

如果您是学校、培训机构或企业，想批量购买本书或异步社区出版的其他图书，也可以发邮件给我们。

如果您在网上发现有针对异步社区出品图书的各种形式的盗版行为，包括对图书全部或部分内容的非授权传播，请您将怀疑有侵权行为的链接发邮件给我们。您的这一举动是对作者权益的保护，也是我们持续为您提供有价值的内容的动力之源。

## 关于异步社区和异步图书

**"异步社区"** 是人民邮电出版社旗下 IT 专业图书社区，致力于出版精品 IT 技术图书和相关学习产品，为作译者提供优质出版服务。异步社区创办于 2015 年 8 月，提供大量精品 IT 技术图书和电子书，以及高品质技术文章和视频课程。更多详情请访问异步社区官网 https://www.epubit.com。

**"异步图书"** 是由异步社区编辑团队策划出版的精品 IT 专业图书的品牌，依托于人民邮电出版社近 30 年的计算机图书出版积累和专业编辑团队，相关图书在封面上印有异步图书的 LOGO。异步图书的出版领域包括软件开发、大数据、AI、测试、前端、网络技术等。

异步社区

微信服务号

# 目录

## 第 1 部分　Matplotlib 篇

# 第 3 部分　Pyecharts 篇

# 第 4 部分　附录

第 1 部分
# Matplotlib 篇

# 第1章

# 数据可视化

## 1.1 数据可视化简介

### 1.1.1 数据科学是什么

在介绍数据可视化之前，我们有必要对"数据科学"进行简单的介绍，这样才能站在更高的角度来理解可视化与数据科学其余各部分之间的关系。

网络爬虫、数据分析、数据可视化、机器学习……

在平常的学习或工作中，我们或多或少都听过上面这些名词。其实这些名词本身就属于数据科学概念的一部分，它们背后其实是有深层联系的。大家可能都知道，如果想从数据中提炼有用的信息，一般流程是下面这样的。

获取数据→处理数据→展示数据

网络爬虫用于获取数据，数据分析用于处理数据，数据可视化用于展示数据。而机器学习则用于进一步对数据进行建模，以便对未来的一些东西进行预测。

所谓数据科学，用简单的一句话来说就是**"处理数据的科学"**。对于数据科学来说，它的工作流可以总结成"OSEMN"，如表 1-1 和图 1-1 所示。

表 1-1　数据科学工作流

| 步骤 | 常用库 |
| --- | --- |
| Obtain（获取） | Scrapy |
| Scrub（清洗） | NumPy、pandas |
| Explore（展示） | Matplotlib、Seaborn |
| Model（建模） | scikit-learn、SciPy、TensorFlow |
| iNterpret（解析） | Bokeh、D3.js |

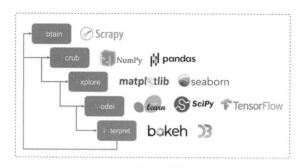

图 1-1　数据科学工作流

图 1-1 是一张非常有价值的图，从中我们可以得到 2 个非常重要的信息：① Python 不同领域之间的关系；② Python 不同领域用到的库。有了这张图，我们在接触 Python 各个领域的时候，就会有清晰的学习路线。

## 1.1.2　数据可视化是什么

数据可视化，也就是数据科学中的"Explore"（展示）这一环节。对于数据来说，我们仅从它本身很难看出背后有什么规律。如果将数据以图表的方式来展示，就可以明确地发现很多有用的信息。

比如想要查看某个城市一天的气温变化，仅仅通过查看数据，并不容易看出其中的变化趋势。如果把数据以折线图的方式展示出来，趋势就会变得非常直观，如图 1-2 所示。

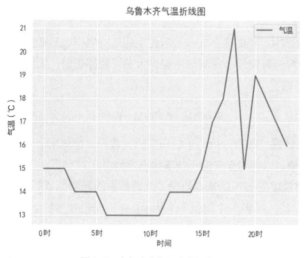

图 1-2　乌鲁木齐气温变化折线图

所谓数据可视化，指的就是将数据以图表的方式展示处理。Python 的可视化库有数十种之多，不过本书只会介绍常用的 3 个库：Matplotlib、Seaborn、Pyecharts。实际上，如果小伙伴们能熟练掌握这 3 个库，就基本能够满足 90% 以上的开发需求了。

在本书中，我们分 3 个部分来为小伙伴们详细介绍。

## 1.2　课程说明

　　我们建议的学习顺序如图1-3所示。在学习数据可视化之前，小伙伴们一定要有数据分析的基础，不然学习起来是比较吃力的。那怎样才算有数据分析基础呢？其实很简单，你至少要掌握NumPy和pandas这两个库。NumPy和pandas是数据分析中非常重要的两个库。

图1-3　学习顺序

　　可能有小伙伴会问，为什么一定要有数据分析基础呢？就拿后面介绍的Seaborn这个库来说，它就要求数据必须是序列（Series）或数据帧（DataFrame）。而它们恰恰都是pandas的数据格式。如果你没有学习过数据分析，可以说是很难明白Seaborn的语法的。

　　由于从0到1这个系列的书都是我一个人写的，所以我已经替小伙伴们考虑过了。没有数据分析基础的小伙伴，可以看一下本系列的《从0到1——Python数据分析》。它和本书具有比较强的连贯性，可以让你把数据分析和数据可视化理解得更加透彻。

　　关于Matplotlib、Seaborn、Pyecharts，我们约定统一采用首字母大写的方式来表示。（虽然官网有些使用大写，有些使用小写，不过这样会非常混乱。）这一点小伙伴们了解一下就可以了。

　　此外对于开发工具，我们推荐使用下面这3种（任意一种都可以）。对于这些开发工具的安装和使用，由于在本系列其他书中已经介绍得非常多了，这里就不再展开介绍。

- ▶ VS Code。
- ▶ PyCharm。
- ▶ Jupyter Notebook。

# 第 2 章

# 基础图表

## 2.1 Matplotlib 简介

在 Python 中，我们可以使用 Matplotlib 这个库来实现数据可视化。在众多可视化库中，Matplotlib 是非常基础的一个，后面介绍的 Seaborn 也是基于 Matplotlib 来实现的。可以这样说，如果你想要学习数据可视化，那么 Matplotlib 是必学的一个。

Matplotlib（如图 2-1 所示）是基于 NumPy 实现的一个库。它借鉴了很多 MATLAB 中的函数，使我们可以轻松绘制各种高质量的图表，包括折线图、散点图、柱形图等。此外，应用 Matplotlib 不仅可以绘制二维图，还可以绘制三维图，以及实现各种图形动画等。

图 2-1 Matplotlib

由于 Matplotlib 是第三方库，因此我们需要手动安装该库。如果小伙伴们使用的是 VS Code，打开终端窗口并输入下面的命令，按 "Enter" 键即可安装该库。

```
pip install matplotlib
```

如果想要使用 Matplotlib 来绘制各种图表，我们可以借助它的 pyplot 子库中的各种绘图函数来实现，常用的绘图函数如表 2-1 所示。

表 2-1 Matplotlib 常用图表的绘图函数

| 基础图表 | 绘图函数 |
| --- | --- |
| 折线图 | plot() |
| 柱形图 | bar() |
| 条形图 | barh() |
| 直方图 | hist() |

续表

| 基础图表 | 绘图函数 |
| --- | --- |
| 饼状图 | pie() |
| 散点图 | scatter() |
| 箱线图 | boxplot() |
| **高级图表** | **绘图函数** |
| 阶梯图 | step() |
| 面积图 | stackplot() |
| 棉棒图 | stem() |
| 误差棒图 | errorbar() |
| 雷达图 | polar() |
| 热力图 | imshow() |
| 子图表 | subplot() |

每一个绘图函数提供的参数都是非常多的，为了让小伙伴们能快速理解以及减轻记忆负担，我们只介绍常用的参数。如果想要更深入地了解每一个函数的功能，小伙伴们还是要多查阅一下Matplotlib 的官方文档。

最后需要特别说明一点，如果大家看过《从 0 到 1——Python 数据分析》一书，就知道其实里面已经介绍过 Matplotlib 了。但是由于 Matplotlib 是后面介绍的 Seaborn 的实现基础，并且考虑到很多小伙伴可能没有看过从 0 到 1 系列的其他书，因此这里还是先详细介绍一下 Matplotlib 的使用方法。当然，由于本书是专门介绍数据可视化的，因此书中涉及的技术细节也会较深入、全面。

## 2.2 基础绘图（折线图）

Matplotlib 非常基础的应用就是绘制折线图。本节我们先简单介绍一下如何绘制折线图，再介绍如何绘制其他图表。

### 2.2.1 基本语法

在 Matplotlib 中，可以使用 plot() 函数来绘制折线图。折线图的主要作用是表现"因变量 y"随着"自变量 x"改变的趋势。所以折线图特别适用于展示随时间变化的连续数据。

▼ **语法**：

```
plt.plot(x, y)
```

▼ **说明**：

x 和 y 都是必选参数，它们可以是列表、数组、序列（Series）以及其他可迭代对象（比如 range 对象）。其中，数组是 NumPy 的数据类型，Series 是 pandas 的数据类型。

### ▚ 举例：绘制一条折线

```
# 导入库
import matplotlib.pyplot as plt

# 绘图
x = [1, 2, 3, 4]
y = [16, 15, 18, 17]
plt.plot(x, y)

# 显示
plt.show()
```

运行之后，效果如图 2-2 所示。

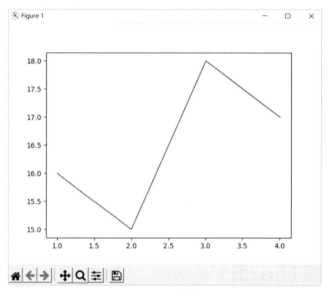

图 2-2　一条折线

### ▚ 分析：

如果想要使用 Matplotlib 来绘制图表，我们至少要经历 3 步：①导入库；②绘图；③显示。

```
# 第1步: 导入库
import matplotlib.pyplot as plt
```

首先，我们使用上面这句代码来导入 Matplotlib 库中的 pyplot 子库，并将其命名为 plt。因为 Matplotlib 大部分的绘图功能集成在 pyplot 子库中，所以通常只需要导入 pyplot 子库就可以了。

```
# 第2步: 绘图
x = [1, 2, 3, 4]
y = [16, 15, 18, 17]
plt.plot(x, y)
```

接下来，我们使用上面的代码来绘制一个折线图。根据 x 和 y 这两个列表可知，该图有 4 个折点坐标: (1, 16)、(2, 15)、(3, 18)、(4, 17)。

```
# 第3步: 显示
plt.show()
```

只有第1步和第2步，运行代码之后并不会有任何效果。最后我们还要调用 pyplot 的 show()
函数，这样才能把图表显示出来。

Matplotlib 窗口除了可展示图表之外，还提供了很多便捷的功能，其工具栏如图 2-3 所示。工
具栏涉及的功能包括保存成一张图片、对窗口进行配置等，小伙伴们可以自行探索。

图 2-3　工具栏

### ▌ 举例：绘制多条折线

```
import matplotlib.pyplot as plt

# 绘图
x1 = [1, 2, 3, 4]
y1 = [16, 15, 18, 17]
x2 = [1, 2, 3, 4]
y2 = [15, 19, 17, 16]
plt.plot(x1, y1)
plt.plot(x2, y2)

# 显示
plt.show()
```

运行之后，效果如图 2-4 所示。

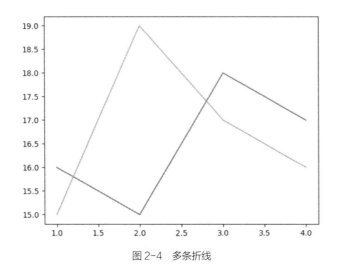

图 2-4　多条折线

### ▌ 分析：

在一个折线图中，我们不仅可以绘制一条折线，还可以同时绘制多条折线。在一个折线图中绘
制多条折线也很简单，只需要多次调用 plot() 函数就可以了。

实际上，我们调用一次 plot() 函数也能绘制多条折线。对于这个例子来说，下面 2 种形式是等价的。

```
# 形式1：调用多次plot()
plt.plot(x1, y1)
plt.plot(x2, y2)

# 形式2：调用一次plot()
plt.plot(x1, y1, x2, y2)
```

## 2.2.2　样式定义

为了让折线图更加美观，plot() 函数还提供了很多用于定义样式的参数，这些参数主要分为 2 类：① 线条样式参数；② 节点样式参数。

### 1. 线条样式参数

在 Matplotlib 中，用于定义线条样式的参数有 3 个，如表 2-2 所示。

表 2-2　线条样式参数

| 参数 | 说明 |
| --- | --- |
| color | 线条颜色 |
| linestyle | 线条外观 |
| linewidth | 线条宽度 |

参数 color 用于定义线条的颜色，它常用的取值有 2 种：① 关键字（又称关键词）；② 十六进制 RGB 值。其中，关键字指的是颜色的英文名称，比如 red、green、blue 等；而十六进制 RGB 值指的是类似 "#FBF9D0" 这样的值。

如果使用关键字满足不了需求，我们就要借助十六进制 RGB 值，相信经常使用 Photoshop 的小伙伴对这种值不会陌生。可能有小伙伴会问：这种十六进制 RGB 值是怎么获取的呢？

我们可以使用一个名为 "Color Express" 的软件（如图 2-5 所示），来获取十六进制 RGB 值。

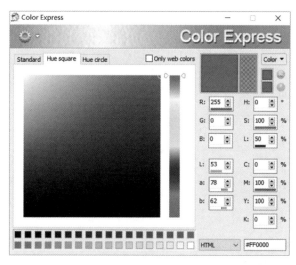

图 2-5　Color Express

参数 linestyle 用于定义线条的外观，它常用的取值有 2 种：① 关键字；② 字符。具体内容如表 2-3 所示。

表 2-3　参数 linestyle 的常用取值

| 关键字 | |
|---|---|
| solid（默认值） | 实线 |
| dashed | 虚线 |
| dotted | 点线 |
| dashdot | 点划线 |
| **字符** | |
| –（默认值） | 实线 |
| -- | 虚线 |
| : | 点线 |
| -. | 点划线 |

参数 linewidth 用于定义线条的宽度，比如 linewidth=2 表示定义线条宽度为 2 像素。linewidth 的默认值为 1，也就是 1 像素。

### ▼ 举例：线条颜色

```python
import matplotlib.pyplot as plt

# 绘图
x = [1, 2, 3, 4]
y = [16, 15, 18, 17]
plt.plot(x, y, color="red")

# 显示
plt.show()
```

运行之后，效果如图 2-6 所示。

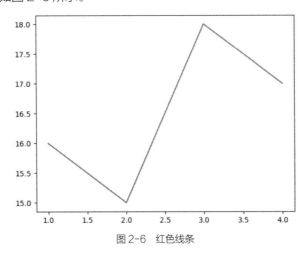

图 2-6　红色线条

### ▼ 分析：

plt.plot(x, y, color="red") 这句代码表示定义线条颜色为 red（红色），当然我们也可以使用十六进制 RGB 值，小伙伴们可以自行尝试。

```
# 十六进制RGB值
plt.plot(x, y, color="#10CBC8")
```

### 举例：线条外观

```
import matplotlib.pyplot as plt

# 绘图
x = [1, 2, 3, 4]
y = [16, 15, 18, 17]
plt.plot(x, y, linestyle="dashed")

# 显示
plt.show()
```

运行之后，效果如图 2-7 所示。

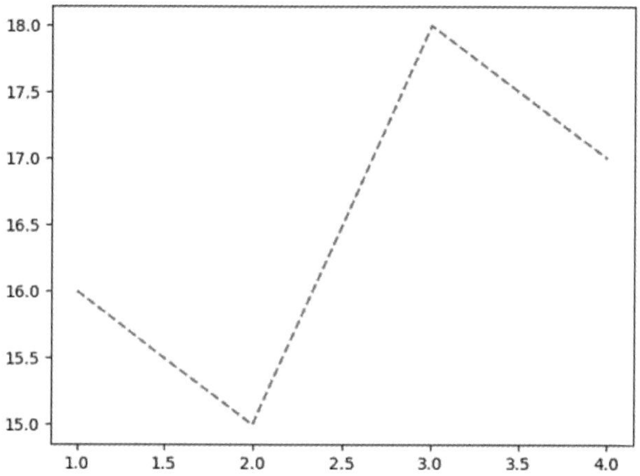


图 2-7　虚线

### 分析：

对于这个例子来说，下面 2 种形式是等价的。另外对于参数 linestyle 其他取值的效果，小伙伴们可以自行尝试。

```
# 形式1
plt.plot(x, y, linestyle="dashed")

# 形式2
plt.plot(x, y, linestyle="--")
```

### 举例：线条宽度

```
import matplotlib.pyplot as plt

# 绘图
```

```
x = [1, 2, 3, 4]
y = [16, 15, 18, 17]
plt.plot(x, y, linewidth=3)

# 显示
plt.show()
```

运行之后，效果如图 2-8 所示。

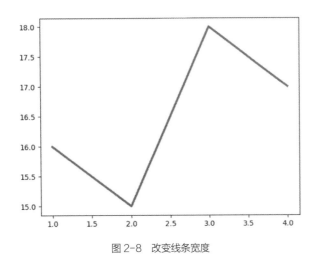

图 2-8　改变线条宽度

▌ **分析：**

在这个例子中，linewidth=3 表示定义线条的宽度为 3 像素。

### 2. 节点样式参数

在 Matplotlib 中，用于定义节点样式的参数有 4 个，如表 2-4 所示。

表 2-4　节点样式参数

| 参数 | 说明 |
| --- | --- |
| marker | 节点外观 |
| markersize 或 ms | 节点大小 |
| markerfacecolor 或 mfc | 节点颜色 |
| markeredgecolor 或 mec | 边框颜色 |

参数 marker 用于定义节点的外观，它常用的取值如表 2-5 所示。

表 2-5　参数 marker 的常用取值

| 取值 | 说明 |
| --- | --- |
| . | 点 |
| , | 像素 |
| o | 实心圆 |

续表

| 取值 | 说明 |
|------|------|
| v | 下三角形 |
| ^ | 上三角形 |
| < | 左三角形 |
| > | 右三角形 |
| 1 | 下花三角形 |
| 2 | 上花三角形 |
| 3 | 左花三角形 |
| 4 | 右花三角形 |
| s | 实心正方形 |
| p | 实心五角星形 |
| * | 星形 |
| h | 竖六边形 |
| H | 横六边形 |
| + | 加号 |
| x | 叉号 |
| d | 小菱形 |
| D | 大菱形 |
| \| | 垂直线条 |

参数 marker 的取值非常多，我们并不需要都记住，在实际开发中需要用到的时候查阅一下表 2-5 就可以了。

参数 markersize 用于定义节点的大小，它可以简写为"ms"。参数 markerfacecolor 用于定义节点的颜色，它可以简写为"mfc"。参数 markeredgecolor 用于定义边框的颜色，它可以简写为"mec"。

### ▌ 举例：实心圆

```python
import matplotlib.pyplot as plt

# 绘图
x = [1, 2, 3, 4]
y = [16, 15, 18, 17]
plt.plot(x, y, marker="o")

# 显示
plt.show()
```

运行之后，效果如图 2-9 所示。

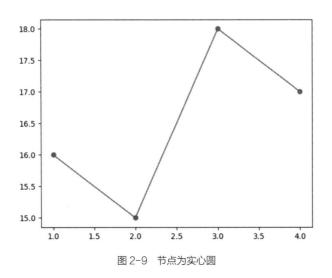

图 2-9 节点为实心圆

### ▶ 分析：

把节点定义成实心圆，我们知道怎么实现了。如果想要把节点定义成空心圆，又该怎么做呢？我们只需要将 markerfacecolor 设置为 white（白色）就可以了，代码如下。

```
plt.plot(x, y, marker="o", markerfacecolor="white")          # 节点为空心圆
```

再次运行之后，效果如图 2-10 所示。

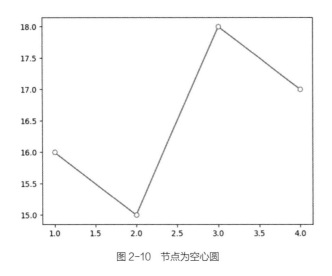

图 2-10 节点为空心圆

### ▶ 举例：节点大小

```
import matplotlib.pyplot as plt

# 绘图
x = [1, 2, 3, 4]
```

```
y = [16, 15, 18, 17]
plt.plot(x, y, marker="o", markersize=10)

# 显示
plt.show()
```

运行之后，效果如图 2-11 所示。

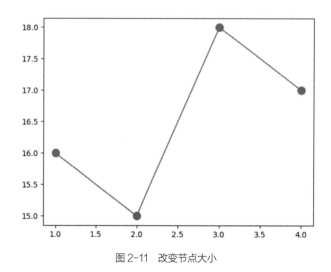

图 2-11　改变节点大小

### ▐ 分析：

在这个例子中，markersize=10 表示定义节点大小为 10 像素。由于 markersize 可以简写为 ms，所以下面 2 种形式是等价的。

```
# 形式1
plt.plot(x, y, marker="o", markersize=10)
```

```
# 形式2
plt.plot(x, y, marker="o", ms=10)
```

### ▐ 举例：节点颜色和边框颜色

```
import matplotlib.pyplot as plt

# 绘图
x = [1, 2, 3, 4]
y = [16, 15, 18, 17]
plt.plot(x, y, marker="o", markersize=10, markerfacecolor="orange", markeredgecolor="red")

# 显示
plt.show()
```

运行之后，效果如图 2-12 所示。

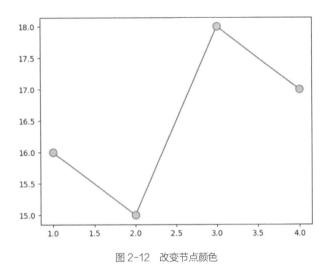

图 2-12 改变节点颜色

## ▶ 分析：

在这个例子中，markerfacecolor="orange" 表示定义节点颜色为 "orange"（橙色），markeredgecolor="red" 表示定义边框颜色为 "red"（红色）。

由于 markerfacecolor 可以简写为 mfc，而 markeredgecolor 可以简写为 mec，所以对于这个例子来说，下面 2 种形式是等价的。

```
# 形式1
plt.plot(x, y, marker="o", markersize=10, markerfacecolor="orange", markeredgecolor="red")
```

```
# 形式2
plt.plot(x, y, marker="o", markersize=10, mfc="orange", mec="red")
```

最后需要说明一点，数据可视化的目的是绘制出使用户体验更好的图表，所以大多数可视化库都会提供各种用于自定义样式的方法或参数，这样做的目的是方便开发者实现定制化程度更高的图表。所以我们在学习可视化库的时候，除了学习如何绘制基础图表之外，更多的是学习各种样式的定义方法。了解这一点，可以让我们的学习思路变得更加清晰。

## 2.2.3 实际案例

本书所有例子使用的数据集文件（一般是 CSV 文件）都可以在本书配套资源中找到。对于这一点，后面就不再重复说明了。

首先创建一个名为 "data" 的文件夹，然后在该文件夹中创建一个 guangzhou.csv 文件，项目结构如图 2-13 所示。其中，guangzhou.csv 文件保存的是广州一年内每个月的最高气温和最低气温数据，如图 2-14 所示。

图 2-13 项目结构

```
月份,最高,最低
1,19,10
2,20,12
3,23,16
4,27,21
5,31,25
6,33,27
7,34,27
8,34,27
9,33,25
10,30,21
11,25,18
12,20,12
```

图 2-14　guangzhou.csv 文件内容

▌ 举例：

```python
import pandas as pd
import matplotlib.pyplot as plt

# 读取数据
df = pd.read_csv(r"data/guangzhou.csv")

plt.plot(df["月份"], df["最高"], marker="o", markerfacecolor="white")
plt.plot(df["月份"], df["最低"], marker="o", markerfacecolor="white")

# 显示
plt.show()
```

运行之后，效果如图 2-15 所示。

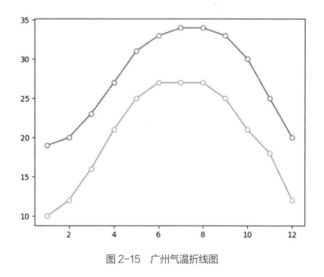

图 2-15　广州气温折线图

▌ 分析：

对于 plt.plot(x, y) 来说，x 和 y 除了可以是列表之外，还可以是 Series。大家应该都知道，DataFrame 的一列本质上就是一个 Series。小伙伴们要记住这一点：在 Matplotlib 中，**大多数绘图函数的数据除了可以是列表，还可以是 Series**。

Series 和 DataFrame 是 pandas 的数据结构，这些都是数据分析的基础。这也是我们在一开始就强调一定要先学习数据分析，然后再学习数据可视化的原因，不然很多内容会理解不了。

# 2.3　通用设置

在介绍如何绘制其他图表之前，我们先来介绍一下通用的设置。这些设置不仅可以用于折线图，也可以用于大多数其他图表。与通用设置相关的大多数函数是直接通过 pyplot 子库来调用的，这一点大家一定要清楚。

```
import matplotlib.pyplot as plt
plt.函数名()
```

在 Matplotlib 中，用于通用设置的函数比较多，常用的如表 2-6 所示。本节的内容很重要，也是学习后面章节的基础，小伙伴们要认真掌握。

表 2-6　通用设置函数

| 函数 | 说明 |
| --- | --- |
| figure() | 画布样式 |
| title()、xlabel()、ylabel() | 定义标题 |
| legend() | 定义图例 |
| xticks()、yticks() | 刻度标签 |
| xlim()、ylim() | 刻度范围 |
| grid() | 网格线 |
| axhline()、axvline() | 参考线 |
| axhspan()、axvspan() | 参考区域 |
| annotate() | 注释内容（有指向） |
| text() | 注释内容（无指向） |

## 2.3.1　画布样式

在 Matplotlib 中，我们可以使用 figure() 函数来定义画布的样式，包括画布的大小、画布的颜色、边框颜色等。

▼ **语法**：

```
plt.figure(figsize, facecolor, edgecolor)
```

▼ **说明**：

参数 figsize 用于定义画布的大小，它的取值是元组，比如 figsize=(10, 20) 表示宽度为 10 英寸（1 英寸 =2.54 厘米）、高度为 20 英寸。

参数 facecolor 用于定义画布的颜色，参数 edgecolor 用于定义边框颜色。它们的取值可以是关键字，也可以是十六进制 RGB 值。

▊ **举例：**

```
import matplotlib.pyplot as plt

# 画布样式
plt.figure(figsize=(5, 4), facecolor="lightskyblue")

# 绘图
x = [1, 2, 3, 4]
y = [16, 15, 18, 17]
plt.plot(x, y)

# 显示
plt.show()
```

运行之后，效果如图 2-16 所示。

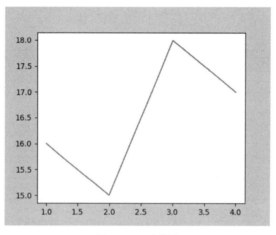

图 2-16　画布样式

▊ **分析：**

我们要特别注意一点，由于画布样式针对的是全局，所以 figure() 函数必须在绘图函数之前调用，不然就会出现问题。小伙伴们可以试一下把 figure() 函数放在 plot() 函数之后调用，看看效果是怎样的。

除了 figure() 函数比较特殊之外，对于其他通用设置函数，如果没有特别说明，那么它们既可以在绘图函数之前调用，也可以在绘图函数之后调用。

## 2.3.2　定义标题

在 Matplotlib 中，我们可以使用 title()、xlabel()、ylabel() 这 3 个函数来分别定义主标题、x 轴标题和 y 轴标题。

▊ **语法：**

```
plt.title(label, loc)            # 主标题
plt.xlabel(label, loc)           # x轴标题
plt.ylabel(label, loc)           # y轴标题
```

▌ **说明：**

title()、xlabel()、ylabel() 这 3 个函数都有 label 和 loc 这 2 个参数。label 用于定义标题内容，而 loc 用于定义标题位置。不同函数的 loc 参数的取值是不一样的，说明分别如下。

▶ 对于 title() 来说，它的 loc 参数取值有 3 个：left、center、right。

▶ 对于 xlabel() 来说，它的 loc 参数取值有 3 个：left、center、right。

▶ 对于 ylabel() 来说，它的 loc 参数取值有 3 个：top、center、bottom。

▌ **举例：常规设置**

```python
import matplotlib.pyplot as plt

# 解决中文乱码问题
plt.rcParams["font.family"] = ["SimHei"]
# 解决负号不显示问题
plt.rcParams["axes.unicode_minus"] = False

# 绘图
x = [1, 2, 3, 4]
y = [16, 15, 18, 17]
plt.plot(x, y)

# 定义标题
plt.title("一个折线图")
plt.xlabel("x轴标题")
plt.ylabel("y轴标题")

# 显示
plt.show()
```

运行之后，效果如图 2-17 所示。

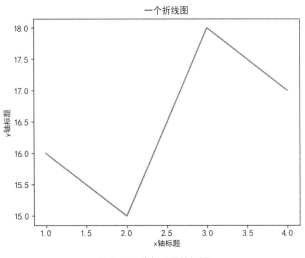

图 2-17　常规设置的标题

▌ **分析：**

如果图表中包含中文，就必须使用 plt.rcParams["font.family"] 来设置中文字体，不然就会出现乱码问题。如果图表中包含符号"–"，就必须设置 plt.rcParams["axes.unicode_minus"] 为 False。

在实际工作中，建议在绘图代码的开始处统一加上下面这两句代码。

```
plt.rcParams["font.family"] = ["SimHei"]              # 解决中文乱码问题
plt.rcParams["axes.unicode_minus"] = False            # 解决负号不显示问题
```

▌ **举例：主标题位置**

```
import matplotlib.pyplot as plt

# 设置
plt.rcParams["font.family"] = ["SimHei"]
plt.rcParams["axes.unicode_minus"] = False

# 绘图
x = [1, 2, 3, 4]
y = [16, 15, 18, 17]
plt.plot(x, y)

# 定义标题
plt.title("一个折线图", loc="left")
plt.xlabel("x轴标题")
plt.ylabel("y轴标题")

# 显示
plt.show()
```

运行之后，效果如图 2-18 所示。

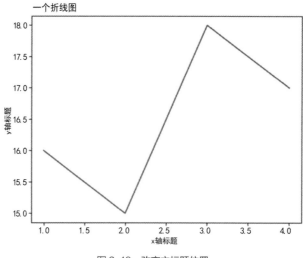

图 2-18　改变主标题位置

▌ **分析：**

在这个例子中，title() 函数中的 loc="left" 表示定义主标题的位置在左边。

## ▌ 举例：轴标题位置

```python
import matplotlib.pyplot as plt

# 设置
plt.rcParams["font.family"] = ["SimHei"]
plt.rcParams["axes.unicode_minus"] = False

# 绘图
x = [1, 2, 3, 4]
y = [16, 15, 18, 17]
plt.plot(x, y)

# 定义标题
plt.title("一个折线图")
plt.xlabel("x轴标题", loc="right")
plt.ylabel("y轴标题", loc="top")

# 显示
plt.show()
```

运行之后，效果如图 2-19 所示。

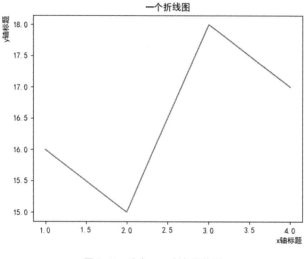

图 2-19 改变 x、y 轴标题位置

## ▌ 分析：

x 轴标题默认是水平居中的，如果想要将其定义到最右边，我们可以使用 loc="right" 来实现。
而 y 轴标题默认是垂直居中的，如果想要将其定义到最顶部，我们可以使用 loc="top" 来实现。

## ▌ 举例：字体样式

```python
import matplotlib.pyplot as plt

# 设置
plt.rcParams["font.family"] = ["SimHei"]
```

```
plt.rcParams["axes.unicode_minus"] = False

# 绘图
x = [1, 2, 3, 4]
y = [16, 15, 18, 17]
plt.plot(x, y)

# 定义标题
plt.title("一个折线图", fontsize=14, color="red")
plt.xlabel("x轴标题")
plt.ylabel("y轴标题")

# 显示
plt.show()
```

运行之后，效果如图 2-20 所示。

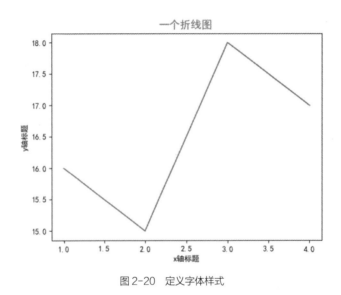

图 2-20　定义字体样式

▶ **分析：**

标题本质上是文本，既然是文本，我们就可以使用 fontsize、color 等参数定义样式。其中 fontsize 用于定义文字大小，color 用于定义文字颜色。

对于这个例子来说，fontsize=14 表示定义文字大小为 14 像素，color="red" 表示定义文字颜色为红色。当然，小伙伴们也可以自行尝试在 xlabel() 和 ylabel() 函数中设置参数。

## 2.3.3　定义图例

在 Matplotlib 中，我们可以使用 legend() 函数来为图表定义图例。

▶ **语法：**

```
plt.legend(loc)
```

◤ 说明：

参数 loc 用于定义图例的位置，loc 是"location"的缩写，它常用的取值如表 2-7 所示，对应的图示如图 2-21 所示。

表 2-7 参数 loc 的常用取值

| 取值 | 说明 |
| --- | --- |
| upper left | 左上 |
| upper center | 靠上居中 |
| upper right | 右上 |
| center left | 居中靠左 |
| center | 正中 |
| center right | 居中靠右 |
| lower left | 左下 |
| lower center | 靠下居中 |
| lower right | 右下 |

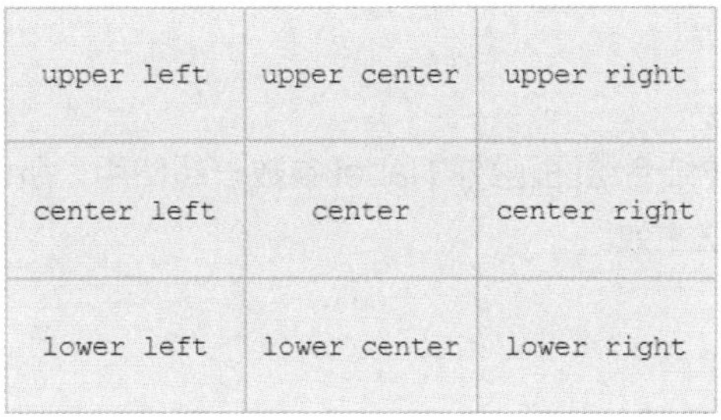

| upper left | upper center | upper right |
| --- | --- | --- |
| center left | center | center right |
| lower left | lower center | lower right |

图 2-21 参数 loc 的取值对应的图示

◤ 举例：定义图例

```python
import matplotlib.pyplot as plt

# 设置
plt.rcParams["font.family"] = ["SimHei"]
plt.rcParams["axes.unicode_minus"] = False

# 绘图
x1 = [1, 2, 3, 4]
y1 = [16, 15, 18, 17]
x2 = [1, 2, 3, 4]
y2 = [15, 19, 17, 16]
plt.plot(x1, y1, label="折线A")
plt.plot(x2, y2, label="折线B")

# 定义图例
plt.legend()
```

```
# 显示
plt.show()
```

运行之后，效果如图 2-22 所示。

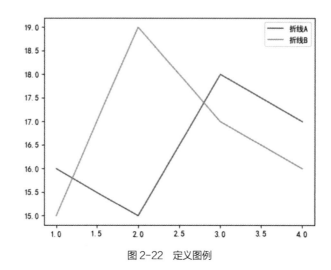

图 2-22　定义图例

### ▌ 分析：

由于 legend() 函数需要结合绘图函数的 label 参数一起使用，所以 legend() 函数必须在绘图函数的后面调用，不然就无法生效。

### ▌ 举例：图例位置

```
import matplotlib.pyplot as plt

# 设置
plt.rcParams["font.family"] = ["SimHei"]
plt.rcParams["axes.unicode_minus"] = False

# 绘图
x1 = [1, 2, 3, 4]
y1 = [16, 15, 18, 17]
x2 = [1, 2, 3, 4]
y2 = [15, 19, 17, 16]
plt.plot(x1, y1, label="折线A")
plt.plot(x2, y2, label="折线B")

# 定义图例
plt.legend(loc="upper left")

# 显示
plt.show()
```

运行之后，效果如图 2-23 所示。

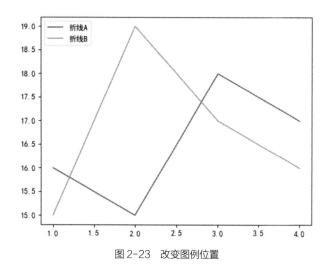

图 2-23　改变图例位置

▌ **分析：**

plt.legend(loc="upper left") 表示将图例定义在图表的左上角处。

## 2.3.4　刻度标签

有些情况下，坐标轴默认的刻度标签并不能满足我们的开发需求。在 Matplotlib 中，我们可以使用 xticks() 函数来定义 x 轴的刻度标签，也可以使用 yticks() 函数来定义 y 轴的刻度标签。

▌ **语法：**

```
plt.xticks(ticks, labels)
plt.yticks(ticks, labels)
```

▌ **说明：**

xticks() 和 yticks() 都可以接收 2 个参数，ticks 和 labels 都是列表或可迭代对象（如 range 对象）。ticks 是必选参数，表示刻度值。labels 是可选参数，表示标签值。其中 labels 是与 ticks 一一对应的。

▌ **举例：默认情况**

```
import matplotlib.pyplot as plt

# 设置
plt.rcParams["font.family"] = ["SimHei"]
plt.rcParams["axes.unicode_minus"] = False

# 绘图
x = range(1, 16)
y = [36.0, 36.1, 36.6, 36.2, 36.4, 36.5, 36.0, 36.2, 36.4, 36.8, 36.7, 36.1, 36.6, 36.5, 36.7]
plt.plot(x, y, marker="o", markerfacecolor="white")              # 节点为空心圆

# 定义标题
```

```
plt.title("15日体温变化")
plt.xlabel("日期")
plt.ylabel("体温")

# 显示
plt.show()
```

运行之后，效果如图 2-24 所示。

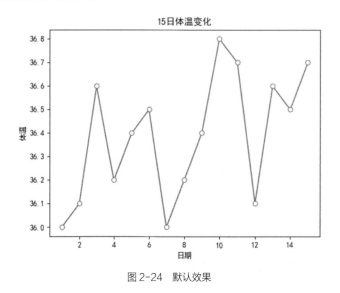

图 2-24   默认效果

### ▌ 分析：

从图 2-24 可以看出，x 轴的刻度是 2、4、6……这样的数字，但是我们想要 1、2、3、4……这样更加精确的刻度，此时就可以使用 xticks() 函数来实现。

```
plt.xticks(ticks=range(1, 16))
```

把上面这句代码加到"举例"中的"定义标题"的后面，再次运行之后，效果如图 2-25 所示。

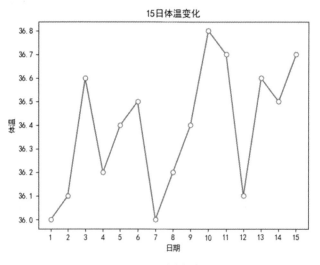

图 2-25   改变刻度

### 举例：定义 labels

```
import matplotlib.pyplot as plt

# 设置
plt.rcParams["font.family"] = ["SimHei"]
plt.rcParams["axes.unicode_minus"] = False

# 绘图
x = range(1, 16)
y = [36.0, 36.1, 36.6, 36.2, 36.4, 36.5, 36.0, 36.2, 36.4, 36.8, 36.7, 36.1, 36.6, 36.5, 36.7]
plt.plot(x, y, marker="o", markerfacecolor="white")          # 节点为空心圆

# 定义标题
plt.title("15日体温变化")
plt.xlabel("日期")
plt.ylabel("体温")

# 刻度标签
dates = [str(i)+"日" for i in range(1, 16)]
plt.xticks(ticks=range(1, 16), labels=dates)

# 显示
plt.show()
```

运行之后，效果如图 2-26 所示。

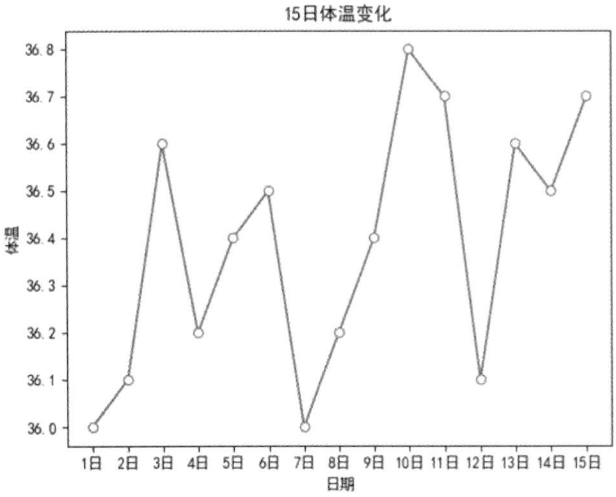


图 2-26 定义 labels 效果

### 分析：

dates=[str(i)+" 日 " for i in range(1, 16)] 这一句代码使用了列表生成式的语法，主要用于快速生成这样一个列表：["1 日 ", "2 日 ", ... , "15 日 "]。列表生成式的使用属于 Python 进阶技巧，小伙

伴们可以自行搜索了解或看一下本系列书中的《从 0 到 1——Python 进阶之旅》。

对于 plt.xticks(ticks, labels) 来说，如果想要使用第 2 个参数，那么 ticks 和 labels 这 2 个列表的元素个数必须相同，labels 的元素会一一替换到 ticks 表示的刻度上。

## 2.3.5　刻度范围

刻度范围指的是坐标轴的取值范围，包括 x 轴和 y 轴的取值范围。刻度范围是否合理，会直接影响图表展示的效果。

在 Matplotlib 中，我们可以使用 xlim() 函数来定义 x 轴的范围，使用 ylim() 函数来定义 y 轴的范围。

▼ **语法**：

```
plt.xlim(left, right)
plt.ylim(left, right)
```

▼ **说明**：

xlim() 和 ylim() 的取值范围为 [left, right]，这个范围包括 left 也包括 right。

▼ **举例**：

```
import matplotlib.pyplot as plt

# 设置
plt.rcParams["font.family"] = ["SimHei"]
plt.rcParams["axes.unicode_minus"] = False

# 绘图
x = range(1, 16)
y = [36.0, 36.1, 36.6, 36.2, 36.4, 36.5, 36.0, 36.2, 36.4, 36.8, 36.7, 36.1, 36.6, 36.5, 36.7]
plt.plot(x, y, marker="o", markerfacecolor="white")          # 节点为空心圆

# 定义标题
plt.title("15日体温变化")
plt.xlabel("日期")
plt.ylabel("体温")

# 刻度范围
plt.xlim(1, 14)
plt.ylim(35, 45)

# 显示
plt.show()
```

运行之后，效果如图 2-27 所示。

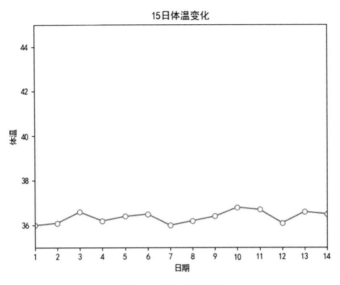

图 2-27　改变刻度范围

## ▶ 分析：

　　刻度标签和刻度范围是不一样的，刻度标签是一一对应到坐标轴上的，而刻度范围仅仅是定义一个范围，刻度是由 Matplotlib 自动调整或人工手动调整得到的。对于这两个概念，小伙伴们可以多多对比一下，它们其实并不难理解。

## ▶ 举例：逆序排列

```python
import matplotlib.pyplot as plt

# 设置
plt.rcParams["font.family"] = ["SimHei"]
plt.rcParams["axes.unicode_minus"] = False

# 绘图
x = range(1, 16)
y = [36.0, 36.1, 36.6, 36.2, 36.4, 36.5, 36.0, 36.2, 36.4, 36.8, 36.7, 36.1, 36.6, 36.5, 36.7]
plt.plot(x, y, marker="o", markerfacecolor="white")          # 节点为空心圆

# 定义标题
plt.title("15日体温变化")
plt.xlabel("日期")
plt.ylabel("体温")

# 逆序排列
plt.xlim(15, 1)

# 显示
plt.show()
```

运行之后，效果如图 2-28 所示。

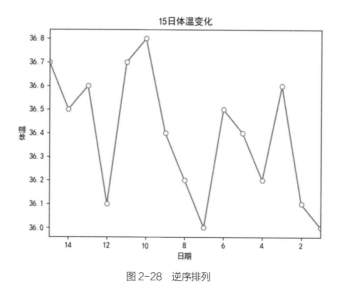

图 2-28　逆序排列

▶ **分析：**

在这个例子中，我们使用 xlim() 函数将"日期"的刻度标签值逆序排列。实现方式很简单，只需要将原来 xlim(left, right) 中的 left 和 right 这两个参数调换位置就可以了。

## 2.3.6　网格线

在 Matplotlib 中，我们可以使用 grid() 函数来给图表添加网格线效果。

▶ **语法：**

```
plt.grid(axis, linestyle, color)
```

▶ **说明：**

参数 axis 表示显示哪个方向的网格线，它的常用取值有 3 种，如表 2-8 所示。

表 2-8　参数 axis 的常用取值

| 取值 | 说明 |
| --- | --- |
| both（默认值） | 显示两个方向的网格线 |
| x | 显示水平方向的网格线 |
| y | 显示垂直方向的网格线 |

参数 linestyle 用于定义网格线的外观，它的取值和绘制折线图时涉及的 linestyle 参数的取值是一样的，如表 2-9 所示（与表 2-3 相同，为方便小伙伴们，在此处重复使用一次）。

表 2-9　参数 linestyle 的常用取值

| 关键字 | |
| --- | --- |
| solid（默认值） | 实线 |
| dashed | 虚线 |
| dotted | 点线 |
| dashdot | 点划线 |

续表

| 字符 | |
| --- | --- |
| -（默认值） | 实线 |
| -- | 虚线 |
| : | 点线 |
| -. | 点划线 |

参数 color 用于定义网格线的颜色，它的取值可以是关键字，也可以是十六进制 RGB 值。

### ▶ 举例：

```
import matplotlib.pyplot as plt

# 设置
plt.rcParams["font.family"] = ["SimHei"]
plt.rcParams["axes.unicode_minus"] = False

# 绘图
x = range(1, 16)
y = [36.0, 36.1, 36.6, 36.2, 36.4, 36.5, 36.0, 36.2, 36.4, 36.8, 36.7, 36.1, 36.6, 36.5, 36.7]
plt.plot(x, y, marker="o", markerfacecolor="white")

# 定义标题
plt.title("15日体温变化")
plt.xlabel("日期")
plt.ylabel("体温")

# 网格线
plt.grid(axis="both", linestyle="dashed", color="orangered")

# 显示
plt.show()
```

运行之后，效果如图 2-29 所示。

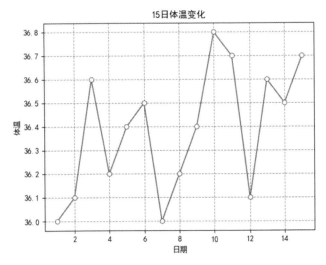

图 2-29　显示两个方向的网格线

**分析：**

plt.grid(axis="both", linestyle="dashed", color="orangered") 表示定义两个方向的网格线，其中网格线的外观是“dashed”（虚线），颜色为“orangered”（橙红色）。

如果使用 axis="x"，效果如图 2-30 所示。如果使用 axis="y"，效果如图 2-31 所示。

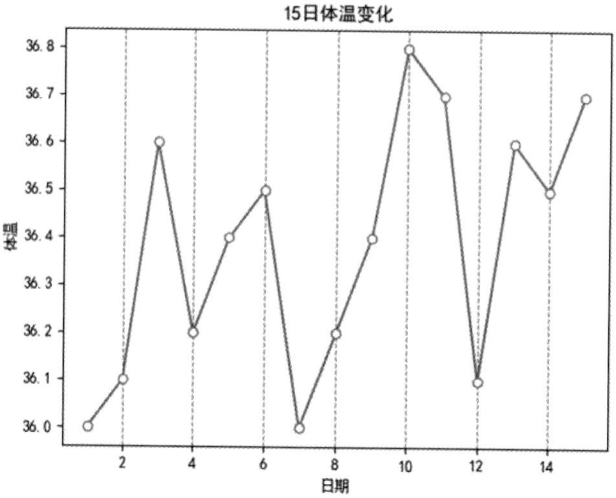


图 2-30 水平方向的网格线

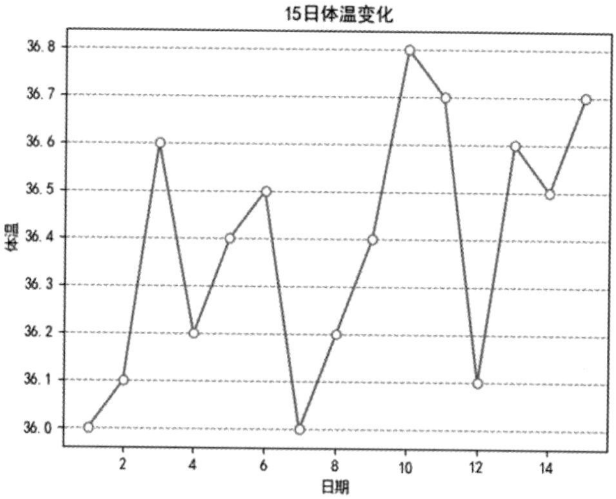


图 2-31 垂直方向的网格线

## 2.3.7 参考线

在 Matplotlib 中，我们可以使用 axhline() 函数来添加水平方向的参考线，也可以使用 axvline() 函数来添加垂直方向的参考线。

其中，axhline 是“axis horizontal line”（水平参考线）的缩写，axvline 是“axis vertical line”（垂直参考线）的缩写。

## ▉ 语法：

```
plt.axhline(y, color, linestyle, linewidth)
plt.axvline(x, color, linestyle, linewidth)
```

## ▉ 说明：

x 和 y 用于定义参考线的方向，color 用于定义参考线的颜色，linestyle 用于定义参考线的风格，linewidth 用于定义参考线的宽度。

## ▉ 举例：

```
import matplotlib.pyplot as plt

# 设置
plt.rcParams["font.family"] = ["SimHei"]
plt.rcParams["axes.unicode_minus"] = False

# 绘图
x = range(1, 16)
y = [36.0, 36.1, 36.6, 36.2, 36.4, 36.5, 36.0, 36.2, 36.4, 36.8, 36.7, 36.1, 36.6, 36.5, 36.7]
plt.plot(x, y, marker="o", markerfacecolor="white")

# 定义标题
plt.title("15日体温变化")
plt.xlabel("日期")
plt.ylabel("体温")

# 水平参考线
plt.axhline(y=36.5, color="red", linestyle="dashed", linewidth=1)

# 显示
plt.show()
```

运行之后，效果如图 2-32 所示。

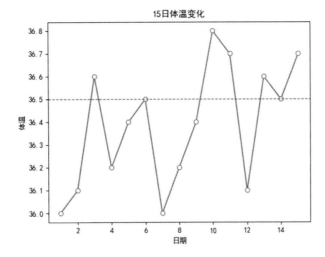

图 2-32　axhline() 定义水平参考线

### 分析：

如果想要同时添加多条水平参考线，只需要多次调用 axhline() 函数就可以了。比如将"# 水平参考线"部分的代码替换为下面 2 句代码，运行效果如图 2-33 所示。

```
plt.axhline(y=36.8, color="red", linestyle="dashed", linewidth=1)
plt.axhline(y=36.0, color="red", linestyle="dashed", linewidth=1)
```

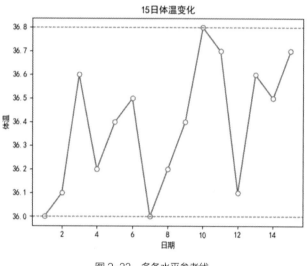

图 2-33    多条水平参考线

如果想要添加一条垂直方向的参考线，我们可以使用 axvline() 函数来实现。比如将"# 水平参考线"部分的代码改为下面这一句代码，运行效果如图 2-34 所示。

```
plt.axvline(x=10, color="red", linestyle="dashed", linewidth=1)
```

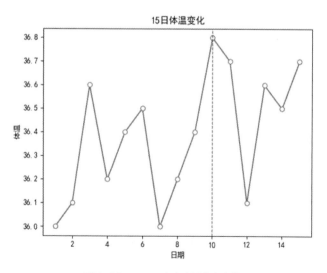

图 2-34    axvline() 定义垂直参考线

## 2.3.8 参考区域

在 Matplotlib 中，我们可以使用 axhspan() 函数添加水平方向的参考区域，也可以使用 axvspan() 函数添加垂直方向的参考区域。

其中，axhspan 是 "axis horizontal span"（水平参考区域）的缩写，axvspan 是 "axis vertical span"（垂直参考区域）的缩写。

▶ **语法：**

```
plt.axhspan(ymin, ymax, facecolor, alpha)
plt.axvspan(xmin, xmax, facecolor, alpha)
```

▶ **说明：**

xmin 或 ymin 用于定义区域的开始坐标，xmax 或 ymax 用于定义区域的结束坐标，facecolor 用于定义区域颜色，alpha 用于定义透明度（0.0~1.0）。

▶ **举例：**

```
import matplotlib.pyplot as plt

# 设置
plt.rcParams["font.family"] = ["SimHei"]
plt.rcParams["axes.unicode_minus"] = False

# 绘图
x = range(1, 16)
y = [36.0, 36.1, 36.6, 36.2, 36.4, 36.5, 36.0, 36.2, 36.4, 36.8, 36.7, 36.1, 36.6, 36.5, 36.7]
plt.plot(x, y, marker="o", markerfacecolor="white")

# 定义标题
plt.title("15日体温变化")
plt.xlabel("日期")
plt.ylabel("体温")

# 水平参考区域
plt.axhspan(ymin=36.4, ymax=36.6, facecolor="red", alpha=0.2)

# 显示
plt.show()
```

运行之后，效果如图 2-35 所示。

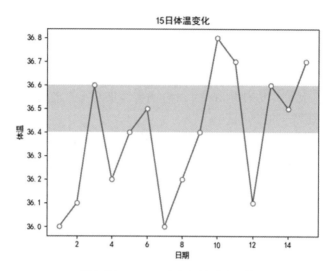

图 2-35    axhspan() 定义水平参考区域

▶ **分析：**

如果想要添加一个垂直方向的参考区域，我们可以使用 axvspan() 函数来实现。比如将 "# 水平参考区域" 部分的代码改为下面这一句代码，运行效果如图 2-36 所示。

```
plt.axvspan(xmin=5, xmax=10, facecolor="red", alpha=0.2)
```

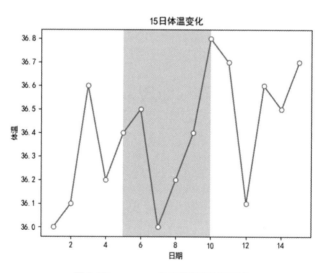

图 2-36    axvspan() 定义垂直参考区域

## 2.3.9    注释文本（有指向）

在 Matplotlib 中，我们可以使用 annotate() 函数为一些关键节点添加有指向的注释文本。

### ▶ 语法：

```
plt.annotate(text, xy, xytext, arrowprops)
```

### ▶ 说明：

text 表示注释文本的内容，xy 表示注释节点的坐标（元组型），xytext 表示注释文本的坐标（元组型），arrowprops 表示箭头的样式。

其中 arrowprops 的值是一个字典，它常用的键（key）包括 color、width、headwidth、headlength、shrink、arrowstyle 等。其中，arrowstyle 用于定义箭头的类型，其常用取值如表 2-10 所示。

表 2-10　arrowstyle 的常用取值

| 取值 | 形状 |
| --- | --- |
| - | —————— |
| -> | ——————→ |
| <- | ←—————— |
| <-> | ←——————→ |
| -\|> | ——————→ |
| <\|- | ←—————— |
| <\|-\|> | ←——————→ |
| -[ | ——————⌐ |
| \|-\| | ⊢——————⊣ |
| simple | ━━━━━▶ |
| fancy | ━━━━━▶ |
| wedge | ━━━━━ |

### ▶ 举例：

```python
import matplotlib.pyplot as plt

# 设置
plt.rcParams["font.family"] = ["SimHei"]
plt.rcParams["axes.unicode_minus"] = False

# 绘图
x = range(1, 16)
y = [36.0, 36.1, 36.6, 36.2, 36.4, 36.5, 36.0, 36.2, 36.4, 36.8, 36.7, 36.1, 36.6, 36.5, 36.7]
plt.plot(x, y, marker="o", markerfacecolor="white")

# 定义标题
plt.title("15日体温变化")
```

```
plt.xlabel("日期")
plt.ylabel("体温")

# 添加注释
plt.annotate(
    text="最高体温",
    xy=(10, 36.8),
    xytext=(6, 36.6),
    arrowprops={"arrowstyle": "->"}
)

# 显示
plt.show()
```

运行之后，效果如图 2-37 所示。

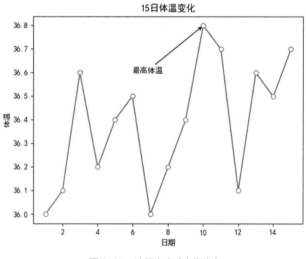

图 2-37　注释文本（有指向）

▌ **分析：**

需要注意的是，xy 是注释节点的坐标，而 xytext 是注释文本的坐标。xytext 一般要设置得与 xy 有一定距离，不然就可能会重叠。

默认情况下，注释文本和箭头都是黑色，我们可以对它们分别定义颜色。修改"# 添加注释" 部分的代码如下，运行效果如图 2-38 所示。

```
plt.annotate(
    text="最高体温",
    xy=(10, 36.8),
    xytext=(6, 36.6),
    color="red",
    arrowprops={"arrowstyle": "->", "color": "red"}
)
```

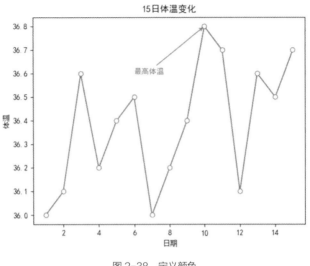

图 2-38　定义颜色

## 2.3.10　注释文本（无指向）

在 Matplotlib 中，我们可以使用 text() 函数给节点添加注释文本。这种方式可以让图表数据展示得更加直观。

▼ **语法：**

```
plt.text(x, y, text)
```

▼ **说明：**

x 是 x 轴坐标，y 是 y 轴坐标，text 是注释文本。

▼ **举例：**

```
import matplotlib.pyplot as plt

# 设置
plt.rcParams["font.family"] = ["SimHei"]
plt.rcParams["axes.unicode_minus"] = False

# 绘图
x = range(1, 16)
y = [36.0, 36.1, 36.6, 36.2, 36.4, 36.5, 36.0, 36.2, 36.4, 36.8, 36.7, 36.1, 36.6, 36.5, 36.7]
plt.plot(x, y, marker="o", markerfacecolor="white")

# 定义标题
plt.title("15日体温变化")
plt.xlabel("日期")
plt.ylabel("体温")
```

```
# 注释文本
plt.text(10, 36.8, "最高")
plt.text(1, 36.0, "最低")

# 显示
plt.show()
```

运行之后，效果如图 2-39 所示。

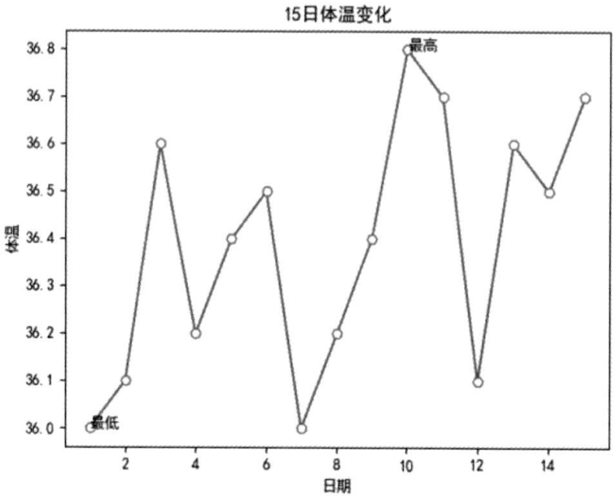


图 2-39 注释文本（无指向）

### ◤ 分析：

annotate() 函数添加的是有指向的注释文本，也就是有箭头之类的指向标识。而 text() 函数添加的是无指向的注释文本，也就是没有箭头之类的指向标识。

text() 函数一次只能为一个节点添加注释文本。如果想要添加多个注释文本，我们只需要多次调用 text() 函数就可以了。那么如果想要为所有节点都添加注释文本，应该怎么做呢？小伙伴们可以看一下下面的例子。

### ◤ 举例：

```
import matplotlib.pyplot as plt

# 设置
plt.rcParams["font.family"] = ["SimHei"]
plt.rcParams["axes.unicode_minus"] = False

# 绘图
x = range(1, 16)
y = [36.0, 36.1, 36.6, 36.2, 36.4, 36.5, 36.0, 36.2, 36.4, 36.8, 36.7, 36.1, 36.6, 36.5, 36.7]
plt.plot(x, y, marker="o", markerfacecolor="white")
```

```
# 定义标题
plt.title("15日体温变化")
plt.xlabel("日期")
plt.ylabel("体温")

# 注释文本
for a, b in zip(x, y):
    plt.text(a, b, b)

# 显示
plt.show()
```

运行之后，效果如图 2-40 所示。

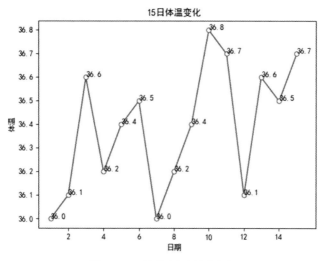

图 2-40　所有节点都有注释文本

▮ **分析：**

```
for a, b in zip(x, y):
    plt.text(a, b, b)
```

上面这一段代码表示为每一个节点添加一个注释文本，其关键在于 zip() 函数的巧妙应用。此外在默认情况下，注释文本的样式并不是非常美观，我们还可以使用 color、fontsize 等参数来自定义样式。修改后的代码如下所示。

```
for a, b in zip(x, y):
    plt.text(a, b, b, color="red", fontsize=9, ha="center", va="bottom")
```

其中 ha="center" 表示水平居中，va="bottom" 表示处于底部。再次运行之后，效果如图 2-41 所示。

最后要说明一点，本节介绍的这些设置，不仅可以用于折线图，也可以用于大多数其他图表，这一点小伙伴们一定要记住。

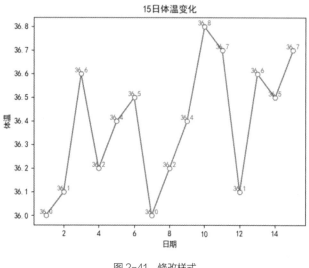

图 2-41　修改样式

## 2.4　通用样式

在 Matplotlib 中，有一些样式参数可以被大多数（注意是大多数，并不是所有）绘图函数使用，这些参数又叫作"通用样式参数"，详细说明如表 2-11 所示。

表 2-11　通用样式参数

| 参数 | 说明 |
| --- | --- |
| color | 颜色 |
| fontsize | 文本大小 |
| ha | 水平对齐 |
| va | 垂直对齐 |
| label | 图例 |
| alpha | 透明度（0~1.0） |

表 2-11 中，ha 是"horizontal align"（水平对齐）的缩写，va 是"vertical align"（垂直对齐）的缩写。

## 2.5　散点图

### 2.5.1　基本语法

在 Matplotlib 中，我们可以使用 scatter() 函数来绘制散点图。散点图的主要作用有以下 2 个。

▶ 判断变量之间是否存在关联趋势，并判断这个关联趋势是线性的还是非线性的。

▶ 判断是否有离群点（也叫异常点），也就是偏移量比较大的点。

▶ **语法：**

```
plt.scatter(x, y)
```

▶ **说明：**

参数 x 存放的是所有点的 x 轴坐标，参数 y 存放的是所有点的 y 轴坐标，它们可以是列表、数组、Series 等。

▶ **举例：基本散点图**

```
import matplotlib.pyplot as plt

# 绘图
x = [1, 2, 3, 4, 5, 6, 7, 8]
y = [15, 12, 14, 12, 11, 14, 13, 12]
plt.scatter(x, y)

# 显示
plt.show()
```

运行之后，效果如图 2-42 所示。

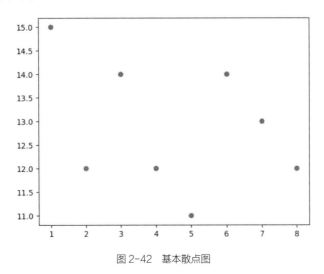

图 2-42　基本散点图

▶ **举例：正态分布散点图**

```
import matplotlib.pyplot as plt
import numpy as np

# 绘图
x = np.random.randn(1000)
y = np.random.randn(1000)
plt.scatter(x, y, alpha=0.8)

# 显示
plt.show()
```

运行之后，效果如图 2-43 所示。

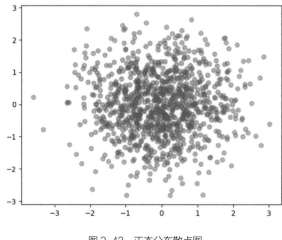

图 2-43　正态分布散点图

▌ 分析：

np.random.randn(1000) 用于生成 1000 个符合正态分布的样本数据。

## 2.5.2　样式定义

为了让散点图更加美观，scatter() 函数还提供了很多用于定义样式的参数，常用的如表 2-12 所示。

表 2-12　scatter() 函数定义样式的参数

| 参数 | 说明 |
| --- | --- |
| marker | 散点的形状 |
| s | 散点的大小（指 size） |
| color | 散点的颜色 |
| alpha | 散点的透明度（0.0~1.0） |

▌ 举例：散点的形状

```
import matplotlib.pyplot as plt

# 绘图
x= [1, 2, 3, 4, 5, 6, 7, 8]
y = [15, 12, 14, 12, 11, 14, 13, 12]
plt.scatter(x, y, marker="x")

# 显示
plt.show()
```

运行之后，效果如图 2-44 所示。

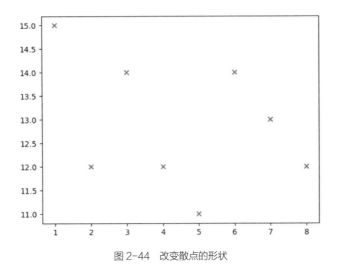

图 2-44　改变散点的形状

## ▶ 分析：

marker="x" 用于定义散点的形状为 "x"。marker 参数的取值非常多，它的取值和绘制折线图的 plot() 函数的 marker 参数的取值是一样的，小伙伴们可以回顾一下 "2.2 基础绘图（折线图）" 这一节。

## ▶ 举例：大小、颜色、透明度

```
import matplotlib.pyplot as plt

# 绘图
x= [1, 2, 3, 4, 5, 6, 7, 8]
y = [15, 12, 14, 12, 11, 14, 13, 12]
plt.scatter(x, y, s=80, color="red", alpha=0.3)

# 显示
plt.show()
```

运行之后，效果如图 2-45 所示。

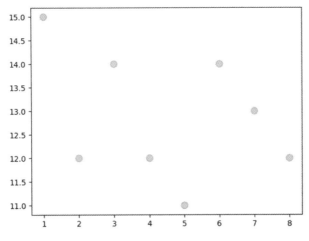

图 2-45　改变散点的大小、颜色、透明度

▶ **分析：**

plt.scatter(x, y, s=80, color="red", alpha=0.3) 表示定义散点的大小为 80、颜色为红色、透明度为 0.3。

## 2.5.3　实际案例

在当前项目下的 data 文件夹中有一个 clothes.csv 文件，项目结构如图 2-46 所示。其中，clothes.csv 文件保存的是某服装店一年内每个月的上衣和裤子的销量（单位：件）数据，内容如图 2-47 所示。

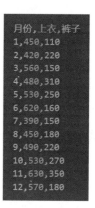

图 2-46　项目结构

图 2-47　clothes.csv 文件内容

▶ **举例：一组散点**

```
import pandas as pd
import matplotlib.pyplot as plt

# 设置
plt.rcParams["font.family"] = ["SimHei"]
plt.rcParams["axes.unicode_minus"] = False

# 读取数据
df = pd.read_csv(r"data/clothes.csv")
# 绘制图表
plt.scatter(df["月份"], df["上衣"])

# 显示
plt.show()
```

运行之后，效果如图 2-48 所示。

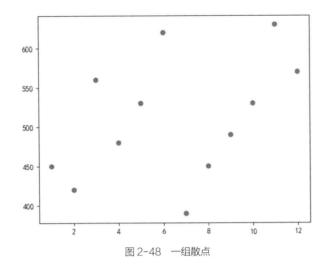

图 2-48　一组散点

## ▼ 举例：多组散点

```python
import pandas as pd
import matplotlib.pyplot as plt

# 设置
plt.rcParams["font.family"] = ["SimHei"]
plt.rcParams["axes.unicode_minus"] = False

# 读取数据
df = pd.read_csv(r"data/clothes.csv")
# 绘制图表
plt.scatter(df["月份"], df["上衣"])
plt.scatter(df["月份"], df["裤子"], marker="v")

# 显示
plt.show()
```

运行之后，效果如图 2-49 所示。

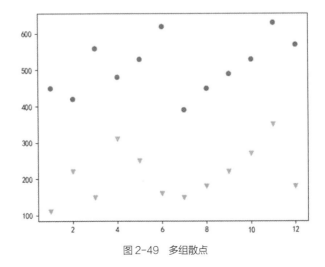

图 2-49　多组散点

### 分析：

想要同时绘制多组散点，我们只需要多次调用 scatter() 函数就可以了。当然，为了区分不同的组，我们可以通过设置 marker 来改变散点的外观。

## 2.5.4 气泡图

在 Matplotlib 中，我们可以使用 scatter() 函数的 s 参数来绘制气泡图。需要注意的是，此时 s 参数的值要求是一个列表。

### 举例：气泡图

```
import matplotlib.pyplot as plt

# 绘图
x = range(1,11)
y = [8, 38, 22, 43, 10, 39, 54, 33, 52, 16]
plt.scatter(x, y, s=y)

# 显示
plt.show()
```

运行之后，效果如图 2-50 所示。

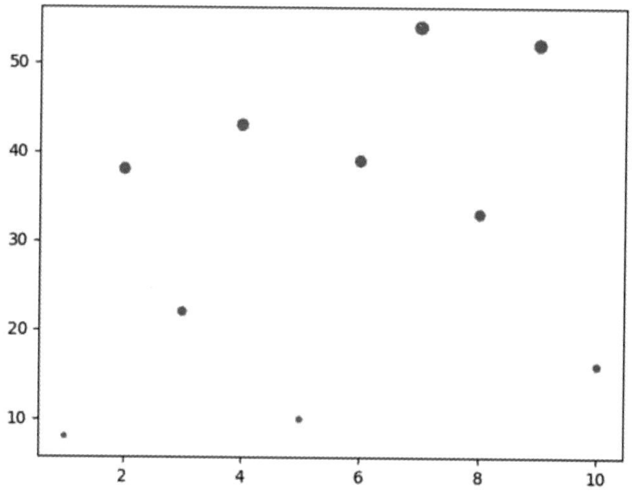


图 2-50 气泡图

### 分析：

参数 s 表示点的大小，它的值可以是整数，也可以是列表。当取值为整数时，表示所有点的大小是一样的；当取值为列表时，会根据列表的值来定义每一个点的大小。

如果我们将 s 设置成与每个散点的数据大小一样，那么散点的大小就代表数据的大小，这样呈现出来的效果对应的就是气泡图。

其实上面这个例子的效果并不是很明显，我们可以让列表 y 中的所有元素同时放大 5 倍，然后将其赋值给参数 s。请看下面的例子。

### ▼ 举例：改进后

```
import matplotlib.pyplot as plt

# 绘图
x = range(1,11)
y = [8, 38, 22, 43, 10, 39, 54, 33, 52, 16]
# 将元素放大5倍
sizes = [item*5 for item in y]
plt.scatter(x, y, s=sizes)

# 显示
plt.show()
```

运行之后，效果如图 2-51 所示。

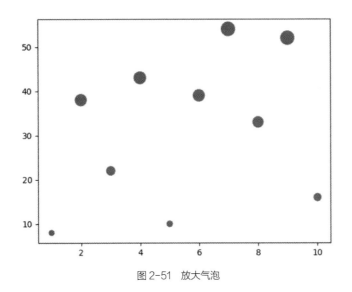

图 2-51  放大气泡

### ▼ 举例：气泡使用不同颜色

```
import matplotlib.pyplot as plt
import random

# 生成随机颜色
def randomcolor():
    colorArr = ['1','2','3','4','5','6','7','8','9','A','B','C','D','E','F']
    color = ""
    for i in range(6):
        color += colorArr[random.randint(0,14)]
    return "#"+color

# 生成随机颜色的列表
```

```
colors = []
for i in range(10):
        colors.append(randomcolor())

# 绘图
x = range(1,11)
y = [8, 38, 22, 43, 10, 39, 54, 33, 52, 16]
sizes = [item*5 for item in y]
plt.scatter(x, y, s=sizes, color=colors)

# 显示
plt.show()
```

运行之后，效果如图 2-52 所示。

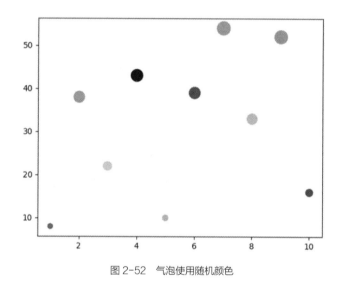

图 2-52　气泡使用随机颜色

▌ 分析：

参数 color 和参数 s 一样，它的值除了可以是整数之外，还可以是列表。当它的值为列表时，表示为元素采用不同的颜色。

## 2.6　柱形图

### 2.6.1　基本语法

在 Matplotlib 中，我们可以使用 bar() 函数来绘制柱形图。柱形图也叫作"柱状图"，它的主要作用是展示数据的大小。

▶ **语法**：

```
plt.bar(x, y, hatch)
```

▶ **说明**：

参数 x 存放的是所有点的 x 轴坐标，参数 y 存放的是所有点的 y 轴坐标，它们可以是列表、数组、Series 等。

参数 hatch 用于定义装饰线，常用的取值有 /、|、-、\\。每一种符号字符串代表一种几何样式，并且符号字符串的符号数量越多，所对应的几何图形的密集程度就越高。

▶ **举例：基本柱形图**

```
import matplotlib.pyplot as plt

# 绘图
x = [1, 2, 3, 4, 5]
y = [12, 25, 16, 23, 10]
plt.bar(x, y)

# 显示
plt.show()
```

运行之后，效果如图 2-53 所示。

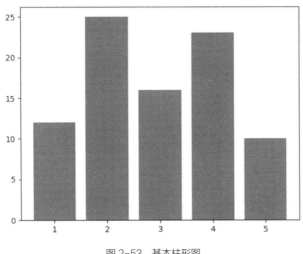

图 2-53 基本柱形图

▶ **举例：装饰线**

```
import matplotlib.pyplot as plt

# 绘图
x = [1, 2, 3, 4, 5]
y = [12, 25, 16, 23, 10]
plt.bar(x, y, hatch="/")
```

```
# 显示
plt.show()
```

运行之后，效果如图 2-54 所示。

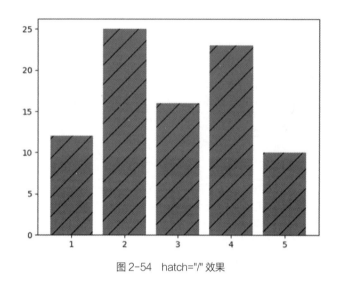

图 2-54　hatch="/" 效果

▌ **分析：**

符号的数量越多，对应的几何图形的密集程度越高。当我们把 hatch="/" 改成 hatch="//" 之后，运行效果如图 2-55 所示。

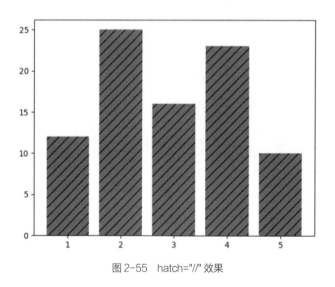

图 2-55　hatch="//" 效果

当然，小伙伴们可以自行试一下 hatch 的其他取值，然后看看每一种取值的效果是怎样的。

## 2.6.2　实际案例

在当前项目下的 data 文件夹中有一个 gaokao.csv 文件，项目结构如图 2-56 所示。gaokao. csv 文件保存的是 2011—2020 年这 10 年每一年的高考人数（单位：万人）数据，内容如图 2-57 所示。

图 2-56　项目结构　　　　　　　　　图 2-57　gaokao.csv 文件内容

▼ **举例：**

```python
import pandas as pd
import matplotlib.pyplot as plt

# 设置
plt.rcParams["font.family"] = ["SimHei"]
plt.rcParams["axes.unicode_minus"] = False

# 读取数据
df = pd.read_csv(r"data/gaokao.csv")
# 绘制图表
plt.bar(df["年份"], df["人数"])

# 定义标题
plt.title("2011-2020年高考人数")
plt.xlabel("年份", loc="right")
plt.ylabel("人数（万人）", loc="top")
# 改变x轴刻度标签
plt.xticks(range(2011, 2021))
# 定义y轴刻度范围
plt.ylim(900, 1100)
# 添加注释文本
for a, b in zip(df["年份"], df["人数"]):
    plt.text(a, b, b, ha="center", va="bottom")

# 显示
plt.show()
```

运行之后，效果如图 2-58 所示。

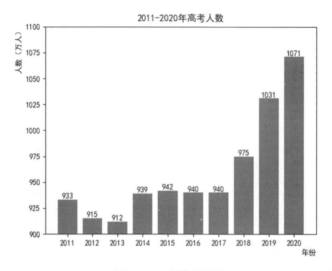

图 2-58　案例运行效果

## 2.6.3　高级绘图

在实际开发中，柱形图的使用频率比较高。某些情况下，基本的柱形图并不能满足实际需求。所以我们还须掌握一些高级柱形图的绘制方法，高级柱形图主要包括以下 2 种。

▶ 堆叠柱形图。

▶ 并列柱形图。

▼ **举例：堆叠柱形图**

```python
import matplotlib.pyplot as plt

# 设置
plt.rcParams["font.family"] = ["SimHei"]
plt.rcParams["axes.unicode_minus"] = False

# 绘图
x = [1, 2, 3, 4, 5]
y1 = [3, 2, 4, 7, 1]        # 男
y2 = [1, 5, 3, 8, 3]        # 女
plt.bar(x, y1)
plt.bar(x, y2, bottom=y1)

# 定义标题
plt.title("婴儿出生人数（柱形图）")
plt.xlabel("日期")
plt.ylabel("人数")

# 显示
plt.show()
```

运行之后，效果如图 2-59 所示。

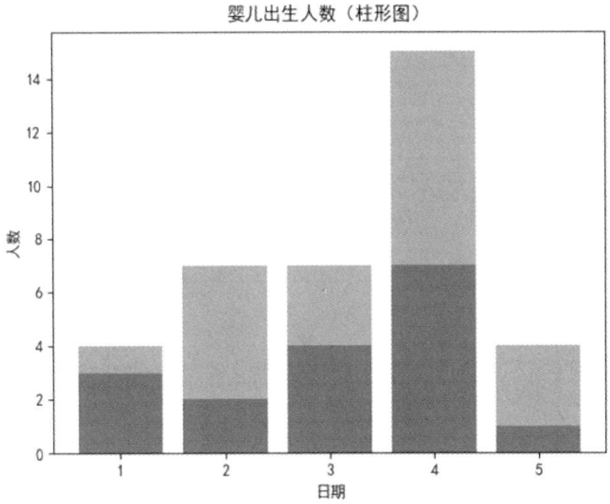


图 2-59 堆叠柱形图

### 分析：

对于堆叠柱形图来说，多个数据的 x 轴坐标必须一致，y 轴坐标可以不相同。另外就是绘制该柱形图需要借助 bottom 这个参数，应将放在该柱形图下面的数据的 y 轴坐标设置为 bottom 的值。

当然，我们不仅可以实现 2 种数据的堆叠，还可以对更多数据进行堆叠，小伙伴们可以自行尝试一下。

### 举例：并列柱形图

```
import matplotlib.pyplot as plt

# 设置
plt.rcParams["font.family"] = ["SimHei"]
plt.rcParams["axes.unicode_minus"] = False

# 绘图
x = [1, 2, 3, 4, 5]
y1 = [11, 13, 16, 10, 6]
y2 = [12, 17, 15, 12, 5]
width = 0.3

x1 = x
x2 = [i+width for i in x]
plt.bar(x1, y1, width=width, label="广州")
plt.bar(x2, y2, width=width, label="深圳")
plt.legend()

# 定义标题
plt.title("气温变化(柱形图)")
plt.xlabel("日期")
plt.ylabel("温度")
```

```
# 定义刻度标签
x = x2 = [i+width/2 for i in x]
dates = ["1日", "2日", "3日", "4日", "5日"]
plt.xticks(x, dates)

# 显示
plt.show()
```

运行之后，效果如图 2-60 所示。

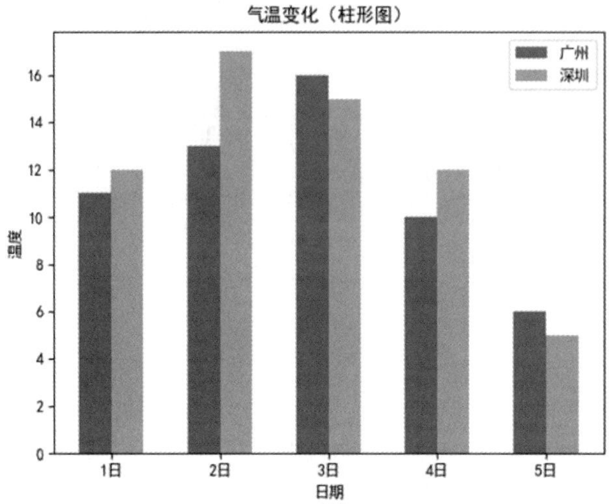


图 2-60 并列柱形图

**分析：**

绘制并列柱形图的重点是对 width 这个参数的灵活应用。关键代码是定义坐标轴刻度的代码。

## 2.6.4 条形图

条形图是一种和柱形图非常类似的图表，它们之间主要的区别就是柱形图是纵向的，而条形图是横向的。放在这里介绍，也是出于学习思路上的考虑。

在 Matplotlib 中，我们可以使用 barh() 函数来绘制一个条形图。其中，barh 是 “bar horizontal”（水平条形图）的缩写。

**语法：**

```
plt.barh(x, y, hatch)
```

**说明：**

barh() 和 bar() 这两个函数的参数是完全一样的。其中，x 和 y 用于定义坐标，hatch 用于定义装饰线。

### ▶ 举例：

```
import matplotlib.pyplot as plt

# 绘图
x = [1, 2, 3, 4, 5]
y = [12, 25, 16, 23, 10]
plt.barh(x, y)

# 显示
plt.show()
```

运行之后，效果如图 2-61 所示。

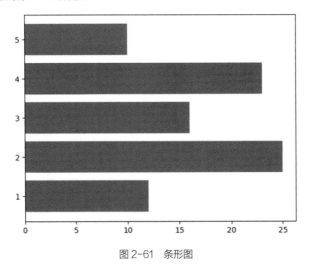

图 2-61 条形图

### ▶ 分析：

绘制条形图的 barh() 函数和绘制柱形图的 bar() 函数的其他用法也是一样的。对于条形图来说，它同样可以实现堆叠条形图、并列条形图，小伙伴们可以自行尝试一下。

## 2.7 直方图

### 2.7.1 基本语法

在 Matplotlib 中，我们可以使用 hist() 函数来绘制直方图。直方图又叫作"质量分布图"，它的主要作用是展示数据的分布情况。hist 是 "histogram"（直方图）的缩写。

### ▶ 语法：

```
plt.hist(x, bins)
```

### ▶ 说明：

x 是必选参数，它表示直方图的数据。bins 是可选参数，用于定义如何分组。bins 的常用取值有 2 种：整数、列表。

> ▶ 当取值为整数时，表示柱条有 n（默认值为 10）个。
> ▶ 当取值为列表时，表示定义每一个柱条的边界。

### ▌ 举例：不使用分组

```
import matplotlib.pyplot as plt

# 绘图
x = [32, 12, 27, 56, 19, 16, 35, 52]
plt.hist(x)

# 显示
plt.show()
```

运行之后，效果如图 2-62 所示。

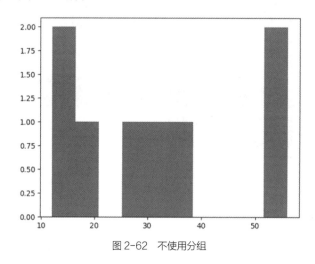

图 2-62　不使用分组

### ▌ 分析：

直方图在本质上就是统计处于各个区间的数据的"个数"。如果没有设置第 2 个参数 bins，那么 Matplotlib 就会自动分组。不过在大多数情况下，Matplotlib 的自动分组是不符合我们预期的效果的，所以还是需要手动地使用 bins 来分组。

### ▌ 举例：使用分组（整数）

```
import matplotlib.pyplot as plt

# 绘图
x = [32, 12, 27, 56, 19, 16, 35, 52]
plt.hist(x, bins=5)

# 显示
plt.show()
```

运行之后，效果如图 2-63 所示。

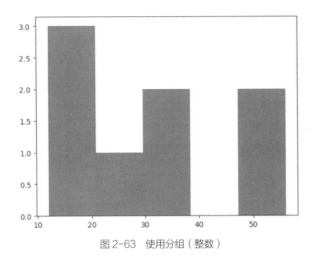

图 2-63　使用分组（整数）

### ▼ 分析：

plt.hist(x, bins=5) 表示柱条的个数为 5。需要注意的是，其中有一个区间没有数据，所以这里只显示 4 个柱条。

### ▼ 举例：使用分组（列表）

```
import matplotlib.pyplot as plt

# 绘图
x = [32, 12, 27, 56, 19, 16, 35, 52]
plt.hist(x, bins=[10, 20, 30, 40, 50, 60])

# 显示
plt.show()
```

运行之后，效果如图 2-64 所示。

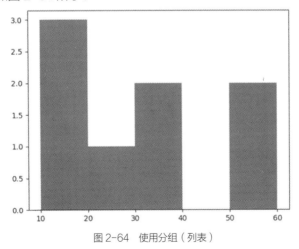

图 2-64　使用分组（列表）

### ▼ 分析：

plt.hist(x, bins) 表示针对 x 传进来的数据，统计每一个分组中有多少个数据，那么它是怎么进行分组的呢？它是通过 bins 来进行分组的。

从图 2-64 可以很直观地看出，10~20 分组中有 3 个数据，20~30 分组中有 1 个数据，30~40 分组中有 2 个数据，50~60 分组中有 2 个数据。对于直方图，小伙伴们记住一句话就可以了：**直方图用于统计每一个分组中数据的个数。**

直方图和柱形图十分相似，我们来总结一下它们之间的区别，主要有以下 3 个方面。

- ▸ 柱形图用于展示数据的大小，而直方图用于展示数据的个数（频率）。
- ▸ 柱形图用于展示离散型数据的分布，而直方图用于展示连续型数据的分布。
- ▸ 柱形图的柱条之间有固定的间隙，而直方图的柱条之间是没有任何间隙的。

## 2.7.2　样式定义

为了让直方图更加美观，hist() 函数还提供了很多用于定义样式的参数，常用的如表 2-13 所示。

表 2-13　hist() 函数定义样式的参数

| 参数 | 说明 |
| --- | --- |
| histtype | 直方图类型 |
| rwidth | 柱条的宽度 |
| facecolor | 柱条的颜色 |
| edgecolor | 边框的颜色 |
| alpha | 透明度 |

对于 histtype 这个参数来说，它常用的取值有 bar（默认值）、barstacked、step、stepfilled。

### ▼ 举例：直方图类型

```
import matplotlib.pyplot as plt

# 绘图
x = [32, 12, 27, 56, 19, 16, 35, 52]
plt.hist(x, bins=[10, 20, 30, 40, 50, 60], histtype="step")

# 显示
plt.show()
```

运行之后，效果如图 2-65 所示。

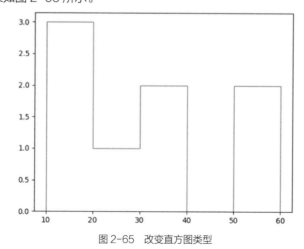

图 2-65　改变直方图类型

### ▉ 举例：颜色定义

```
import matplotlib.pyplot as plt

# 绘图
x = [32, 12, 27, 56, 19, 16, 35, 52]
plt.hist(x, bins=[10, 20, 30, 40, 50, 60], facecolor="#10A6CB", edgecolor="black")

# 显示
plt.show()
```

运行之后，效果如图 2-66 所示。

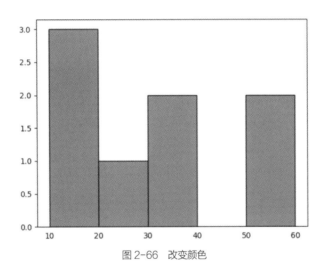

图 2-66　改变颜色

## 2.7.3　实际案例

在当前项目下的 data 文件夹中有一个 age.csv 文件，项目结构如图 2-67 所示。其中，age.csv 文件保存的是 100 个乘客的年龄数据，部分内容如图 2-68 所示。

图 2-67　项目结构

图 2-68　age.csv 文件的部分内容

### ▉ 举例：

```
import pandas as pd
import matplotlib.pyplot as plt
```

```
# 设置
plt.rcParams["font.family"] = ["SimHei"]
plt.rcParams["axes.unicode_minus"] = False

# 读取数据
df = pd.read_csv(r"data/age.csv")
# 绘制图表
group = range(0, 100, 10)
plt.hist(df["年龄"], bins=group, facecolor="#10A6CB", edgecolor="black")

# 定义标题
plt.title("乘客年龄（直方图）")
plt.xlabel("年龄")
plt.ylabel("人数")
# 刻度标签
plt.xticks(range(0, 100, 10))

# 显示
plt.show()
```

运行之后，效果如图 2-69 所示。

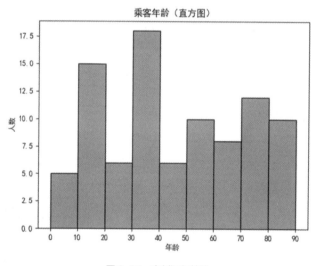

图 2-69　案例运行效果

▼ **分析：**

　　直方图和柱形图很相似，但是它们之间其实是有着本质上的区别的：柱形图用于展示数据的大小，而直方图用于统计数据的个数。

▼ **举例：正态分布**

```
import numpy as np
import matplotlib.pyplot as plt
```

```
# 设置
plt.rcParams["font.family"] = ["SimHei"]
plt.rcParams["axes.unicode_minus"] = False

# 随机生成1000个符合正态分布的数据
x = np.random.randn(1000)
plt.hist(x, bins=40, color="#10A6CB", edgecolor="black")

# 定义标题
plt.title("正态分布直方图")
plt.xlabel("区间")
plt.ylabel("频率")

# 显示
plt.show()
```

运行之后，效果如图 2-70 所示。

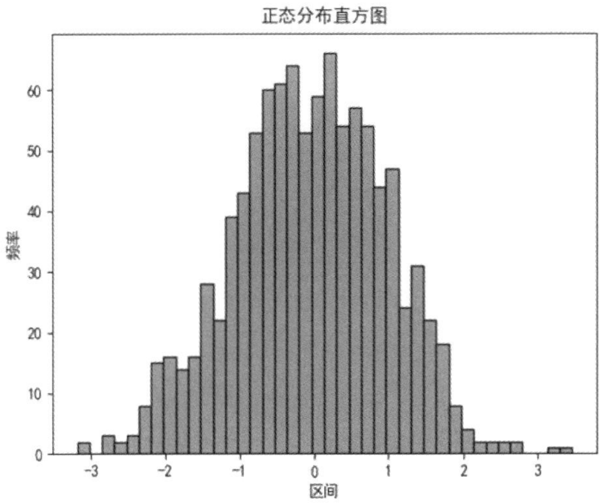


图 2-70 正态分布直方图

### 分析：

np.random.randn(1000) 用于随机生成 1000 个符合正态分布的数据，这是属于数据分析中 NumPy 的内容，小伙伴们可自行查阅了解。

## 2.8 饼状图

### 2.8.1 基本语法

在 Matplotlib 中，我们可以使用 pie() 函数来绘制饼状图。饼状图也叫作“饼图”。饼状图有些特殊，它是没有坐标的，因为它的作用是展示各个部分占总和的比例。

▼ **语法**：

```
plt.pie(x)
```

▼ **说明**：

x 是必选参数，它用于定义饼状图的数据部分。

▼ **举例**：

```
import matplotlib.pyplot as plt

# 绘图
x= [8, 4, 6, 10]              # 各部分的值
plt.pie(x)                    # 绘制饼状图

# 显示
plt.show()
```

运行之后，效果如图 2-71 所示。

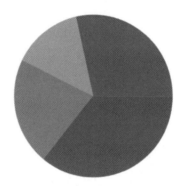

图 2-71　饼状图

## 2.8.2　样式定义

为了让饼状图更加美观，pie() 函数还提供了很多用于定义样式的参数，常用的如表 2-14 所示。

表 2-14　pie() 函数定义样式的参数

| 参数 | 说明 |
| --- | --- |
| labels | 各部分的标题（列表） |
| colors | 各部分的颜色（列表） |
| autopct | 显示百分比 |
| explode | 是否拉出某部分（元组） |
| shadow | 是否显示阴影（元组） |

### ▶ 举例：添加标题和百分比

```
import matplotlib.pyplot as plt

# 设置
plt.rcParams["font.family"] = ["SimHei"]
plt.rcParams["axes.unicode_minus"] = False

# 各部分的数据（单位：亿美元）
x = [8.9, 4.1, 12.1, 8.5, 11.5]
# 各部分的标题
movies = ["蜘蛛侠", "蝙蝠侠", "钢铁侠", "毒液", "海王"]
# 绘制饼状图
plt.pie(x,
    labels = movies,
    autopct = "%1.1f%%"
)
plt.title("电影票房占比")

# 显示
plt.show()
```

运行之后，效果如图 2-72 所示。

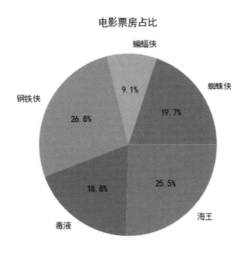

图 2-72　添加标题和百分比

### ▶ 分析：

参数 autopct 表示百分比的格式，语法为 "% 格式 %%"。比如 "%1.1f%%" 表示整数占 1 位，小数占 1 位。而 "%2.1f%%" 表示整数占 2 位，小数占 1 位。

### ▶ 举例：改变颜色

```
import matplotlib.pyplot as plt

# 设置
plt.rcParams["font.family"] = ["SimHei"]
```

```
plt.rcParams["axes.unicode_minus"] = False

# 各部分的数据（单位：亿美元）
x = [8.9, 4.1, 12.1, 8.5, 11.5]
# 各部分的标题
movies = ["蜘蛛侠", "蝙蝠侠", "钢铁侠", "毒液", "海王"]
# 绘制饼状图
plt.pie(x,
        labels = movies,
        autopct = "%1.1f%%",
        colors=["lightskyblue", "orangered", "purple", "hotpink", "yellow"]
)
plt.title("电影票房占比")

# 显示
plt.show()
```

运行之后，效果如图 2-73 所示。

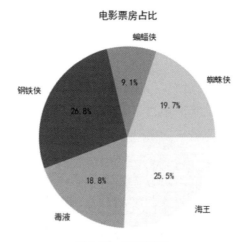

图 2-73　自定义颜色

### ▶ 分析：

如果觉得饼状图默认的颜色不够美观，那么可以使用 colors 这个参数来定义每一个扇形的颜色。

### ▶ 举例：拉出某部分

```
import matplotlib.pyplot as plt

# 设置
plt.rcParams["font.family"] = ["SimHei"]
plt.rcParams["axes.unicode_minus"] = False

# 各部分的数据（单位：亿美元）
x = [8.9, 4.1, 12.1, 8.5, 11.5]
# 各部分的标题
```

```
movies = ["蜘蛛侠", "蝙蝠侠", "钢铁侠", "毒液", "海王"]
# 绘制饼状图
plt.pie(x,
    labels = movies,
    autopct = "%1.1f%%",
    explode = (0.1, 0, 0, 0, 0)
)
plt.title("电影票房占比")

# 显示
plt.show()
```

运行之后，效果如图 2-74 所示。

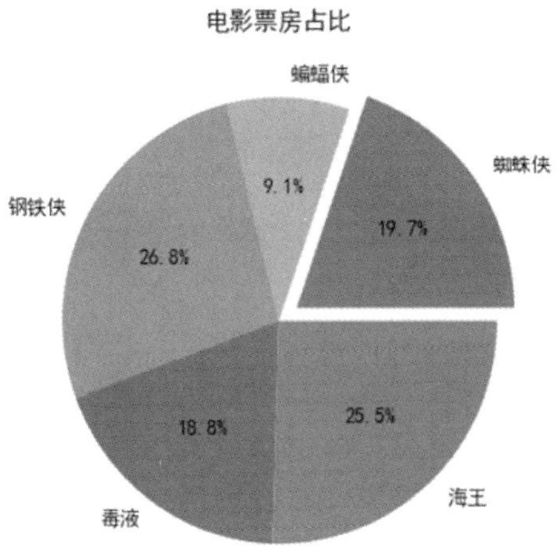


图 2-74 “拉出”一部分

## 分析：

explode=(0.1, 0, 0, 0, 0) 表示将第 1 部分“拉出来”。如果想要将第 2 部分拉出来，可以这样来写：explode=(0, 0.1, 0, 0, 0)，效果如图 2-75 所示。

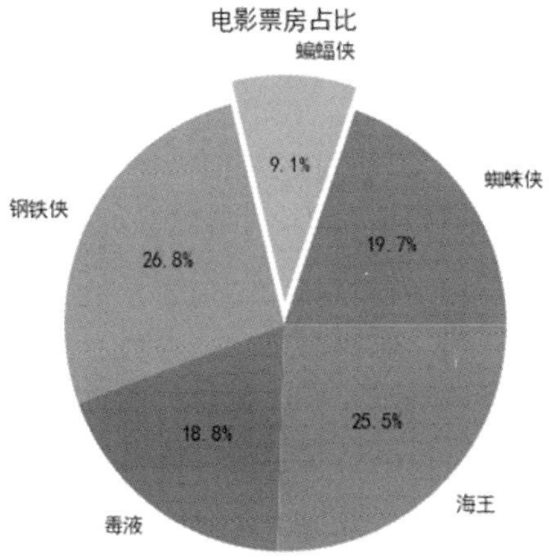


图 2-75 拉出第 2 部分

如果想要改变拉出的距离，只需要改变小数部分的数值就可以了。比如将 explode=(0.1, 0, 0, 0, 0) 改为 explode=(0.5, 0, 0, 0, 0)，效果如图 2-76 所示。

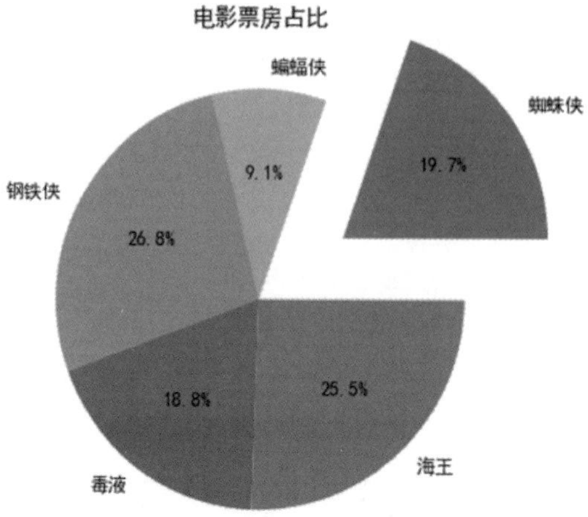


图 2-76 拉出更大距离

### ◤ 举例：添加阴影效果

```
import matplotlib.pyplot as plt

# 设置
plt.rcParams["font.family"] = ["SimHei"]
plt.rcParams["axes.unicode_minus"] = False

# 各部分的数据(单位：亿美元)
x = [8.9, 4.1, 12.1, 8.5, 11.5]
# 各部分的标题
movies = ["蜘蛛侠", "蝙蝠侠", "钢铁侠", "毒液", "海王"]
# 绘制饼状图
plt.pie(x,
     labels = movies,
     autopct = "%1.1f%%",
     explode = (0.1, 0, 0, 0, 0),
     shadow=True
)
plt.title("电影票房占比")

# 显示
plt.show()
```

运行之后，效果如图 2-77 所示。

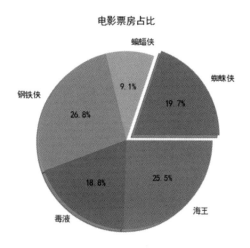

图 2-77 添加阴影效果

▶ **分析：**

最后要说明一下，虽然饼状图的展示效果不错，但它仅适用于少量数据的呈现。大量数据就不适合使用饼状图。因为如果将饼状图分块太多，那么占比太小的数据就会看不清楚。

## 2.8.3 圆环图

圆环图也叫作"环形图"，因为与饼状图类似，所以放在这里介绍。在 Matplotlib 中，我们可以配合使用 pie() 函数的 radius 和 wedgeprops 这 2 个参数来实现圆环图。

▶ **举例：**

```python
import matplotlib.pyplot as plt

# 设置
plt.rcParams["font.family"] = ["SimHei"]
plt.rcParams["axes.unicode_minus"] = False

# 各部分的数据（单位：亿美元）
x = [8.9, 4.1, 12.1, 8.5, 11.5]
# 各部分的标题
movies = ["蜘蛛侠", "蝙蝠侠", "钢铁侠", "毒液", "海王"]
# 绘制圆环图
plt.pie(x,
    labels = movies,
    autopct = "%1.1f%%",
    radius=1.0,
    wedgeprops={"width": 0.6}
)
plt.title("电影票房占比")

# 显示
plt.show()
```

运行之后，效果如图 2-78 所示。

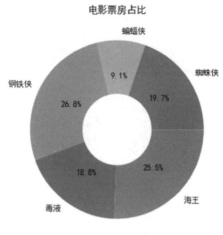

图 2-78　圆环图

▼ 分析：

radius=1.0 用于定义外圆半径，其值为默认的 100%。wedgeprops={"width":0.6} 用于定义内圆半径，其值为默认的 60%。

## 2.9　箱线图

### 2.9.1　基本语法

箱线图也叫作"箱形图"。箱线图使用 6 个统计量来描述数据，也就是最大值、上四分位数、中位数、下四分位数、最小值、异常值，如图 2-79 所示。

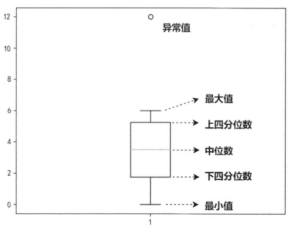

图 2-79　箱线图

在 Matplotlib 中，我们可以使用 boxplot() 函数来绘制箱线图。箱线图的主要作用有 2 个：
① 查看数据的分布情况；② 发现数据中的异常值。

### ▼ 语法：

```
plt.boxplot(x)
```

### ▼ 说明：

x 表示箱线图中的数据。它可以是一维数据（如一维列表或 Series），也可以是二维数据（如二维列表或 DataFrame）。如果是一维数据，则表示绘制一个箱子；如果是二维数据，则表示绘制多个箱子。

### ▼ 举例：有一个箱子的箱线图

```
import matplotlib.pyplot as plt

# 绘图
x = [0, 8, 1, 3, 6]
plt.boxplot(x)

# 显示
plt.show()
```

运行之后，效果如图 2-80 所示。

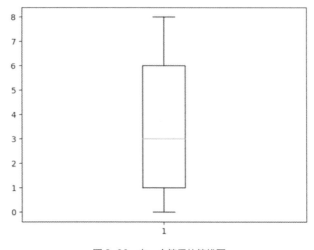

图 2-80　有一个箱子的箱线图

### ▼ 分析：

从图 2-80 可以看出，对于 x 这一组数据，它的最大值是 8、上四分位数是 6、中位数是 3、下四分位数是 1、最小值是 0。其中四分位数以及中位数都是数据分析中的概念。

### ▊ 举例：有多个箱子的箱线图

```
import matplotlib.pyplot as plt

# 绘图
x1 = [0, 8, 1, 3, 6]
x2 = [16, 13, 10, 14, 12]
x3 = [20, 24, 21, 23, 27]
plt.boxplot([x1, x2, x3])

# 显示
plt.show()
```

运行之后，效果如图 2-81 所示。

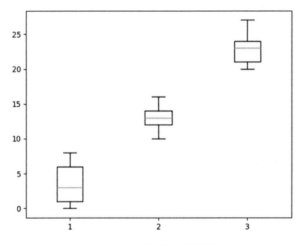

图 2-81　有多个箱子的箱线图

### ▊ 分析：

同时绘制多个箱子也很简单，使 boxplot() 函数接收一个列表作为参数就可以了。列表的每一个元素本身又是一个列表。

### ▊ 举例：异常值

```
import matplotlib.pyplot as plt

# 绘图
x = [23, 34, 11, 29, 33, 13, 33, 45, 80, 90]
plt.boxplot(x)

# 显示
plt.show()
```

运行之后，效果如图 2-82 所示。

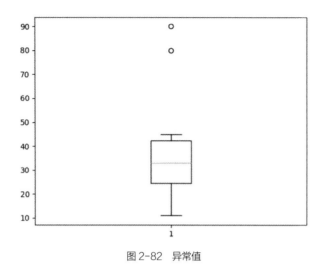

图 2-82　异常值

## ▼ 分析：

x 中的数据大多数分布在 10~50 范围内，但是这里的 80 和 90 已经远远超出这个范围，所以 Matplotlib 会自动标识它们为异常值（异常数据）。图 2-82 中的两个小圆圈代表的就是异常值。

需要清楚的是，异常值是绘制箱线图时自动识别出的，而不是我们手动设置的。一般来说，如果某些数据不在大多数数据所在的范围，就会自动被标识为异常值。

## 2.9.2　样式定义

为了让箱线图更加美观，boxplot() 函数还提供了很多用于定义样式的参数，常用的如表 2-15 所示。

表 2-15　boxplot() 函数定义样式的参数

| 参数 | 说明 |
| --- | --- |
| notch | 是否有缺口，默认值为 False（不带缺口） |
| vert | 是否为纵向，默认值为 True（纵向） |
| showmeans | 是否显示平均值，默认值为 False（不显示） |
| showfliers | 是否显示异常值，默认值为 True（显示） |
| flierprops | 异常点的样式，值是字典 |
| boxprops | 箱子的样式，值是字典，需要结合 patch_artist=True 一起使用 |
| labels | 指定每个箱子的标签 |

## ▼ 举例：带缺口

```
import matplotlib.pyplot as plt

# 绘图
x = [23, 34, 11, 29, 33, 13, 33, 45, 80, 90]
plt.boxplot(x, notch=True)
```

```
# 显示
plt.show()
```

运行之后，效果如图 2-83 所示。

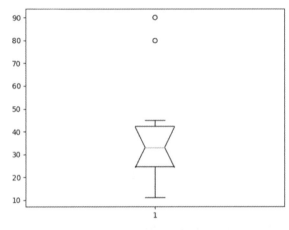

图 2-83　带缺口的箱线图

### ▶ 分析：

notch=True 用于设置带缺口的箱线图。缺口的作用其实非常简单，就是突出中位数。

### ▶ 举例：横向显示

```
import matplotlib.pyplot as plt

# 绘图
x = [23, 34, 11, 29, 33, 13, 33, 45, 80, 90]
plt.boxplot(x, vert=False)

# 显示
plt.show()
```

运行之后，效果如图 2-84 所示。

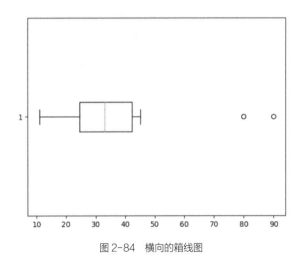

图 2-84　横向的箱线图

## ▌ 举例：显示平均值

```
import matplotlib.pyplot as plt

# 绘图
x = [23, 34, 11, 29, 33, 13, 33, 45, 80, 90]
plt.boxplot(x, showmeans=True)

# 显示
plt.show()
```

运行之后，效果如图 2-85 所示。

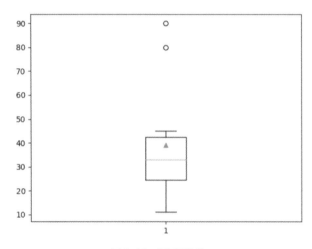

图 2-85　显示平均值

## ▌ 分析：

平均值和中位数是两个完全不一样的概念，小伙伴们一定要严格区分，别把它们搞混淆了。

## ▌ 举例：隐藏异常值

```
import matplotlib.pyplot as plt

# 绘图
x = [23, 34, 11, 29, 33, 13, 33, 45, 80, 90]
plt.boxplot(x, showfliers=False)

# 显示
plt.show()
```

运行之后，效果如图 2-86 所示。

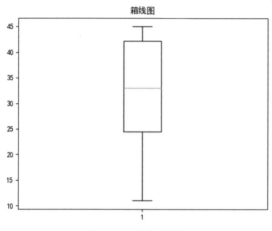

图 2-86　隐藏异常值

## ▛ 分析：

对于这个例子来说，它存在 2 个异常值：80 和 90。showfliers=False 用于隐藏异常值。

## ▛ 举例：异常点的样式

```
import matplotlib.pyplot as plt

# 绘图
x = [23, 34, 11, 29, 33, 13, 33, 45, 80, 90]
styles = {
    "marker": "D",
    "markersize": 8,
    "markerfacecolor": "orange",
    "markeredgecolor": "red"
}
plt.boxplot(x, flierprops=styles)

# 显示
plt.show()
```

运行之后，效果如图 2-87 所示。

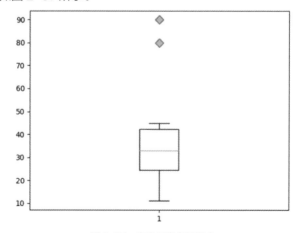

图 2-87　定义异常点的样式

### 分析：

异常点的样式可以通过 marker、markersize、markerfacecolor、markeredgecolor 这 4 个参数来定义，说明如表 2-16 所示。

表 2-16 定义异常点样式的参数

| 参数 | 说明 |
| --- | --- |
| marker | 外观 |
| markersize | 大小 |
| markerfacecolor | 异常点颜色 |
| markeredgecolor | 边框颜色 |

### 举例：箱子的样式

```
import matplotlib.pyplot as plt

# 绘图
x = [23, 34, 11, 29, 33, 13, 33, 45, 80, 90]
styles = {
    "facecolor": "pink",
    "edgecolor": "red",
}
plt.boxplot(x, patch_artist=True, boxprops=styles)

# 显示
plt.show()
```

运行之后，效果如图 2-88 所示。

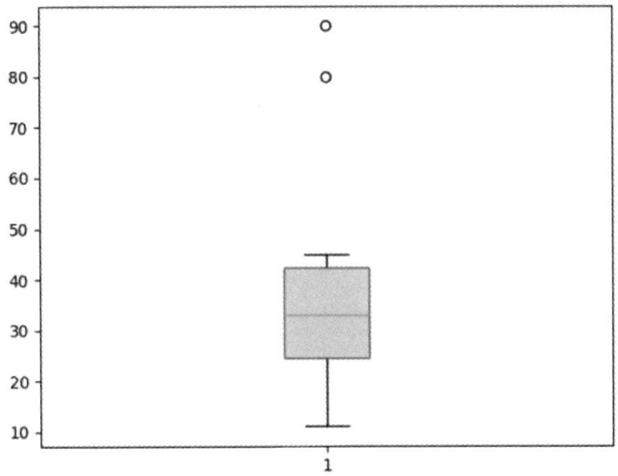


图 2-88 定义箱子的样式

### 分析：

想要使 boxprops 的设置生效，我们必须先设置 patch_artist=True。boxprops 和 patch_ artist 这 2 个参数是配合使用的。此外，facecolor 用于定义箱子颜色，而 edgecolor 用于定义边框颜色。

### ▌ 举例：标签说明

```
import matplotlib.pyplot as plt

# 绘图
x1 = [0, 8, 1, 3, 6]
x2 = [16, 13, 10, 14, 12]
x3 = [20, 24, 21, 23, 27]
plt.boxplot([x1, x2, x3], labels=["A", "B", "C"])

# 显示
plt.show()
```

运行之后，效果如图 2-89 所示。

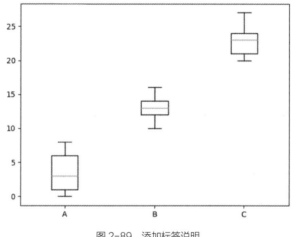

图 2-89　添加标签说明

### ▌ 分析：

当同时绘制多个箱子时，我们可以使用 labels 参数来给每一个箱子定义标签说明。从上文可以看出，箱线图的绘制其实非常简单，大家不要因为之前没有接触过，就被它"可怕的外表"给欺骗了。

最后需要说明的是，箱线图和散点图有些类似，它们非常适用于快速找出数据中的异常值，这对于我们进行数据分析是非常有用的。

## 2.9.3　实际案例

在当前项目下的 data 文件夹中有一个 staff.csv 文件，项目结构如图 2-90 所示。其中 staff. csv 文件保存的是所有员工的年龄数据，内容如图 2-91 所示。接下来我们尝试使用箱线图来判断年龄数据是否存在异常值。

图 2-90　项目结构　　　　　　　　图 2-91　staff.csv 文件内容

## ▮ 举例：

```python
import pandas as pd
import matplotlib.pyplot as plt

# 设置
plt.rcParams["font.family"] = ["SimHei"]
plt.rcParams["axes.unicode_minus"] = False

# 读取数据
df = pd.read_csv(r"data/staff.csv")
# 绘制图表
styles = {
    "markerfacecolor": "red",
    "markeredgecolor": "red"
}
plt.boxplot(df["年龄"], flierprops=styles)
plt.title("员工年龄箱线图")

# 显示
plt.show()
```

运行之后，效果如图 2-92 所示。

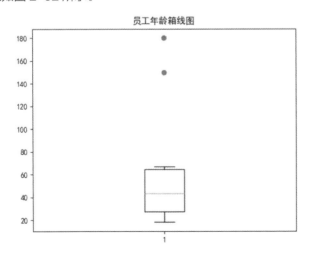

图 2-92　案例运行效果

### ▶ 分析：

从图 2-92 可以看出，数据中存在 2 个异常值。那么是不是箱线图就一定能判断出异常值呢？那可不一定。比如我们修改一下 staff.csv 的数据，也就是将小明的年龄数据修改成 142，如图 2-93 所示。再次运行代码，此时效果如图 2-94 所示。

图 2-93　修改后的 staff.csv

图 2-94　修改 staff.csv 后的运行效果

为什么这个时候箱线图就没能把异常值给找出来呢？这是因为对于 staff.csv 这个数据集文件来说，它的异常值所占的比例比较大，此时箱线图会把这些异常值当作正常值。当然，当样本数量足够多时，箱线图还是可以非常准确地判断出异常值的。

从上例我们也应该知道，箱线图只是一种辅助工具，并不能保证一定能判断出异常值。所以在实际工作中，我们除了借助可视化库之外，也要结合自己的工作经验，这样才能更加准确地判断数据。

# 第 3 章

# 高级图表

## 3.1 高级图表简介

第 2 章介绍的是 Matplotlib 中常用的图表，不过在实际开发中，有时会有一些特殊的需求，此时仅仅依靠基础图表，其实是满足不了工作要求的。

本章我们来介绍 Matplotlib 中的高级图表，主要包括表 3-1 所示的 7 种。

表 3-1　高级图表函数

| 函数 | 说明 |
| --- | --- |
| step() | 阶梯图 |
| stackplot() | 面积图 |
| stem() | 棉棒图 |
| errorbar() | 误差棒图 |
| polar() | 雷达图 |
| imshow() | 热力图 |
| subplot() | 子图表 |

## 3.2 阶梯图

### 3.2.1 基本语法

阶梯图是一种类似于折线图的图表，它也用于反映数据的变化趋势。在实际开发中，阶梯图多用于展示时序数据的波动周期或波动规律。

在 Matplotlib 中，我们可以使用 step() 函数来绘制阶梯图。

▍ **语法：**

```
plt.step(x, y)
```

▍ **说明：**

参数 x 存放的是所有点的 x 轴坐标，参数 y 存放的是所有点的 y 轴坐标，它们可以是列表、数组、Series 等。

▍ **举例：**

```
import matplotlib.pyplot as plt

# 绘制
x = [2016, 2017, 2018, 2019, 2020]
y = [74, 124, 156, 198, 226]
plt.step(x, y)

# 显示
plt.show()
```

运行之后，效果如图 3-1 所示。

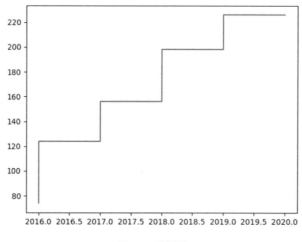

图 3-1 阶梯图

## 3.2.2 实际案例

在当前项目下的 data 文件夹中有一个 gaokao.csv 文件，项目结构如图 3-2 所示。其中，gaokao.csv 文件保存的是 2011—2020 年这 10 年每一年的高考人数（单位：万人）数据，内容如图 3-3 所示。

图 3-2　项目结构

图 3-3　gaokao.csv 文件内容

## ▊ 举例：

```python
import pandas as pd
import matplotlib.pyplot as plt

# 设置
plt.rcParams["font.family"] = ["SimHei"]
plt.rcParams["axes.unicode_minus"] = False

# 读取数据
df = pd.read_csv(r"data/gaokao.csv")
# 绘制图表
plt.step(df["年份"], df["人数"])

# 定义标题
plt.title("2011-2020年高考人数")
plt.xlabel("年份", loc="right")
plt.ylabel("人数（万人）", loc="top")
# 刻度标签
plt.xticks(range(2011, 2021))

# 显示
plt.show()
```

运行之后，效果如图 3-4 所示。

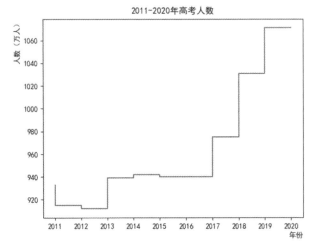

图 3-4　案例运行效果

▶ **分析：**

当然，我们还可以给阶梯图定义颜色以及宽度。修改"＃绘制图表"部分的代码如下，再次运行后的效果如图 3-5 所示。

```
plt.step(df["年份"], df["人数"], color="orangered", linewidth=2)
```

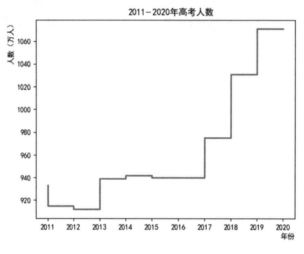

图 3-5　修改代码后的运行效果

## 3.3　面积图

### 3.3.1　基本语法

面积图是一种随时间变化而改变范围的图，它主要是强调数量与时间的关系。比如将企业一年中每个月的销售额绘制成面积图，我们可以很直观地看出每个月的销售情况，并且整个面积图所占的范围累计就是年销售额。面积图示例如图 3-6 所示。

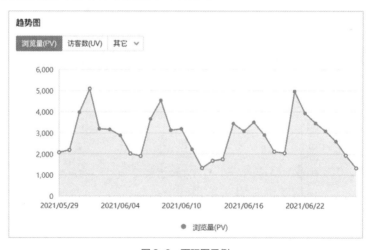

图 3-6　面积图示例

在 Matplotlib 中，我们可以使用 stackplot() 函数来绘制面积图。

### ▶ 语法：

```
plt.stackplot(x, y)
```

### ▶ 说明：

参数 x 存放的是所有点的 x 轴坐标，参数 y 存放的是所有点的 y 轴坐标，它们可以是列表、数组、Series 等。

### ▶ 举例：

```
import matplotlib.pyplot as plt

# 绘图
x = [2016, 2017, 2018, 2019, 2020]
y = [74, 182.7, 490, 99, 198]
plt.stackplot(x, y)

# 显示
plt.show()
```

运行之后，效果如图 3-7 所示。

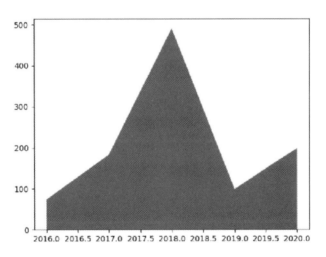

图 3-7 面积图

## 3.3.2 实际案例

在当前项目下的 data 文件夹中有一个 sale.csv 文件，项目结构如图 3-8 所示。其中，sale.csv 文件保存的是某公司 2020 年每个月的销售总额（单位：万元）数据，内容如图 3-9 所示。

图 3-9　sale.csv 文件内容

图 3-8　项目结构

## 举例：

```python
import pandas as pd
import matplotlib.pyplot as plt

# 设置
plt.rcParams["font.family"] = ["SimHei"]
plt.rcParams["axes.unicode_minus"] = False

# 读取数据
df = pd.read_csv(r"data/sale.csv")
# 绘制图表
plt.stackplot(df["月份"], df["总额"])

# 定义标题
plt.title("公司销售总额（面积图）")
plt.xlabel("月份", loc="right")
plt.ylabel("销售额（万元）", loc="top")
# 刻度标签
dates = [str(i)+"月" for i in df["月份"]]
plt.xticks(df["月份"], dates)
# 刻度范围
plt.ylim(100, 700)
# 注释文本
for a, b in zip(df["月份"], df["总额"]):
    plt.text(a, b, b, color="red", fontsize=12, ha="center", va="bottom")

# 显示
plt.show()
```

运行之后，效果如图 3-10 所示。

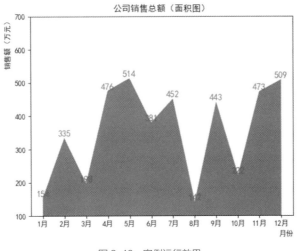

图 3-10  案例运行效果

## 3.3.3  高级绘图

在实际开发中，某些情况下基本的面积图并不能满足实际需求。所以我们还应掌握一些高级面积图的绘制方法，常见的只有堆叠面积图这一种。

### ▚ 举例：堆叠面积图

```
import matplotlib.pyplot as plt

# 绘制
x = [1, 2, 3, 4, 5]
y1 = [5, 8, 7, 6, 8]
y2 = [3, 7, 6, 5, 7]
y3 = [2, 6, 4, 3, 5]
plt.stackplot(x, y1, y2, y3)

# 显示
plt.show()
```

运行之后，效果如图 3-11 所示。

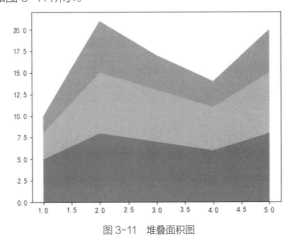

图 3-11  堆叠面积图

### ▶ 分析：

对于堆叠面积图来说，不同面积区域的 x 轴坐标要求是相同的。

## 3.4　棉棒图

### 3.4.1　基本语法

棉棒图也叫作"棒棒糖图"或"火柴杆图"，它是由"杆"（直线）和"头"（圆点）组成的，如图 3-12 所示。

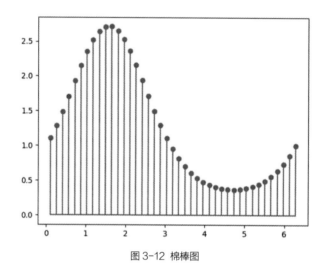

图 3-12　棉棒图

在 Matplotlib 中，我们可以使用 stem() 函数来绘制棉棒图。棉棒图是柱形图的变形，可以把它看成一种特殊的柱形图。

### ▶ 语法：

```
plt.stem(x, y)
```

### ▶ 说明：

参数 x 存放的是所有点的 x 轴坐标，参数 y 存放的是所有点的 y 轴坐标，它们可以是列表、数组、Series 等。

### ▶ 举例：

```
import matplotlib.pyplot as plt

# 绘图
x = [1, 2, 3, 4, 5, 6, 7, 8, 9, 10]
y = [53, 11, 54, 34, 21, 36, 19, 48, 16, 35]
```

```
plt.stem(x, y)

# 显示
plt.show()
```

运行之后，效果如图 3-13 所示。

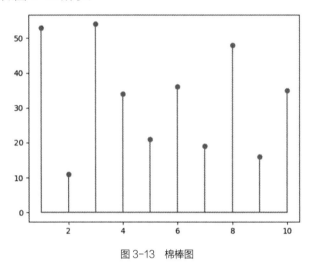

图 3-13　棉棒图

## 3.4.2　样式定义

为了让棉棒图更加美观，stem() 函数还提供了很多用于定义样式的参数，常用的有 2 个：linefmt 和 markerfmt。

参数 linefmt 用于定义直线的样式，它的取值和折线图的 linestyle 参数的取值类似。但 linefmt 只能使用字符型的取值，如表 3-2 所示。

表 3-2　参数 linefmt 的常用取值

| 取值 | 说明 |
| --- | --- |
| -（默认值） | 实线 |
| -- | 虚线 |
| : | 点线 |
| -. | 点划线 |

参数 markerfmt 用于定义圆点的样式，它的取值和折线图的参数 marker 的取值是一样的，如表 3-3 所示。

表 3-3　参数 markerfmt 的常用取值

| 取值 | 说明 |
| --- | --- |
| o（默认值） | 实心圆 |
| . | 点 |
| , | 像素 |
| v | 下三角形 |
| ^ | 上三角形 |

续表

| 取值 | 说明 |
| --- | --- |
| < | 左三角形 |
| > | 右三角形 |
| 1 | 下花三角形 |
| 2 | 上花三角形 |
| 3 | 左花三角形 |
| 4 | 右花三角形 |
| s | 实心正方形 |
| p | 实心五角星形 |
| * | 星形 |
| h | 竖六边形 |
| H | 横六边形 |
| + | 加号 |
| × | 叉号 |
| d | 小菱形 |
| D | 大菱形 |
| \| | 垂直线条 |

### ▌ 举例：直线的样式

```
import matplotlib.pyplot as plt

# 绘图
x = [1, 2, 3, 4, 5, 6, 7, 8, 9, 10]
y = [53, 11, 54, 34, 21, 36, 19, 48, 16, 35]
plt.stem(x, y, linefmt="-.")

# 显示
plt.show()
```

运行之后，效果如图 3-14 所示。

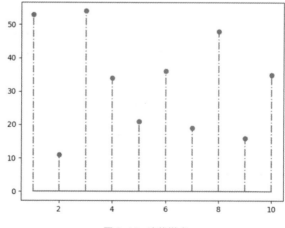

图 3-14　直线样式

### 举例：圆点的样式

```
import matplotlib.pyplot as plt

# 绘图
x = [1, 2, 3, 4, 5, 6, 7, 8, 9, 10]
y = [53, 11, 54, 34, 21, 36, 19, 48, 16, 35]
plt.stem(x, y, markerfmt="D")

# 显示
plt.show()
```

运行之后，效果如图 3-15 所示。

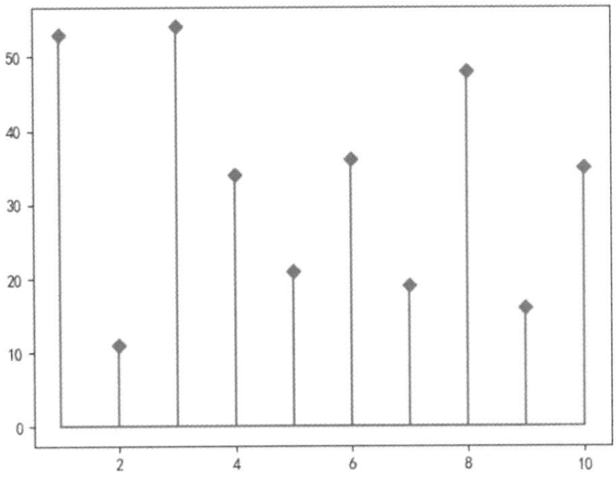


图 3-15　圆点样式

## 3.4.3　实际案例

在当前项目下的 data 文件夹中有一个 product.csv 文件，项目结构如图 3-16 所示。其中 product.csv 文件保存的是每个月的产品销量数据，内容如图 3-17 所示。

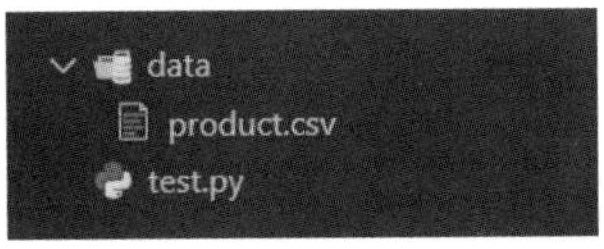


图 3-16　项目结构

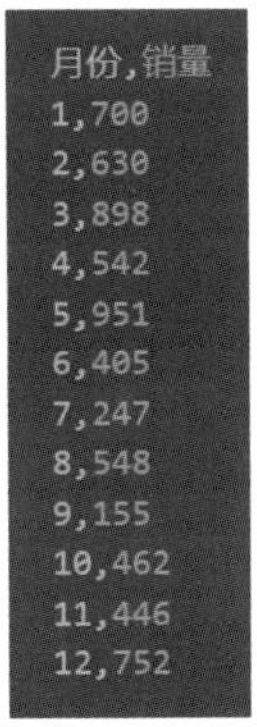


图 3-17　product.csv 文件内容

## ▶ 举例：

```
import pandas as pd
import matplotlib.pyplot as plt

# 设置
plt.rcParams["font.family"] = ["SimHei"]
plt.rcParams["axes.unicode_minus"] = False

# 读取数据
df = pd.read_csv(r"data/product.csv")
# 绘制图表
plt.stem(df["月份"], df["销量"])

# 定义标题
plt.title("每月销量棉棒图")
plt.xlabel("月份", loc="right")
plt.ylabel("销量", loc="top")
# 刻度标签
plt.xticks(range(1, 13))

# 显示
plt.show()
```

运行之后，效果如图 3-18 所示。

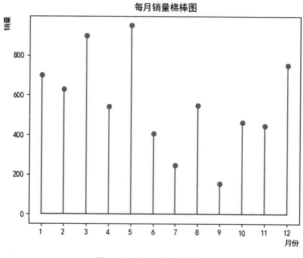

图 3-18   每月销量棉棒图

## ▶ 分析：

这里我们再扩展一下，假如让你绘制"每月销量与平均销量之差"的棉棒图，又应该怎么去实现呢？其实也很简单，请看下面的代码。

```
import pandas as pd
import matplotlib.pyplot as plt

# 设置
plt.rcParams["font.family"] = ["SimHei"]
```

```
plt.rcParams["axes.unicode_minus"] = False

# 读取数据
df = pd.read_csv(r"data/product.csv")
# 求平均值
mean = df["销量"].mean()
# 求与平均值之差（利用广播机制）
df["差值"] = df["销量"] - mean

# 绘制图表
plt.stem(df["月份"], df["差值"])

# 定义标题
plt.title("每月销量棉棒图")
plt.xlabel("月份", loc="right")
plt.ylabel("差值", loc="top")
# 刻度标签
plt.xticks(range(1, 13))

# 显示
plt.show()
```

运行之后，效果如图 3-19 所示。

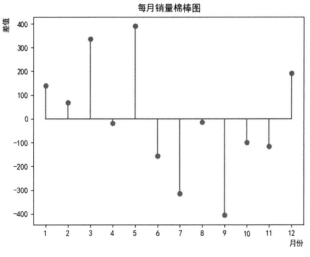

图 3-19　包含正负值的棉棒图

棉棒图的值也可以是负值，从图 3-19 可以清楚地看出每个月的销量相对于平均销量是如何变动的。

# 3.5　误差棒图

## 3.5.1　基本语法

很多科学实验都存在误差，这是无法控制的客观因素。如果想要对这一类数据进行可视化呈现，一种比较好的方式是给实验结果添加一个误差。

在 Matplotlib 中，我们可以使用 errorbar() 函数来绘制误差棒图。

▌ **语法**：

```
plt.errorbar(x, y, xerr, yerr)
```

▌ **说明**：

参数 x 存放的是所有点的 x 轴坐标，参数 y 存放的是所有点的 y 轴坐标，它们可以是列表、数组、Series 等。

xerr 和 yerr 这两个参数用于定义误差的范围，xerr 用于定义 x 轴方向的误差范围，yerr 用于定义 y 轴方向的误差范围。

▌ **举例**：

```python
import numpy as np
import matplotlib.pyplot as plt

# 数据
x = [0.1, 0.2, 0.3, 0.4, 0.5]
y = [1.10, 1.17, 1.24, 1.31, 1.38]
# 误差
errors = 0.02 + 0.01 * np.array(x)
lower_errors = errors
upper_errors = 0.3 * errors

# 绘图
plt.errorbar(x, y, yerr=[lower_errors, upper_errors])

# 显示
plt.show()
```

运行之后，效果如图 3-20 所示。

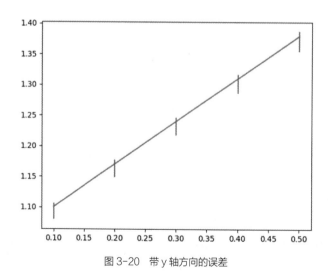

图 3-20　带 y 轴方向的误差

### ▶ 分析：

参数 yerr 用于定义 y 轴方向的误差范围，如果想要定义 x 轴方向的误差范围，我们可以使用 xerr 这个参数来实现。比如当把这个例子的代码中的 yerr 改成 xerr 之后，效果如图 3-21 所示。

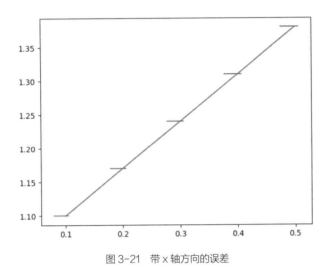

图 3-21　带 x 轴方向的误差

需要注意的是，不同实验数据的误差计算方式是不一样的，小伙伴们应该根据实际情况来计算。

## 3.5.2　样式定义

为了让误差棒图更加美观，errorbar() 函数还提供了很多用于定义样式的参数，常用的如表 3-4 所示。

表 3-4　errorbar() 函数定义样式的参数

| 参数 | 说明 |
| --- | --- |
| color | 整体颜色 |
| linestyle | 线条外观 |
| linewidth | 线条宽度 |
| marker | 节点外观 |
| markersize | 节点大小 |
| markerfacecolor | 节点颜色 |
| markeredgecolor | 节点边框颜色 |
| ecolor | 棒条颜色 |
| elinewidth | 棒条宽度 |
| capsize | 横杠大小 |

### ◤ 举例：线条样式

```
import numpy as np
import matplotlib.pyplot as plt

# 数据
x = [0.1, 0.2, 0.3, 0.4, 0.5]
y = [1.10, 1.17, 1.24, 1.31, 1.38]
# 误差
errors = 0.02 + 0.01 * np.array(x)
lower_errors = errors
upper_errors = 0.3 * errors

# 绘图
plt.errorbar(
    x, y,
    yerr=[lower_errors, upper_errors],
    color="red",
    linestyle="dashed",
    linewidth=1
)

# 显示
plt.show()
```

运行之后，效果如图 3-22 所示。

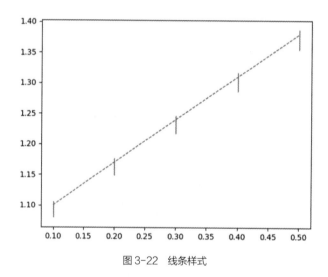

图 3-22　线条样式

### ◤ 分析：

color="red" 表示把线条和棒条的颜色都定义为红色，如果想要单独定义棒条颜色，我们可以使用 ecolor 这个参数来实现。当把 "# 绘图" 部分的代码修改为如下内容后，效果如图 3-23 所示。

```
plt.errorbar(
    x, y,
```

```
    yerr=[lower_errors, upper_errors],
    color="red",
    linestyle="dashed",
    linewidth=1,
    ecolor="blue"
)
```

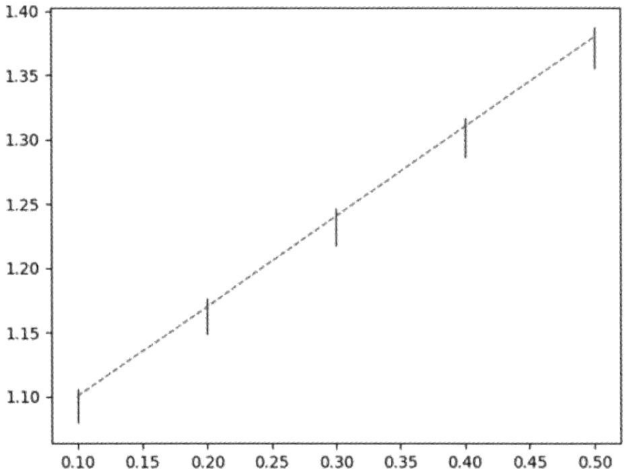


图3-23　棒条颜色

## 举例：节点样式

```
import numpy as np
import matplotlib.pyplot as plt

# 数据
x = [0.1, 0.2, 0.3, 0.4, 0.5]
y = [1.10, 1.17, 1.24, 1.31, 1.38]
# 误差
errors = 0.02 + 0.01 * np.array(x)
lower_errors = errors
upper_errors = 0.3 * errors

# 绘图
plt.errorbar(
    x, y,
    yerr=[lower_errors, upper_errors],
    marker="o",
    markersize=10,
    markerfacecolor="yellow",
    markeredgecolor="red"
)

# 显示
plt.show()
```

运行之后，效果如图 3-24 所示。

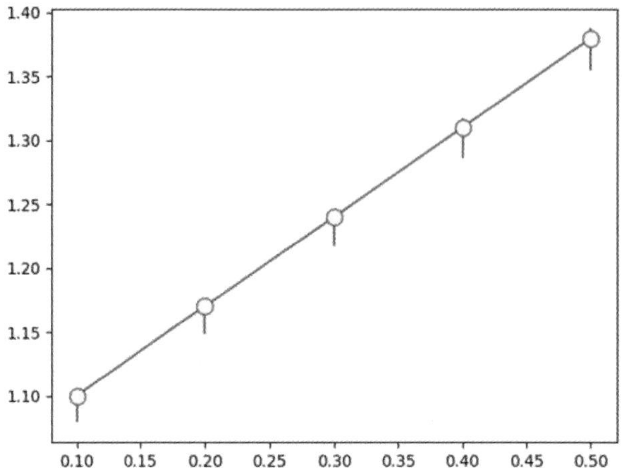


图 3-24 节点样式

## 分析：

我们必须要先使用 marker 来定义节点的外观，这样 markersize、markerfacecolor、markeredgecolor 这 3 个参数才会生效。小伙伴们可以尝试把 marker="o" 删除，然后看看效果又是怎样的。

## 举例：棒条样式

```
import numpy as np
import matplotlib.pyplot as plt

# 数据
x = [0.1, 0.2, 0.3, 0.4, 0.5]
y = [1.10, 1.17, 1.24, 1.31, 1.38]
# 误差
errors = 0.02 + 0.01 * np.array(x)
lower_errors = errors
upper_errors = 0.3 * errors

# 绘图
plt.errorbar(
    x,
    y,
    yerr=[lower_errors, upper_errors],
    ecolor="red",
    elinewidth=3
)

# 显示
plt.show()
```

运行之后，效果如图 3-25 所示。

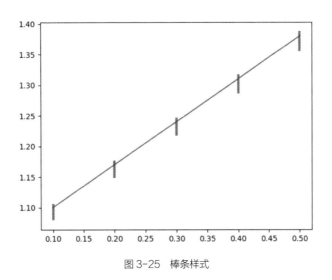

图 3-25　棒条样式

## ▶ 分析：

ecolor="red" 表示定义棒条颜色为红色，elinewidth=3 表示定义棒条宽度为 3 像素。

## ▶ 举例：横杠大小

```
import numpy as np
import matplotlib.pyplot as plt

# 数据
x = [0.1, 0.2, 0.3, 0.4, 0.5]
y = [1.10, 1.17, 1.24, 1.31, 1.38]
# 误差
errors = 0.02 + 0.01 * np.array(x)
lower_errors = errors
upper_errors = 0.3 * errors

# 绘图
plt.errorbar(
    x,
    y,
    yerr=[lower_errors, upper_errors],
    capsize=4
)

# 显示
plt.show()
```

运行之后，效果如图 3-26 所示。

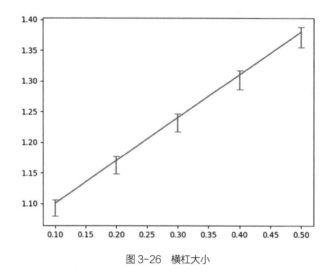

图 3-26　横杠大小

▶ **分析：**

　　capsize=4 表示定义横杠的大小为 4 像素。所谓横杠，指的是在棒条两端添加的短横线。capsize 本质上用于定义短横线的长度，比如我们将 capsize=4 修改成 capsize=10，效果如图 3-27 所示。

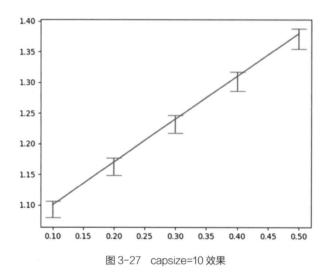

图 3-27　capsize=10 效果

▶ **举例：综合实例**

```python
import numpy as np
import matplotlib.pyplot as plt

# 数据
x = [0.1, 0.2, 0.3, 0.4, 0.5]
y = [1.10, 1.17, 1.24, 1.31, 1.38]
# 误差
errors = 0.02 + 0.01 * np.array(x)
```

```
lower_errors = errors
upper_errors = 0.3 * errors

# 绘图
plt.errorbar(
    x, y,
    yerr=[lower_errors, upper_errors],
    linestyle="dashed",
    marker="o",
    markersize=5,
    markerfacecolor="red",
    markeredgecolor="red",
    ecolor="lightseagreen",
    elinewidth=2,
    capsize=2
)

# 显示
plt.show()
```

运行之后，效果如图 3-28 所示。

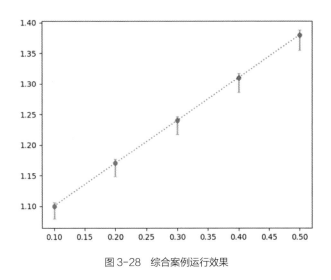

图 3-28　综合案例运行效果

### 3.5.3　高级绘图

之前已经介绍过柱形图和误差棒图，实际上这两种图表是可以结合使用的。接下来，我们尝试绘制带误差棒的柱形图。

▶ **举例**：

```
import matplotlib.pyplot as plt

# 设置
```

```python
plt.rcParams["font.family"] = ["SimHei"]
plt.rcParams["axes.unicode_minus"] = False

# 数据
x = [1, 2, 3, 4, 5]
y = [120, 80, 90, 60, 80]
# 误差
error = [8, 5, 7, 6, 9]
# 绘图
plt.bar(
    x, y,
    yerr = error,
    error_kw = {
        "ecolor": "orangered",
        "elinewidth": 2,
        "capsize": 4
    }
)

# 定义标题
plt.title("不同种植区的苹果收割量")
plt.xlabel("种植区")
plt.ylabel("收割量")
# 刻度标签
parks = ["园区" + str(i) for i in range(1, 6)]
plt.xticks(range(1, 6), parks)

# 显示
plt.show()
```

运行之后，效果如图 3-29 所示。

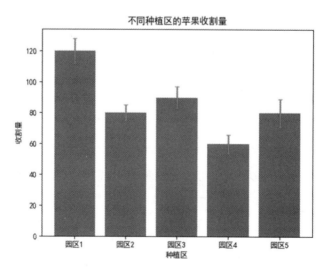

图 3-29　运行效果

▼ 分析：

绘制带误差棒的柱形图，关键在于使用 bar() 函数的 yerr 和 error_kw 这 2 个参数。其中，参数 yerr 用于定义每一个柱条的误差值，它的取值是列表；参数 error_kw 用于定义误差棒的样式，它的取值是字典。

# 3.6　雷达图

## 3.6.1　基本语法

雷达图也叫作"极坐标图"或"蜘蛛网图"，它是一种用于表现多维（四维以上）数据的图表，如图 3-30 所示。

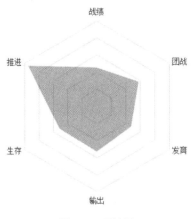

图 3-30　雷达图

在 Matplotlib 中，我们可以使用 polar() 函数来绘制雷达图。

▼ 语法：

```
plt.polar(theta, r)
```

▼ 说明：

第 1 个参数 theta 表示数据点所在射线与极轴的夹角。需要注意的是，所有的角度都应该使用弧度作为单位，例如 180° 就应该写成 np.pi，而 360° 就应该写成 np.pi * 2，以此类推。

在实际开发中，我们更推荐使用这种写法：**度数 * np.pi / 180**。这种写法可以让我们一眼就看出角度是多少，例如下面这 2 句代码。

```
120*math.pi/180            # 120°
150*math.pi/180            # 150°
```

第 2 个参数 r 表示数据点到原点的距离，一般它对应实际的数据。

### 举例：画出一个点

```
import numpy as np
import matplotlib.pyplot as plt

# 绘图
plt.polar(45*np.pi/180, 40, marker="o", color="red")

# 刻度范围
plt.ylim(0, 100)

# 显示
plt.show()
```

运行之后，效果如图 3-31 所示。

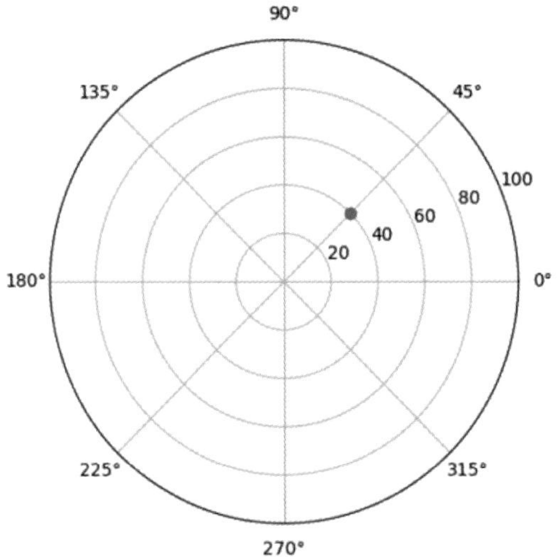


图 3-31 画一个点

### 分析：

想要绘制雷达图，首先要学会如何在一个极坐标中绘制出一个点。在这个例子中，plt.polar(45*np.pi/180, 40, marker="o", color="red") 表示绘制的点对应的夹角为 45°，与原点的距离为 40，外观是一个实心圆，颜色为红色。

对于雷达图，我们一般都不会使用默认刻度，而需要使用 ylim() 函数来调整刻度范围。如果使用默认刻度，比如删除 plt.ylim(0, 100) 这一句代码，效果如图 3-32 所示。此时效果就不是很理想。

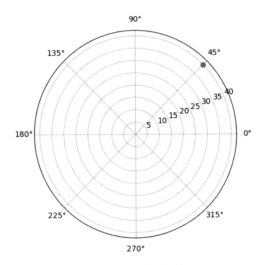

图 3-32　默认的刻度范围

## ▌ 举例：画出雷达图

```
import numpy as np
import matplotlib.pyplot as plt

# 绘图
theta = np.array([45, 135, 180, 270, 45]) * np.pi / 180
r = [20, 60, 40, 80, 20]
plt.polar(theta, r, marker="o", color="red")

# 刻度范围
plt.ylim(0, 100)

# 显示
plt.show()
```

运行之后，效果如图 3-33 所示。

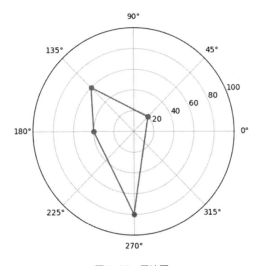

图 3-33　雷达图

### ▚ 分析：

　　想要绘制雷达图，我们需要确定多个点的坐标，然后将所有点连接起来。由于雷达图是封闭图形，因此它的第一个点和最后一个点相同。所以这里可以看到 theta 的第一个元素和最后一个元素是相同的，并且 r 的第一个元素和最后一个元素也是相同的。

　　需要注意的是，np.pi 是一个浮点数，而列表是无法和浮点数相乘的。所以我们应该先使用 np.array() 将列表转换为数组，然后使其和浮点数相乘。

```
# 正确形式
theta = np.array([45, 135, 180, 270, 45]) * np.pi / 180

# 错误形式
theta = [45, 135, 180, 270, 45] * np.pi / 180
```

　　此外需要说明的是，雷达图中每一个点的坐标是由"角度"和"距离"共同确定的。小伙伴们联想一下极坐标系中的点是如何确定的就明白了。

## 3.6.2　样式定义

　　在实际开发中，为了实现更好的用户体验，我们还需要对雷达图进行各种自定义，主要包括 2 个方面的内容：① 刻度标签；② 填充颜色。

### 1. 刻度标签

　　有些情况下，雷达图默认的刻度标签并不能满足我们的开发需求。在 Matplotlib 中，我们可以使用 thetagrids() 函数来定义雷达图的刻度标签。

### ▚ 语法：

```
plt.thetagrids(angles, labels)
```

### ▚ 说明：

　　angles 和 labels 都是列表。angles 是必选参数，表示"刻度所在的角度"。labels 是可选参数，表示"标签值"。labels 是与 angles 一一对应的。

### ▚ 举例：

```
import numpy as np
import matplotlib.pyplot as plt

# 绘图
plt.polar(60*np.pi/180, 40, marker="o", color="red")

# 刻度范围
plt.ylim(0, 100)
# 刻度标签
angles = [0, 60, 120, 180, 240, 300]
```

```
plt.thetagrids(angles)
```

```
# 显示
plt.show()
```

运行之后，效果如图 3-34 所示。

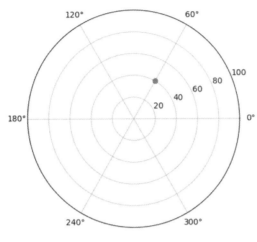

图 3-34　改变刻度标签

### ▚ 分析：

默认情况下，雷达图的刻度标签为 0°、45°、90°、135°、180°、225°、270°、315°。在这个例子中，我们将其刻度标签重新定义为 0°、60°、120°、180°、240°、300°。

### ▚ 举例：定义 labels

```
import numpy as np
import matplotlib.pyplot as plt

# 设置
plt.rcParams["font.family"] = ["SimHei"]
plt.rcParams["axes.unicode_minus"] = False

# 绘图
plt.polar(60*np.pi/180, 40, marker="o", color="red")

# 刻度范围
plt.ylim(0, 100)
# 刻度标签
angles = [0, 60, 120, 180, 240, 300]
labels = ["力量", "敏捷", "智力", "生命", "魔法", "耐力"]
plt.thetagrids(angles, labels)

# 显示
plt.show()
```

运行之后，效果如图 3-35 所示。

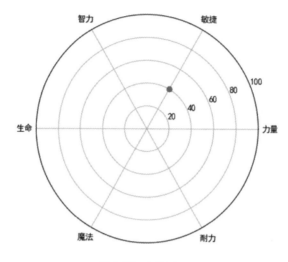

图 3-35　定义 labels

## ▌ 分析：

对于 plt.thetagrids(angles, labels) 来说，如果想要使用第 2 个参数，那么 angles 和 labels 这 2 个列表的元素个数必须相同，labels 的元素会——替换到 angles 表示的刻度上去。

### 2. 填充颜色

在 Matplotlib 中，我们可以使用 fill() 这个函数来对雷达图填充颜色。

## ▌ 语法：

```
plt.fill(theta, r, color, alpha)
```

## ▌ 说明：

fill() 函数和 polar() 函数的前 2 个参数是一样的，theta 表示数据点的偏移角度，r 表示数据点到原点的距离。

参数 color 用于定义填充的颜色，参数 alpha（值为 0.0~1.0）用于定义透明度。

## ▌ 举例：填充颜色

```
import numpy as np
import matplotlib.pyplot as plt

# 绘图
theta = np.array([45, 135, 180, 270, 45]) * np.pi / 180
r = [20, 60, 40, 80, 20]
plt.polar(theta, r, marker="o", color="red")

# 刻度范围
plt.ylim(0, 100)
# 填充颜色
```

```
plt.fill(theta, r, color="red", alpha=0.5)
```

```
# 显示
plt.show()
```

运行之后，效果如图 3-36 所示。

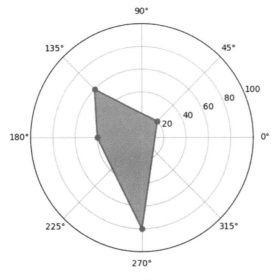

图 3-36　填充颜色

## 3.6.3　实际案例

　　相信大多数小伙伴玩过电子游戏，假设对于一个角色来说，它的能力对应的主要指标有 6 个：力量、敏捷、智力、生命、魔法、耐力。接下来，我们尝试使用雷达图来直观地展示一个角色的能力是怎样的。

▼ **举例：**

```
import numpy as np
import matplotlib.pyplot as plt

# 设置
plt.rcParams["font.family"] = ["SimHei"]
plt.rcParams["axes.unicode_minus"] = False

# 绘图
theta = np.array([0, 60, 120, 180, 240, 300, 0]) * np.pi / 180
r = [9, 6, 3, 9, 3, 8, 9]
plt.polar(theta, r, marker="o", color="red")

# 刻度范围
plt.ylim(0, 10)
# 刻度标签
```

```
angles = [0, 60, 120, 180, 240, 300]
labels = ["力量", "敏捷", "智力", "生命", "魔法", "耐力"]
plt.thetagrids(angles, labels)
# 填充颜色
plt.fill(theta, r, color="red", alpha=0.5)

# 显示
plt.show()
```

运行之后，效果如图 3-37 所示。

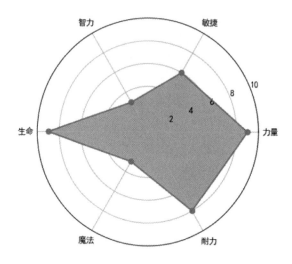

图 3-37　案例运行效果

▐ **分析：**

从图 3-37 可以很直观地看出，这个游戏角色其实是典型的战士型角色。很多实力强大的运动员被称为"六边形战士"，如果用雷达图来表示，应该是图 3-38 这样的（这里以乒乓球运动为例）。

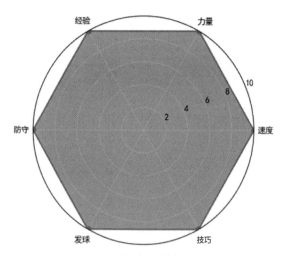

图 3-38　"六边形战士"雷达图

# 3.7 热力图

## 3.7.1 基本语法

热力图指的是以高亮的方式来显示区域的密度情况，以展示数据的差异性的图。在 Matplotlib 中，我们可以使用 imshow() 函数来绘制热力图。

▼ **语法**：

```
plt.imshow(x)
```

▼ **说明**：

x 用于定义热力图的数据部分，它是二维数据，比如二维列表、二维数组或 DataFrame。

▼ **举例**：

```
import matplotlib.pyplot as plt

# 绘图
x = [[1, 2], [3, 4], [5, 6]]
plt.imshow(x)
plt.colorbar()

# 显示
plt.show()
```

运行之后，效果如图 3-39 所示。

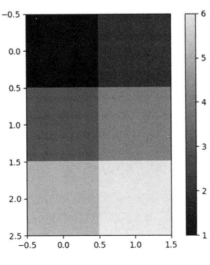

图 3-39 热力图

## ▼ 分析：

x 是一个 2×3 的二维列表，所以通过它绘制出来的热力图也是 2×3 的方块图。其中最顶部的 2 个方块是 [1, 2]，中间的 2 个方块是 [3, 4]，底部的 2 个方块是 [5, 6]。1 的颜色最深，6 的颜色最浅。

## ▌ 3.7.2　样式定义

对于热力图，我们可以使用参数 cmap 来定义热力图的颜色，它的常用取值如表 3-5 所示。

表 3-5　参数 cmap 的常用取值

| 取值 | 效果 |
| --- | --- |
| plt.cm.gray | 黑→灰→白 |
| plt.cm.bone | 黑→蓝灰→白 |
| plt.cm.hot | 黑→红→白 |
| plt.cm.cool | 青绿→浅蓝→品红 |
| plt.cm.spring | 品红→橙黄→黄色 |
| plt.cm.summer | 深绿→浅绿→黄色 |
| plt.cm.autumn | 红→橙→黄 |
| plt.cm.winter | 蓝→青蓝→绿 |

### ▼ 举例：热力图的颜色

```
import matplotlib.pyplot as plt

# 绘图
data = [[1, 2, 3], [4, 5, 6], [7, 8, 9]]
plt.imshow(data, cmap=plt.cm.spring)
plt.colorbar()

# 显示
plt.show()
```

运行之后，效果如图 3-40 所示。

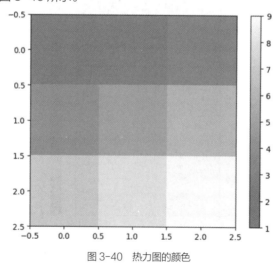

图 3-40　热力图的颜色

### ▼ 举例：颜色条的长度和宽度

```
import matplotlib.pyplot as plt

# 绘图
data = [[1, 2, 3], [4, 5, 6], [7, 8, 9]]
plt.imshow(data, cmap=plt.cm.spring)
plt.colorbar(shrink=0.5)

# 显示
plt.show()
```

运行之后，效果如图 3-41 所示。

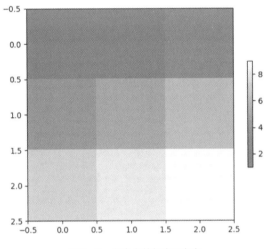

图 3-41 颜色条的长度和宽度

### ▼ 分析：

可以使用 colorbar() 函数的 shrink 参数来定义颜色条的长度和宽度，shrink=0.5 表示定义颜色条的长度和宽度为默认的长度和宽度的一半。

最后需要说明的是，Matplotlib 提供的热力图功能有限，使用起来也比较麻烦。在实际开发中，我们更推荐使用后面介绍的 Seaborn 来实现热力图。

## 3.8　子图表

### 3.8.1　基本语法

在 Matplotlib 库中，我们可以使用 subplot() 函数来同时绘制多个子图表。

### ▼ 语法：

```
plt.subplot(rows, cols, index)
```

▌ 说明：

subplot() 函数有 3 个参数：rows 用于设置行数，cols 用于设置列数，index 用于设置子图位置。其中，index 的值从 1 开始到 rows×cols 结束。

▌ 举例：

```python
import matplotlib.pyplot as plt

# 设置
plt.rcParams["font.family"] = ["SimHei"]
plt.rcParams["axes.unicode_minus"] = False

# 绘制折线图
def drawplot():
    x = [1, 2, 3, 4]
    y = [16, 15, 18, 17]
    plt.plot(x, y)
    plt.title("折线图")
    plt.xlabel("x轴标题")
    plt.ylabel("y轴标题")


plt.subplot(2, 2, 1)
drawplot()

# 显示
plt.show()
```

运行之后，效果如图 3-42 所示。

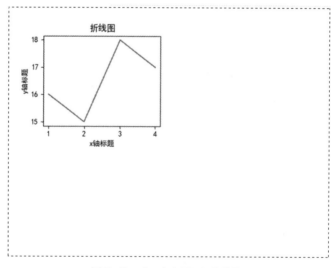

图 3-42　plt.subplot(2, 2, 1) 效果

▌ 分析：

plt.subplot(2, 2, 1) 表示将画布划分为 2×2=4 个子区域，此时整个画布的布局如图 3-43 所

示。这里的 1 表示在第 1 个区域中绘制当前图表。subplot() 函数的前 2 个参数用于确定画布的布局（有多少行多少列），最后一个参数用于定义在哪个子区域绘图。

图 3-43　画布的布局

我们将 plt.subplot(2, 2, 1) 改为 plt.subplot(2, 2, 2)，效果如图 3-44 所示。将 plt.subplot(2, 2, 1) 改为 plt.subplot(2, 2, 3)，效果如图 3-45 所示。

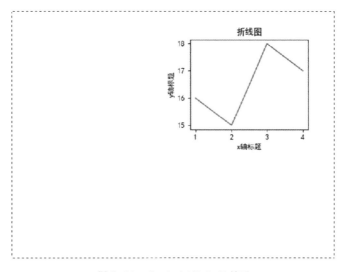

图 3-44　plt.subplot(2, 2, 2) 效果

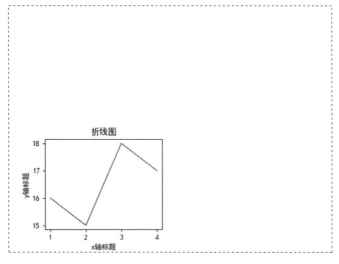

图 3-45　plt.subplot(2, 2, 3) 效果

此外，需要清楚的是，对于 subplot() 函数来说，它其实有 2 种语法形式。对于这个例子来说，下面 2 种形式是等价的。

```
# 形式1
plt.subplot(2, 2, 1)

# 形式2
plt.subplot(221)
```

## 3.8.2 实际案例

接下来我们尝试绘制一个 2×2 的组合图表，也就是在同一张画布上绘制 4 种不同的图表：折线图、散点图、柱形图、饼状图。

**举例：**

```
import matplotlib.pyplot as plt

# 设置
plt.rcParams["font.family"] = ["SimHei"]
plt.rcParams["axes.unicode_minus"] = False

# 绘制折线图
def drawplot():
    x = [1, 2, 3, 4]
    y = [16, 15, 18, 17]
    plt.plot(x, y)

# 绘制散点图
def drawscatter():
    x = [1, 2, 3, 4, 5, 6, 7, 8]
    y = [15, 12, 14, 12, 11, 14, 13, 12]
    plt.scatter(x, y)

# 绘制柱形图
def drawbar():
    x = [1, 2, 3, 4, 5]
    y = [12, 25, 16, 23, 10]
    plt.bar(x, y)

# 绘制饼状图
def drawpie():
    x = [8.9, 4.1, 12.1, 8.5, 11.5]
    movies = ["蜘蛛侠", "蝙蝠侠", "钢铁侠", "毒液", "海王"]
    plt.pie(x,
        labels = movies,
        explode = (0.1, 0, 0, 0, 0),
        autopct = "%1.1f%%"
    )
```

```
# 绘图
plt.subplot(2, 2, 1)
drawplot()
plt.subplot(2, 2, 2)
drawscatter()
plt.subplot(2, 2, 3)
drawbar()
plt.subplot(2, 2, 4)
drawpie()

# 调整布局
plt.tight_layout()
# 显示图表
plt.show()
```

运行之后，效果如图 3-46 所示。

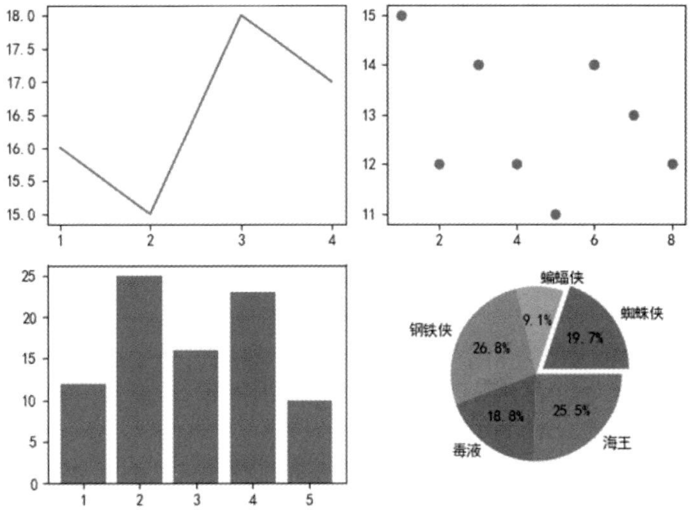


图 3-46 子图表

## ◤ 分析：

这个例子代码虽然比较多，但是逻辑是非常清晰、简单的。其中 plt.tight_layout() 用于调整子图表之间的布局，如果没有这一句代码，子图表就可能出现重叠的情况。

# 第4章
# 其他操作

## 4.1 主题风格

在 Matplotlib 中，图表的默认风格是非常简单的，谈不上有多美观。如果想实现更好的用户体验，可以使用 plt.style.use() 这个函数来定义一种主题风格。

▼ **语法：**

```
plt.style.use(主题名)
```

▼ **说明：**

Matplotlib 自带非常多的主题风格，不过这些主题风格都是基于其他可视化库（比如 Seaborn、ggplot 等）的。

▼ **举例：主题类型**

```
import matplotlib.style as ms
print(ms.available)
```

控制台的输出如下。

```
['Solarize_Light2', '_classic_test_patch', 'bmh', 'classic', 'dark_background', 'fast',
'fivethirtyeight', 'ggplot', 'grayscale', 'seaborn', 'seaborn-bright', 'seaborn-colorblind',
'seaborn-dark', 'seaborn-dark-palette', 'seaborn-darkgrid', 'seaborn-deep', 'seaborn-muted',
'seaborn-notebook', 'seaborn-paper', 'seaborn-pastel', 'seaborn-poster', 'seaborn-talk',
'seaborn-ticks', 'seaborn-white', 'seaborn-whitegrid', 'tableau-colorblind10']
```

▼ **分析：**

我们可以使用上面这种方式来查看 Matplotlib 都有哪些主题风格可以使用。其中，比较美观的主题风格有 seaborn、ggplot 等。

▼ **举例：定义主题**

```
import matplotlib.pyplot as plt
```

# 定义主题风格

```
plt.style.use("seaborn")
```

```
# 绘图
x = [1, 2, 3, 4]
y = [16, 15, 18, 17]
plt.plot(x, y)
```

```
# 显示
plt.show()
```

运行之后，效果如图 4-1 所示。

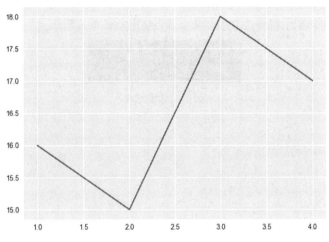

图 4-1　主题风格为"seaborn"

### ▶ 分析：

特别需注意一点，主题风格的定义代码一定要放在绘图函数对应的代码之前，不然就会无法生效。这是因为主题风格针对的是全局的样式。

当把 plt.style.use("seaborn") 改为 plt.style.use("ggplot") 之后，效果如图 4-2 所示。当然，小伙伴们也可以使用其他主题风格，以及其他图表来尝试一下。

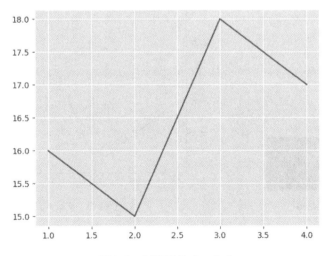

图 4-2　主题风格为"ggplot"

## 4.2  保存图片

在 Matplotlib 中，我们可以使用 savefig() 这个函数来将图表保存成一张图片。

▶ **语法：**

```
plt.savefig(path)
```

▶ **说明：**

参数 path 是图片的保存路径，它可以是一个相对路径，也可以是一个绝对路径。接下来我们在当前项目下创建一个名为"img"的文件夹，项目结构如图 4-3 所示。

图 4-3   项目结构

▶ **举例：**

```
import matplotlib.pyplot as plt

# 绘图
x = [1, 2, 3, 4]
y = [16, 15, 18, 17]
plt.plot(x, y)

# 保存
plt.savefig(r"img/plot.png")
```

运行之后，我们可以发现 img 文件夹中多了一个 plot.png 文件，项目结构如图 4-4 所示。此时打开 plot.png，效果如图 4-5 所示。

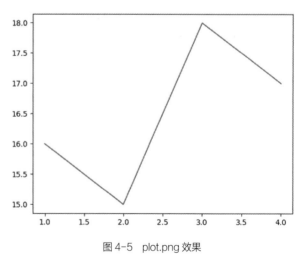

图 4-4   项目结构                    图 4-5   plot.png 效果

▶ **分析：**

要想将图表保存为一张图片，除了使用 savefig() 函数之外，其实我们还可以使用 Matplotlib

自带的工具栏，也就是单击图 4-6 所示的按钮来实现。

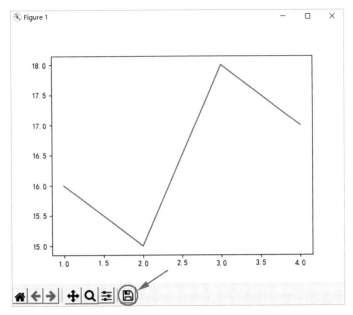

图 4-6 单击 Matplotlib 工具栏中的按钮

# 4.3 水印效果

通过对"2.3 通用设置"这一节的学习可以知道，text() 函数主要用来为节点添加注释文本。实际上，我们还可以使用 text() 函数来为整个图表添加水印效果。

▼ **语法**：

```
plt.text(x, y, text)
```

▼ **说明**：

x 和 y 表示水印的坐标数据，text 表示水印的文本。

▼ **举例**：

```
import matplotlib.pyplot as plt

# 设置
plt.rcParams["font.family"] = ["SimHei"]
plt.rcParams["axes.unicode_minus"] = False

# 绘图
x = [1, 2, 3, 4]
y = [16, 15, 18, 17]
plt.plot(x, y)
```

```
# 添加水印
plt.text(3.5, 15, "绿叶学习网", alpha=0.5)
```

```
# 显示
plt.show()
```

运行之后，效果如图 4-7 所示。

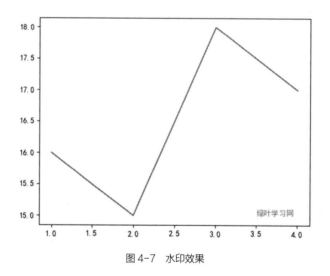

图 4-7　水印效果

### ▍ 分析：

plt.text(3.5, 15, " 绿叶学习网 ", alpha=0.5) 表示定义水印的坐标为 (3.5, 15)，内容为 " 绿叶学习网 "，透明度为 0.5。需要注意的是，水印效果需要使用 alpha 这个参数来调整透明度。

当然，我们还可以使用 color、fontsize 等参数来定义水印文本的样式。比如将 "# 添加水印" 部分改为下面这一句代码，效果如图 4-8 所示。

```
plt.text(3.3, 15, "绿叶学习网", alpha=0.5, color="red", fontsize=16)
```

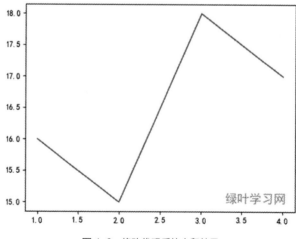

图 4-8　修改代码后的水印效果

# 4.4　全局配置

通过之前的学习可以知道，如果想要解决中文乱码以及负号不显示的问题，一般都需要在绘图代码的开始处加上下面这2句代码。

```
plt.rcParams["font.family"] = ["SimHei"]
plt.rcParams["axes.unicode_minus"] = False
```

但是对每一个程序都加上这2句代码，这种重复工作其实是没有太多意义的。那么有没有一种比较好的解决办法呢？其实是有的，就是通过修改配置项的方式来进行全局修改。

在 Matplotlib 中，我们可以通过 matplotlibrc 这个文件来修改图表的默认样式。matplotlibrc 文件保存的是 Matplotlib 所有的默认配置项。

### ▼ 举例：查看文件路径

```
import matplotlib
print(matplotlib.matplotlib_fname())
```

控制台的输出如下。

```
D:\python 3.9.x\lib\site-packages\matplotlib\mpl-data\matplotlibrc
```

### ▼ 分析：

使用上面这种方式可以快速找到 matplotlibrc 文件所在的完整路径。不同计算机存放该文件的路径不一样，如果小伙伴计算机中的路径跟上面的路径有出入，这也是正常的。从上面的内容可以知道，matplotlibrc 文件所在的文件夹为 mpl-data，这个文件夹很重要，后面我们需要用到。

找到 matplotlibrc 文件之后，以记事本的方式打开，里面就是 Matplotlib 所有的默认配置项了。其实小伙伴们稍微看一下文件就知道每一个配置项到底是用来做什么的，常见的配置项如表4-1所示。

表4-1　常见的配置项

| 配置项 | 说明 |
| --- | --- |
| line.xxx | 线条样式 |
| font.xxx | 字体样式 |
| figure.xxx | 画布样式 |
| axes.xxx | 坐标系样式 |
| scatter.xxx | 散点图样式 |
| boxplot.xxx | 箱线图样式 |

接下来我们尝试修改一下 matplotlibrc 文件的配置项。比如在默认情况下，lines.linestyle 的值为"–"（实线），如图4-9所示。我们将其值修改为"dashed"（虚线），如图4-10所示。修改之后，一定要记得保存文件，这样才会生效。

```
#lines.linewidth: 1.5
#lines.linestyle: -
#lines.color:      C0
#lines.marker:           None
#lines.markerfacecolor: auto
#lines.markeredgecolor: auto
#lines.markeredgewidth: 1.0
#lines.markersize:       6
```

图 4-9　修改前

```
#lines.linewidth: 1.5
#lines.linestyle: dashed
#lines.color:      C0
#lines.marker:           None
#lines.markerfacecolor: auto
#lines.markeredgecolor: auto
#lines.markeredgewidth: 1.0
#lines.markersize:       6
```

图 4-10　修改后

▌ **举例**：

```python
import matplotlib.pyplot as plt

# 绘图
x = [1, 2, 3, 4]
y = [16, 15, 18, 17]
plt.plot(x, y)

# 显示
plt.show()
```

运行之后，效果如图 4-11 所示。

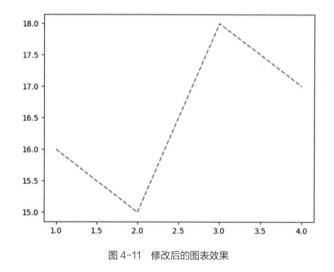

图 4-11　修改后的图表效果

▌ **分析**：

当按照上文修改 matplotlibrc 文件，并运行上面例子的代码后会发现，线条变成了虚线。需要注意的是，对 matplotlibrc 文件的任何修改，都会影响以后绘制的所有图表的样式，所以一定要非常慎重。

下面介绍如何解决中文乱码以及负号不显示的问题。解决方法其实很简单，只需要简单的 3 步。

**第 1 步，放入字体文件**：上文提及了一个 mpl-data 文件夹，我们需要将 SimHei.ttf 这个字体文件放到 mpl-data\fonts\ttf 文件夹中。SimHei.ttf 文件可以在本书配套资源中找到。

**第 2 步，配置 font.family：**我们将 font.family 这个配置项的值修改为 SimHei，如图 4-12 所示。

```
#font.family:  SimHei
#font.style:   normal
#font.variant: normal
#font.weight:  normal
#font.stretch: normal
#font.size:    10.0
```

图 4-12　配置 font.family

**第 3 步，配置 axes.unicode_minus：**我们将 axes.unicode_minus 这个配置项的值修改为 False，如图 4-13 所示。

```
#axes.unicode_minus: False
```

图 4-13　配置 axes.unicode_minus

由于 matplotlibrc 文件中的配置项非常多，我们可以通过“Ctrl + F”快捷键来快速查找，这是一个非常有用的小技巧。

## 4.5　setp() 和 getp()

在 Matplotlib 中，我们可以使用 setp() 和 getp() 这两个函数来对图表对象的属性进行设置和查看。

### 4.5.1　setp()

在 Matplotlib 中，我们可以使用 setp() 函数来给图表对象设置属性。

**语法：**

```
plt.setp(obj, ……)
```

**说明：**

参数 obj 是一个图表对象。其中，setp 是“set property”（设置属性）的缩写。

**举例：**

```
import matplotlib.pyplot as plt

# 绘图
x = [1, 2, 3, 4]
```

```
y = [16, 15, 18, 17]
line = plt.plot(x, y)
```

**# 设置属性**
**plt.setp(line, color="red", linestyle="--", marker="o")**

```
# 显示
plt.show()
```

运行之后，效果如图 4-14 所示。

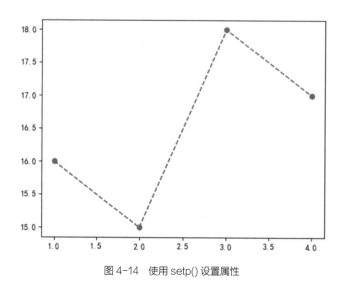

图 4-14　使用 setp() 设置属性

### ▌ 分析：

plt.setp(line, color="red", linestyle="--", marker="o") 表示给 line 这个图表对象设置 color、linestyle、marker 这 3 个属性。

对于这个例子来说，下面 2 种形式是等价的。其中，形式 1 是在 plot() 函数中设置属性，形式 2 是使用 setp() 函数设置属性。

```
# 形式1
plt.plot (x, y, color="red", linestyle="--", marker="o")
```

```
# 形式2
line = plt.plot(x, y)
plt.setp(line, color="red", linestyle="--", marker="o")
```

### ▌ 举例：查看参数取值

```
import matplotlib.pyplot as plt

# 绘图
x = [1, 2, 3, 4]
y = [16, 15, 18, 17]
```

```
line = plt.plot(x, y)

plt.setp(line, "linestyle")
```

控制台的输出如下。

```
linestyle: {'-', '--', '-.', ':', '', (offset, on-off-seq), ...}
```

### ▼ 分析：

如果小伙伴们忘记了某个参数都有哪些取值，可以使用下面这种方式来查看。

```
plt.setp(obj, "参数名")
```

## 4.5.2　getp()

在 Matplotlib 中，我们可以使用 getp() 函数来查看图表对象的所有属性以及属性值。

### ▼ 语法：

```
plt.getp(obj)
```

### ▼ 说明：

参数 obj 是一个图表对象。其中，getp 是"get property"（获取属性）的缩写。

### ▼ 举例：

```
import matplotlib.pyplot as plt

# 绘图
x = [1, 2, 3, 4]
y = [16, 15, 18, 17]
line = plt.plot(x, y)

plt.getp(line)
```

控制台的输出如下。

```
agg_filter = None
alpha = None
animated = False
antialiased or aa = True
children = []
clip_box = TransformedBbox(      Bbox(x0=0.0, y0=0.0, x1=1.0, ...
clip_on = True
clip_path = None
color or c = #1f77b4
```

```
contains = None
dash_capstyle = butt
......
```

### ▶ 分析：

可能有小伙伴会问：明明没有设置 agg_filter、alpha、animated 等属性，为什么这里会输出这些属性呢？这是因为在默认情况下，图表对象会自带一些属性，并且这些属性都是有对应的默认值的。

# 第 2 部分
## Seaborn 篇

# 第 5 章
# 基础图表

## 5.1 Seaborn 简介

### 5.1.1 Seaborn 是什么

之前我们已经学习了 Python 中非常基础的一个可视化库——Matplotlib，小伙伴们应该对数据可视化也有了比较多的认识和理解。虽然 Matplotlib 非常强大，但是它本身提供的应用程序接口（API）并不是很好用。在实际工作中，我们还是首选 Seaborn（如图 5-1 所示）来实现数据可视化。

图 5-1　Seaborn

Seaborn 是基于 Matplotlib 实现的，但相比 Matplotlib，Seaborn 有 2 个重要的优势：① **语法更加简单、好用**；② **图表更加高级、美观**。就以语法来说，绘制一个图表，使用 Seaborn 大多只需要几行代码就可以轻松实现，而使用 Matplotlib 则可能需要十几行代码。此外，Matplotlib 绘制出的图表是比较"简陋"的，而 Seaborn 绘制出的图表却显得非常专业。实际上，绘制有吸引力的图表是非常重要的，毕竟用户体验很重要。小伙伴们可以看一下图 5-2 和图 5-3，感性对比一下就知道了。

对于 Seaborn 来说，以下 4 点是小伙伴们需要特别清楚的。了解这几点，对于后续的学习也非常重要。

- ▶ 在实际工作中，我们应该首选 Seaborn 来实现数据可视化。如果 Seaborn 无法实现，再考虑使用 Matplotlib。
- ▶ Seaborn 是基于 Matplotlib 实现的，所以二者在使用上有很多相似之处。我们在学习的时候，应该多多对比理解。

- Seaborn 只提供常用图表的绘制函数，对于其他不常用的图表（如雷达图、棉棒图等）并没有提供绘制函数，不过这已经能够满足大多数开发需求。
- Seaborn 是结合 pandas 一起使用的，它的数据都是 Series 或 DataFrame 类型的，而不能是其他数据类型（如列表、数组等），这一点和 Matplotlib 不一样。

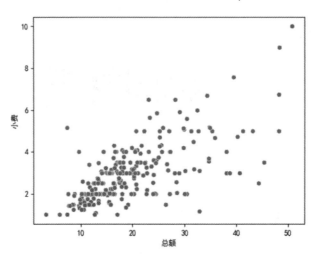

图 5-2　Matplotlib 实现的散点图

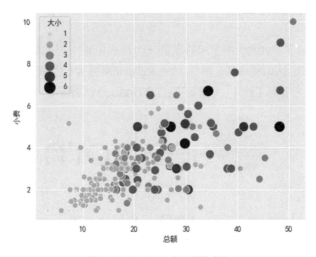

图 5-3　Seaborn 实现的散点图

## 5.1.2　Seaborn 的使用

由于 Seaborn 是第三方库，所以我们需要手动安装后才能使用它。在终端窗口中，输入下面的命令，然后按"Enter"键就可以自动安装它。

```
pip install seaborn
```

由于 Seaborn 是基于 Matplotlib 实现的，所以在使用 Seaborn 之前必须引入 Matplotlib 这个库。此外，Seaborn 都是结合 pandas 一起使用的，所以我们也要引入 pandas 库。

▶ **语法：**

```
import pandas as pd
import matplotlib.pyplot as plt
import seaborn as sns
```

▶ **说明：**

Seaborn 只提供常用图表的绘图函数，如表 5-1 所示。

表 5-1　Seaborn 常用图表的绘图函数

| 基础图表 | 绘图函数 |
| --- | --- |
| 折线图 | lineplot() |
| 散点图 | scatterplot() |
| 柱形图 | barplot() |
| 直方图 | histplot() |
| 箱线图 | boxplot() |
| **高级图表** | **绘图函数** |
| 热力图 | heatmap() |
| 核密度图 | kdeplot() |
| 小提琴图 | violinplot() |
| 增强箱线图 | boxenplot() |
| 分布散点图 | stripplot() |
| 线性回归图 | regplot() |
| **其他图表** | **绘图函数** |
| 子图表 | subplots() |
| 分组图表 | catplot() |
| 双变量图 | jointplot() |
| 多变量图 | pairplot() |

因为 Matplotlib 提供的饼状图绘图函数非常好用，所以 Seaborn 并没有提供专门绘制饼状图的函数。总而言之：能使用 Seaborn 实现的，就不使用 Matplotlib。如果使用 Seaborn 无法实现，再考虑使用 Matplotlib。

最后需要说明的是，Seaborn 中的绘图函数涉及的参数非常多，不过我们只会介绍常用的。对于其他不常用的参数，小伙伴们可以参考官方文档。

【 常见问题 】

使用 import 导入 Seaborn 时，为什么 Seaborn 简称为 sns？这个 sns 是怎么来的呢？

之所以将 Seaborn 简称为 sns，其实这里是有一个"梗"的。在美剧 *The West Wing* 中，有一个角色的名字叫作 Samuel Norman Seaborn，他的名字的首字母连在一起就是 sns。Seaborn 官方为了避免自己的库与其他库冲突，所以就干脆使用这个比较特殊的"sns"作为 Seaborn 的简称。

## 5.2 基础绘图（折线图）

Seaborn 的基础应用是绘制一个折线图。本节我们先简单介绍如何绘制折线图，后面再介绍如何绘制其他图表。

### 5.2.1 基本语法

在 Seaborn 中，我们可以使用 lineplot() 函数来绘制折线图。折线图的主要作用是，观察“因变量 y”随着“自变量 x”的变化而变化的趋势。

**语法：**

```
sns.lineplot(data, x, y)
```

**说明：**

data 是一个可选参数，它是一个 DataFrame。对于 Seaborn 来说，所有绘图函数的 data 只能是 Series 或 DataFrame，而不能是其他类型（比如列表）。

x 是一个可选参数，用于指定 DataFrame 的某一列值作为 x 轴坐标值。

y 是一个可选参数，用于指定 DataFrame 的某一列值作为 y 轴坐标值。

**举例：绘制一条折线**

```
import pandas as pd
import matplotlib.pyplot as plt
import seaborn as sns

# 定义主题风格
sns.set_style("darkgrid")
# 解决乱码问题
sns.set_style({"font.sans-serif": "SimHei"})

# 气温数据（单位：摄氏度）
data = [
    ["2022-01-01", 16],
    ["2022-01-02", 15],
    ["2022-01-03", 16],
    ["2022-01-04", 18],
    ["2022-01-05", 17]
]
df = pd.DataFrame(data, columns=["日期", "气温"])
# 绘图
sns.lineplot(data=df, x="日期", y="气温")

# 显示
plt.show()
```

运行之后，效果如图 5-4 所示。

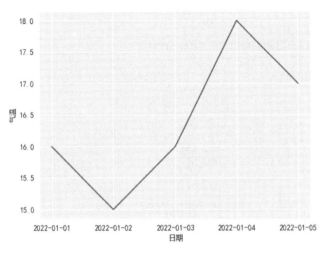

图 5-4　一条折线

### ▶ 分析：

sns.set_style("darkgrid") 用于设置 Seaborn 的主题风格，对于这个函数我们在 5.3 节中会详细介绍。默认情况下，在 Seaborn 中使用中文会出现乱码问题，所以这里还要使用 sns.set_style({"font.sans-serif": "SimHei"}) 这一句代码来解决该问题。

在实际开发中，建议在 Seaborn 绘图代码的开始处，统一加上下面这 2 句代码。

```
# 定义主题风格
sns.set_style("darkgrid")
# 解决乱码问题
sns.set_style({"font.sans-serif": "SimHei"})
```

sns.lineplot(data=df, x=" 日期 ", y=" 气温 ") 表示使用 DataFrame 中的"日期"这一列数据作为 x 轴坐标值，并且使用"气温"这一列数据作为 y 轴坐标值。有了 x 轴坐标值和 y 轴坐标值，Seaborn 就可以绘制折线图了。

此外，对于 lineplot() 函数来说，它其实有 2 种语法形式。对于这个例子来说，下面 2 种形式是等价的。

```
# 形式1
sns.lineplot(data=df, x=" 日期 ", y=" 气温 ")
```

```
# 形式2
sns.lineplot(x=df[" 日期 "], y=df[" 气温 "])
```

当我们指定 data 为一个 DataFrame 时，x 和 y 的值应该是行名。当没有指定 data 这个参数时，x 和 y 的值应该是 Series。小伙伴们一定要仔细记住这 2 种形式，因为在很多地方都会见到它们。

### ▶ 举例：绘制多条折线

```
import pandas as pd
import matplotlib.pyplot as plt
```

```python
import seaborn as sns

# 设置
sns.set_style("darkgrid")
sns.set_style({"font.sans-serif": "SimHei"})

# 气温数据（单位：摄氏度）
data = [
    ["2022-01-01", 16, 5],
    ["2022-01-02", 15, 7],
    ["2022-01-03", 16, 8],
    ["2022-01-04", 18, 6],
    ["2022-01-05", 17, 8]
]
df = pd.DataFrame(data, columns=["日期", "广州", "北京"])
# 绘图
sns.lineplot(data=df, x="日期", y="广州")
sns.lineplot(data=df, x="日期", y="北京")

# 显示
plt.show()
```

运行之后，效果如图 5-5 所示。

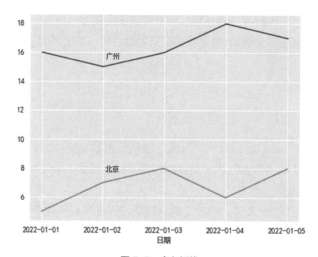

图 5-5　多条折线

▌ **分析：**

和 Matplotlib 一样，如果想要同时绘制多条折线，我们只需要多次调用 lineplot() 函数就可以了，非常简单。

同样，对于这个例子来说，下面 2 种形式是等价的。

```python
# 形式1
sns.lineplot(data=df, x="日期", y="广州")
sns.lineplot(data=df, x="日期", y="北京")
```

```
# 形式2
sns.lineplot(x=df["日期"], y=df["广州"])
sns.lineplot(x=df["日期"], y=df["北京"])
```

## 5.2.2　深入了解

上面介绍的绘图方式和 Matplotlib 的绘图方式是大同小异的，都需要显式地指定 x 轴坐标和 y 轴坐标，也就是需要指定 lineplot() 函数的 x 和 y。作为比 Matplotlib 更好用的库，Seaborn 提供了更加简单的方式，可以不显式指定 x 和 y，实现自动绘图。

lineplot() 函数的 data 是 DataFrame，DataFrame 包含 index（行名）、columns（列名）和 values（数据）这 3 个部分，如图 5-6 所示。我们可以使用 DataFrame 的 set_index() 方法来指定某一列为行名，然后该列就会成为自变量 x，而其他列就会成为因变量 y。有了自变量 x 和因变量 y，lineplot() 函数就会自动将自变量 x 作为 x 轴坐标，然后将因变量 y 作为 y 轴坐标。需要注意的是，因变量可能有多个。有多少个因变量，就会绘制出多少条折线。

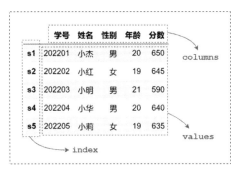

图 5-6　DataFrame 的结构

### ▼ 举例：绘制一条折线

```
import pandas as pd
import matplotlib.pyplot as plt
import seaborn as sns

# 设置
sns.set_style("darkgrid")
sns.set_style({"font.sans-serif": "SimHei"})

# 气温数据（单位：摄氏度）
data = [
    ["2022-01-01", 16],
    ["2022-01-02", 15],
    ["2022-01-03", 16],
    ["2022-01-04", 18],
    ["2022-01-05", 17]
]
```

```
df = pd.DataFrame(data, columns=["日期", "气温"])
# 指定"日期"这一列为行名
df.set_index("日期", inplace=True)
# 绘制图表
sns.lineplot(data=df)

# 显示
plt.show()
```

运行之后，效果如图 5-7 所示。

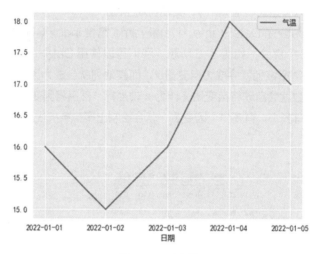

图 5-7　一条折线

### ▍ 分析：

对于折线图来说，它描述的是因变量 y 随着自变量 x 的改变而变化的趋势，所以它需要 2 个东西：自变量 x 和因变量 y。在这个例子中，df.set_index(" 日期 ", inplace=True) 表示将 "日期"这一列设置为行名，此时 "日期"这一列的数据就会自动成为自变量 x（即 x 轴坐标），剩余的其他列会自动成为因变量 y（即 y 轴坐标）。

有了自变量和因变量，在使用 lineplot() 函数绘图时，我们就不需要显式指定 x 和 y 这两个参数了，Seaborn 会自动识别，然后进行绘图。这个技巧是非常有用的，我们再来介绍一个例子。

### ▍ 举例：绘制多条折线

```
import pandas as pd
import matplotlib.pyplot as plt
import seaborn as sns

# 设置
sns.set_style("darkgrid")
sns.set_style({"font.sans-serif": "SimHei"})

# 气温数据（单位: 摄氏度）
```

```
data = [
    ["2022-01-01", 16, 5],
    ["2022-01-02", 15, 7],
    ["2022-01-03", 16, 8],
    ["2022-01-04", 18, 6],
    ["2022-01-05", 17, 8]
]
df = pd.DataFrame(data, columns=["日期", "广州", "北京"])
# 指定 "日期" 这一列为行名
df.set_index("日期", inplace=True)
# 绘制图表
sns.lineplot(data=df)

# 显示
plt.show()
```

运行之后，效果如图 5-8 所示。

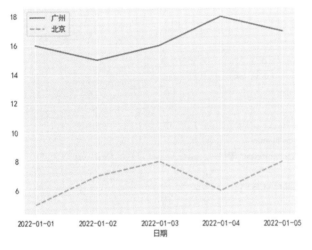

图 5-8　多条折线

▶ **分析：**

对于这个例子来说，"日期"这一列数据是自变量，剩下的"广州"和"北京"这两列数据都是因变量。由于因变量有 2 个，所以会自动绘制出 2 条折线。当然，如果有 $n$ 个因变量，Seaborn 就会自动绘制出 $n$ 条折线。

最后需要说明的是，在实际开发中，我们更多使用 Seaborn 自动识别的方式来绘图，而不是使用显式指定 x 和 y 的方式来绘图。

## 5.2.3　实际案例

当前项目目录下的 data 文件夹中有一个 flight.csv 文件，项目结构如图 5-9 所示。假设 flight.csv 文件保存的是某航空公司 1949—1960 年这 12 年内每个月的乘客人数数据，部分内容如图 5-10 所示。

图 5-9　项目结构

图 5-10　flight.csv 文件的部分内容

### ▶ 举例：1 月份数据

```
import pandas as pd
import matplotlib.pyplot as plt
import seaborn as sns

# 设置
sns.set_style("darkgrid")
sns.set_style({"font.sans-serif": "SimHei"})

# 读取数据
df = pd.read_csv(r"data/flight.csv")
# 使用透视表，重构DataFrame
df = df.pivot_table(index="年份", columns="月份", values="人数")
# 绘制图表
sns.lineplot(data=df["1月"])

# 显示
plt.show()
```

运行之后，效果如图 5-11 所示。

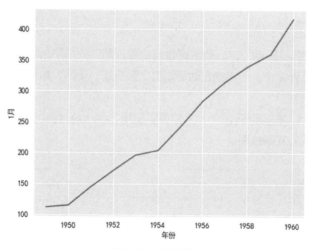

图 5-11　1 月份数据

▼ **分析：**

```
df = df.pivot_table(index="年份", columns="月份", values="人数")
```

上面这一句代码表示使用透视表的方式，即 pivot_table() 方法，对 DataFrame 进行重构，此时得到的 DataFrame 如图 5-12 所示。

| 月份<br>年份 | 10月 | 11月 | 12月 | 1月 | 2月 | 3月 | 4月 | 5月 | 6月 | 7月 | 8月 | 9月 |
|---|---|---|---|---|---|---|---|---|---|---|---|---|
| **1949** | 119 | 104 | 118 | 112 | 118 | 132 | 129 | 121 | 135 | 148 | 148 | 136 |
| **1950** | 133 | 114 | 140 | 115 | 126 | 141 | 135 | 125 | 149 | 170 | 170 | 158 |
| **1951** | 162 | 146 | 166 | 145 | 150 | 178 | 163 | 172 | 178 | 199 | 199 | 184 |
| **1952** | 191 | 172 | 194 | 171 | 180 | 193 | 181 | 183 | 218 | 230 | 242 | 209 |
| **1953** | 211 | 180 | 201 | 196 | 196 | 236 | 235 | 229 | 243 | 264 | 272 | 237 |
| **1954** | 229 | 203 | 229 | 204 | 188 | 235 | 227 | 234 | 264 | 302 | 293 | 259 |
| **1955** | 274 | 237 | 278 | 242 | 233 | 267 | 269 | 270 | 315 | 364 | 347 | 312 |
| **1956** | 306 | 271 | 306 | 284 | 277 | 317 | 313 | 318 | 374 | 413 | 405 | 355 |
| **1957** | 347 | 305 | 336 | 315 | 301 | 356 | 348 | 355 | 422 | 465 | 467 | 404 |
| **1958** | 359 | 310 | 337 | 340 | 318 | 362 | 348 | 363 | 435 | 491 | 505 | 404 |
| **1959** | 407 | 362 | 405 | 360 | 342 | 406 | 396 | 420 | 472 | 548 | 559 | 463 |
| **1960** | 461 | 390 | 432 | 417 | 391 | 419 | 461 | 472 | 535 | 622 | 606 | 508 |

图 5-12　重构后的 DataFrame

sns.lineplot(data=df["1 月 "]) 表示数据部分是 "1 月" 的人数数据。需要注意的是，此时的 DataFrame 的行名是 "年份"，列名是 "1 月"。由于只有 1 列，所以绘制的是一条折线。

▼ **举例：12 个月的数据**

```
import pandas as pd
import matplotlib.pyplot as plt
import seaborn as sns

# 设置
sns.set_style("darkgrid")
sns.set_style({"font.sans-serif": "SimHei"})

# 读取数据
df = pd.read_csv(r"data/flight.csv")
# 使用透视表，重构 DataFrame
df = df.pivot_table(index="年份", columns="月份", values="人数")
# 绘制图表
sns.lineplot(data=df)

# 显示
plt.show()
```

运行之后，效果如图 5-13 所示。

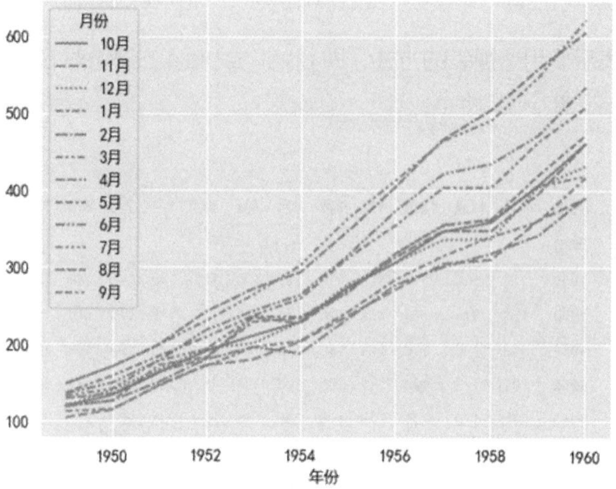


图 5-13　12 个月的数据

## ◤ 分析：

对于这个例子来说，DataFrame 的行名是“年份”，列名是“月份”。由于这里有 12 列，所以会自动绘制出 12 条折线。

## ◤ 举例：每年的航班人数情况

```
import pandas as pd
import matplotlib.pyplot as plt
import seaborn as sns

# 设置
sns.set_style("darkgrid")
sns.set_style({"font.sans-serif": "SimHei"})

# 读取数据
df = pd.read_csv(r"data/flight.csv")
# 使用透视表，重构DataFrame
df = df.pivot_table(index="年份", columns="月份", values="人数")
# 行列转置
df = df.T
# 绘制图表
sns.lineplot(data=df)

# 显示
plt.show()
```

运行之后，效果如图 5-14 所示。

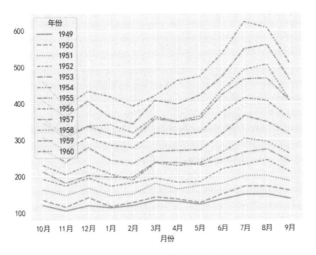

图 5-14　每年的航班人数情况

## ▶ 分析：

如果想要绘制每年的航班人数情况图，那么列名就应该是"年份"，而行名就应该是"月份"，我们可以使用 T 属性来进行行列转置。运行 df=df.T 之后，得到的 DataFrame 如图 5-15 所示。

| 年份 | 1949 | 1950 | 1951 | 1952 | 1953 | 1954 | 1955 | 1956 | 1957 | 1958 | 1959 | 1960 |
|---|---|---|---|---|---|---|---|---|---|---|---|---|
| 月份 | | | | | | | | | | | | |
| 10月 | 119 | 133 | 162 | 191 | 211 | 229 | 274 | 306 | 347 | 359 | 407 | 461 |
| 11月 | 104 | 114 | 146 | 172 | 180 | 203 | 237 | 271 | 305 | 310 | 362 | 390 |
| 12月 | 118 | 140 | 166 | 194 | 201 | 229 | 278 | 306 | 336 | 337 | 405 | 432 |
| 1月 | 112 | 115 | 145 | 171 | 196 | 204 | 242 | 284 | 315 | 340 | 360 | 417 |
| 2月 | 118 | 126 | 150 | 180 | 196 | 188 | 233 | 277 | 301 | 318 | 342 | 391 |
| 3月 | 132 | 141 | 178 | 193 | 236 | 235 | 267 | 317 | 356 | 362 | 406 | 419 |
| 4月 | 129 | 135 | 163 | 181 | 235 | 227 | 269 | 313 | 348 | 348 | 396 | 461 |
| 5月 | 121 | 125 | 172 | 183 | 229 | 234 | 270 | 318 | 355 | 363 | 420 | 472 |
| 6月 | 135 | 149 | 178 | 218 | 243 | 264 | 315 | 374 | 422 | 435 | 472 | 535 |
| 7月 | 148 | 170 | 199 | 230 | 264 | 302 | 364 | 413 | 465 | 491 | 548 | 622 |
| 8月 | 148 | 170 | 199 | 242 | 272 | 293 | 347 | 405 | 467 | 505 | 559 | 606 |
| 9月 | 136 | 158 | 184 | 209 | 237 | 259 | 312 | 355 | 404 | 404 | 463 | 508 |

图 5-15　行列转置后的 DataFrame

细心的小伙伴可能发现了，折线图中的 x 轴坐标并不是以"1月"开始的，而是以"10月"开始的。我们可以使用 pandas 来调整一下顺序，请看下面的例子。

## ▶ 举例：调整顺序

```
import pandas as pd
import matplotlib.pyplot as plt
import seaborn as sns
```

```
# 设置
sns.set_style("darkgrid")
sns.set_style({"font.sans-serif": "SimHei"})

# 读取数据
df = pd.read_csv(r"data/flight.csv")
# 使用透视表，重构DataFrame
df = df.pivot_table(index="年份", columns="月份", values="人数")
# 调整顺序
orders = [str(i)+"月" for i in range(1, 13)]
df = df[orders]
# 行列转置
df = df.T
# 绘制图表
sns.lineplot(data=df)

# 显示
plt.show()
```

运行之后，效果如图 5-16 所示。

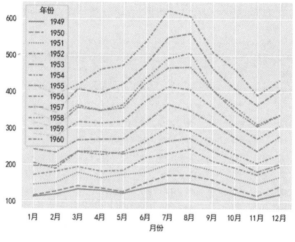

图 5-16　调整顺序

▶ **分析：**

orders = [str(i)+"月 " for i in range(1, 13)] 这一句代码使用列表生成式的方式来创建一个这样的列表：["1 月 ", "2 月 ", …, "12 月 "]。

## 5.3　通用设置

跟 Matplotlib 一样，在介绍如何绘制其他图表之前，我们先来介绍一下通用设置，这些设置不仅可以用于折线图，还可以用于其他大多数图表。

对于 Seaborn 来说，通用设置主要包括以下 5 个方面的内容。本节的内容很重要，也是学习后文的基础，小伙伴们要认真学习。

- ▶ 主题风格。
- ▶ 定义标题。
- ▶ 定义图例。
- ▶ 刻度标签。
- ▶ 刻度范围。

## 5.3.1　主题风格

Seaborn 提供了 5 种不同的主题风格，这是为了让用户体验更好。在 Seaborn 中，我们可以使用 set_style() 函数来设置主题风格。

### ▼ 语法：

```
sns.set_style(style)
```

### ▼ 说明：

参数 style 是主题风格的名字，它有 5 种常用取值，如表 5-2 所示。

表 5-2　参数 style 的常用取值

| 取值 | 说明 |
| --- | --- |
| ticks（默认值） | 带刻度标识的白色背景 |
| white | 白色背景 |
| dark | 暗色背景 |
| whitegrid | 白色背景带网格 |
| darkgrid | 暗色背景带网格 |

除了 set_style() 函数之外，还有一个 set_theme() 函数可用于设置主题风格。下面 3 种形式是等价的。

```
# 形式1
sns.set_style("ticks")

# 形式2
sns.set_style(style="ticks")

# 形式3
sns.set_theme(style="ticks")
```

### ▼ 举例：

```
import pandas as pd
import matplotlib.pyplot as plt
import seaborn as sns
```

```
# 定义主题风格
sns.set_style("ticks")
# 解决乱码问题
sns.set_style({"font.sans-serif": "SimHei"})

# 数据
data = [
    ["2022-01-01", 16],
    ["2022-01-02", 15],
    ["2022-01-03", 16],
    ["2022-01-04", 18],
    ["2022-01-05", 17]
]
df = pd.DataFrame(data, columns=["日期", "气温"])
df.set_index("日期", inplace=True)
# 绘图
sns.lineplot(data=df)

# 显示
plt.show()
```

运行之后，效果如图 5-17 所示。

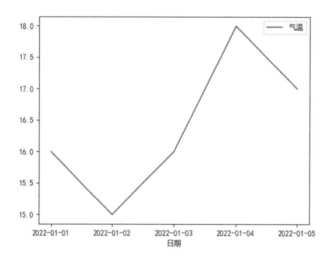

图 5-17　默认主题风格

� **分析：**

　　Seaborn 默认采用的主题风格是 ticks，也就是说在不使用 set_style() 函数的情况下，得到的效果和图 5-17 的效果是一样的。特别需要注意一点，主题风格的设置代码必须放在解决乱码问题的设置代码前面，否则可能会出错。

```
# 正确顺序
sns.set_style("ticks")
sns.set_style({"font.sans-serif": "SimHei"})
```

```
# 错误顺序
sns.set_style({"font.sans-serif": "SimHei"})
sns.set_style("ticks")
```

接下来我们尝试修改 set_style() 的参数值，来看看不同取值的效果又是怎样的。当取值为 "white" 时，效果如图 5-18 所示。需要注意的是，当主题风格为 white 时，坐标轴是不带刻度标识的。而当主题风格为 ticks 时，坐标轴是带刻度标识的。

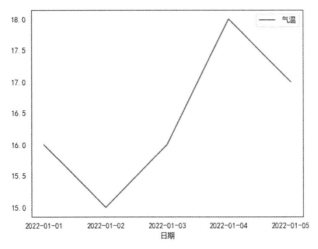

图 5-18　主题风格为 white

当取值为 "dark" 时，使用的是暗色背景，效果如图 5-19 所示。

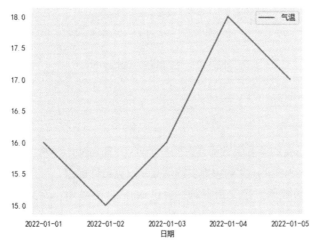

图 5-19　主题风格为 dark

当取值为 "whitegrid" 时，使用的是白色背景并且是带网格的，效果如图 5-20 所示。
当取值为 "darkgrid" 时，使用的是暗色背景并且是带网格的，效果如图 5-21 所示。
在实际开发中，如果是使用 Seaborn 来绘图，更多的是推荐使用 darkgrid 这种主题风格。因为它相对于其他主题风格来说更具有 Seaborn 的特色，并且用户体验也更好。

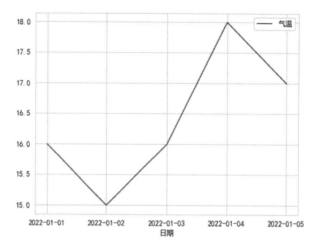

图 5-20 主题风格为 whitegrid

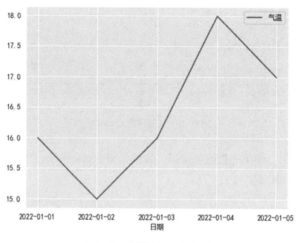

图 5-21 主题风格为 darkgrid

## 5.3.2 定义标题

在 Seaborn 中，所有的绘图函数都会返回一个 AxesSubplot 对象，该对象代表的就是当前的图表。我们可以使用 AxesSubplot 对象提供的函数来设置各种标题。

其中，set_title() 函数用于定义主标题，set_xlabel() 函数用于定义 x 轴标题，set_ylabel() 函数用于定义 y 轴标题。

▶ **语法：**

```
# 定义主标题
ax.set_title()

# 定义轴标题
ax.set_xlabel()
ax.set_ylabel()
```

▶ **说明：**

这里的 ax 指的是 AxesSubplot 对象。一般我们都是将 AxesSubplot 对象命名为 ax，它代表的是当前的绘图对象。

▶ **举例：**

```python
import pandas as pd
import matplotlib.pyplot as plt
import seaborn as sns

# 设置
sns.set_style("darkgrid")
sns.set_style({"font.sans-serif": "SimHei"})

# 数据
data = [
    ["2022-01-01", 16],
    ["2022-01-02", 15],
    ["2022-01-03", 16],
    ["2022-01-04", 18],
    ["2022-01-05", 17]
]
df = pd.DataFrame(data, columns=["日期", "气温"])
df.set_index("日期", inplace=True)
# 绘图
ax = sns.lineplot(data=df)

# 定义主标题
ax.set_title("广州气温折线图")
# 定义轴标题
ax.set_ylabel("气温(℃)")

# 显示
plt.show()
```

运行之后，效果如图 5-22 所示。

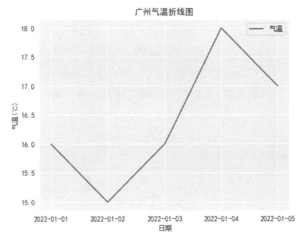

图 5-22 定义标题

▌ **分析**：

对于这个例子来说，我们可以运行 print(type(ax))，可以看出它是一个 AxesSubplot 对象，
输出结果如下。

```
<class 'matplotlib.axes._subplots.AxesSubplot'>
```

## 5.3.3 定义图例

在实际开发中，图例都是绘制在图表内部的。但是有时图例过多会覆盖原来的图表，如图
5-23 所示。

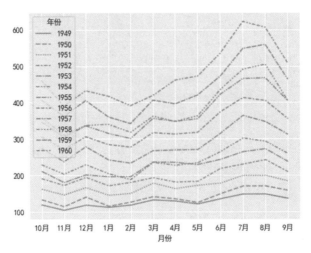

图 5-23　图例覆盖了图表

在 Seaborn 中，我们可以使用 legend() 这个函数来调整图例的位置。

▌ **语法**：

```
plt.legend(loc, bbox_to_anchor)
```

▌ **说明**：

需要注意的是，legend() 是 Matplotlib 中的函数，而不是 Seaborn 中的函数。

loc 是一个可选参数，用于指定图例的位置。loc 的取值是字符串，该字符串由两部分组成：左
边代表纵轴位置，右边代表横轴位置。loc 的常用取值共有 9 种，如表 5-3 所示，不同取值对应的
位置如图 5-24 所示。

表 5-3　参数 loc 的常用取值

| 取值 | 说明 |
| --- | --- |
| upper left | 左上 |
| upper center | 靠上居中 |
| upper right | 右上 |
| center left | 居中靠左 |

续表

| 取值 | 说明 |
|---|---|
| center | 正中 |
| center right | 居中靠右 |
| lower left | 左下 |
| lower center | 靠下居中 |
| lower right | 右下 |

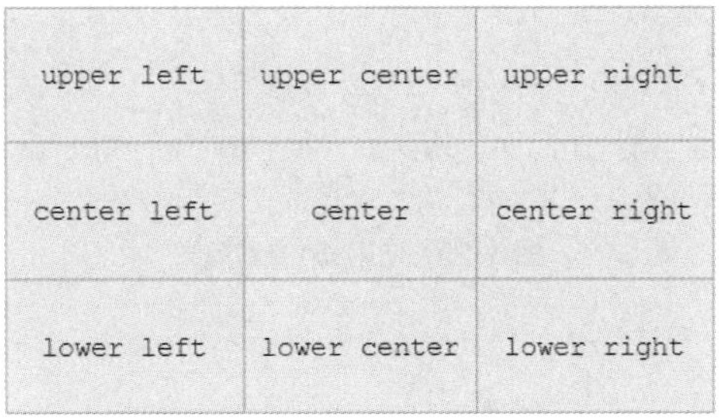

| | | |
|---|---|---|
| upper left | upper center | upper right |
| center left | center | center right |
| lower left | lower center | lower right |

图 5-24　参数 loc 的取值对应的图示

bbox_to_anchor 是一个可选参数，用于指定图例在轴上的位置。特别需要注意一点，legend() 函数必须放在绘图函数后面使用，否则会有问题。

## ▶ 举例：loc 参数

```python
import pandas as pd
import matplotlib.pyplot as plt
import seaborn as sns

# 设置
sns.set_style("darkgrid")
sns.set_style({"font.sans-serif": "SimHei"})

# 读取数据
df = pd.read_csv(r"data/flight.csv")
# 使用透视表，重构DataFrame
df = df.pivot_table(index="年份", columns="月份", values="人数")
# 行列转置
df = df.T
# 绘制图表
sns.lineplot(data=df)

# 调整图例位置
plt.legend(loc="upper right")

# 显示
plt.show()
```

运行之后，效果如图 5-25 所示。

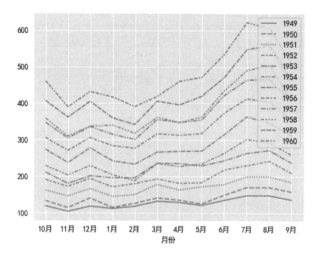

图 5-25　使用 loc 参数效果

## ▌ 分析：

plt.legend(loc="upper right") 表示将图例定义在图表的右上方。对于一般的图表，我们可以使用 loc 参数来改变它的位置。但是对于这个例子来说，图例依然覆盖了图表。此时使用 loc 参数是行不通的，应该使用 bbox_to_anchor 参数。

## ▌ 举例：bbox_to_anchor 参数

```
import pandas as pd
import matplotlib.pyplot as plt
import seaborn as sns

# 设置
sns.set_style("darkgrid")
sns.set_style({"font.sans-serif": "SimHei"})

# 读取数据
df = pd.read_csv(r"data/flight.csv")
# 使用透视表，重构DataFrame
df = df.pivot_table(index="年份", columns="月份", values="人数")
# 行列转置
df = df.T
# 绘制图表
sns.lineplot(data=df)

# 调整图例位置
plt.legend(bbox_to_anchor=(1.2, 1))

# 显示
plt.show()
```

运行之后，效果如图 5-26 所示。

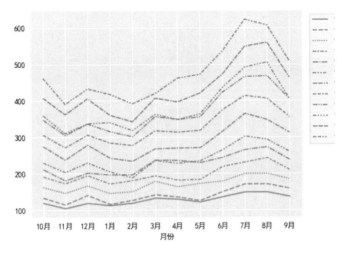

图 5-26　使用 bbox_to_anchor 参数效果

## ▶ 分析：

对于 plt.legend(bbox_to_anchor=(1.2, 1)) 来说，1.2 表示将图例放在横轴的 120% 处，纵轴位置是 100% 处。

但是问题又来了，由于画布较小，此时图例位于画布外面。所以我们还须使用 Matplotlib 的 figure() 函数来修改画布大小。由于画布样式是针对全局的，对于这种全局样式，必须在调用绘图函数之前设置。

## ▶ 举例：改变画布大小

```
import pandas as pd
import matplotlib.pyplot as plt
import seaborn as sns

# 设置
sns.set_style("darkgrid")
sns.set_style({"font.sans-serif": "SimHei"})

# 修改画布大小
plt.figure(figsize=(9, 6))

# 读取数据
df = pd.read_csv(r"data/flight.csv")
# 使用透视表，重构DataFrame
df = df.pivot_table(index="年份", columns="月份", values="人数")
# 行列转置
df = df.T
# 绘制图表
sns.lineplot(data=df)

# 调整图例位置（注意这里是1，不再是1.2）
plt.legend(bbox_to_anchor=(1, 1))
```

```
# 显示
plt.show()
```

运行之后，效果如图 5-27 所示。

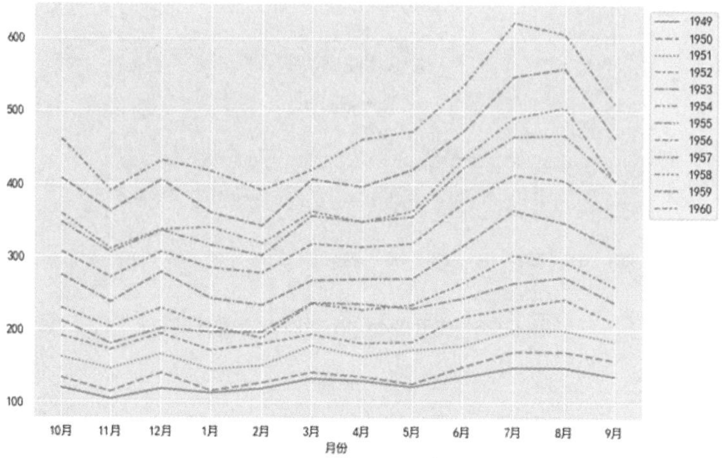


图 5-27 修改画布大小

**分析：**

由于画布样式是针对全局的，所以 figure() 函数必须在绘图函数之前调用，不然就会有问题。

## 5.3.4 刻度标签

有些情况下，坐标轴默认的刻度标签并不能满足我们的开发需求。在 Seaborn 中，我们可以使用 set_xticklabels() 函数来定义 x 轴的刻度标签，也可以使用 set_yticklabels() 函数来定义 y 轴的刻度标签。

**语法：**

```
ax.set_xticklabels(labels, rotation=n)
ax.set_yticklabels(labels, rotation=n)
```

**说明：**

labels 是一个必选参数，用于定义刻度标签。它是一个列表或一个可迭代对象（比如 range 对象）。

rotation 是一个可选参数，用于定义旋转角度。当 n 是正数时，表示逆时针旋转；当 n 是负数时，表示顺时针旋转。

**举例：**

```
import pandas as pd
import matplotlib.pyplot as plt
import seaborn as sns
```

```
# 设置
sns.set_style("darkgrid")
sns.set_style({"font.sans-serif": "SimHei"})

# 数据
data = [
    ["2022-01-01", 36.0],
    ["2022-01-02", 36.1],
    ["2022-01-03", 36.6],
    ["2022-01-04", 36.2],
    ["2022-01-05", 36.4],
    ["2022-01-06", 36.5],
    ["2022-01-07", 36.0],
    ["2022-01-08", 36.2],
    ["2022-01-09", 36.4],
    ["2022-01-10", 36.8],
]
df = pd.DataFrame(data, columns=["日期", "体温"])
df.set_index("日期", inplace=True)
# 绘图
ax = sns.lineplot(data=df)

# 定义 x 轴的刻度标签
dates = [str(i)+"日" for i in range(1, 11)]
ax.set_xticklabels(dates)

# 显示
plt.show()
```

运行之后，效果如图 5-28 所示。

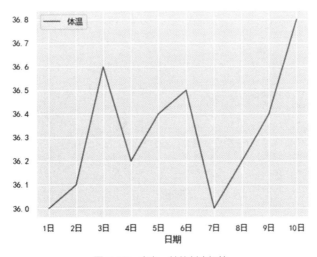

图 5-28　定义 x 轴的刻度标签

▌ **分析：**

如果没有定义 x 轴的刻度标签，那么对于这个例子来说，就会使用"日期"这一列的数据作为

x 轴的刻度标签，此时得到的效果如图 5-29 所示。

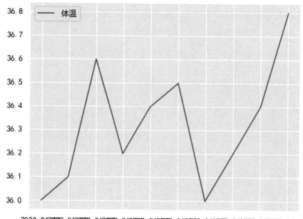

图 5-29　默认的 x 轴的刻度标签挤在一起

可以看到，此时 x 轴的刻度标签挤在一起了，用户体验非常差，也并不是我们想要的效果。

### ▌ 举例：旋转标签

```python
import pandas as pd
import matplotlib.pyplot as plt
import seaborn as sns

# 设置
sns.set_style("darkgrid")
sns.set_style({"font.sans-serif": "SimHei"})

# 数据
data = [
    ["2022-01-01", 36.0],
    ["2022-01-02", 36.1],
    ["2022-01-03", 36.6],
    ["2022-01-04", 36.2],
    ["2022-01-05", 36.4],
    ["2022-01-06", 36.5],
    ["2022-01-07", 36.0],
    ["2022-01-08", 36.2],
    ["2022-01-09", 36.4],
    ["2022-01-10", 36.8]
]
df = pd.DataFrame(data, columns=["日期", "体温"])
df.set_index("日期", inplace=True)
# 绘图
ax = sns.lineplot(data=df)

# 定义x轴的刻度标签
```

```
dates = [str(i)+"日" for i in range(1, 11)]
ax.set_xticklabels(dates, rotation=30)

# 显示
plt.show()
```

运行之后，效果如图 5-30 所示。

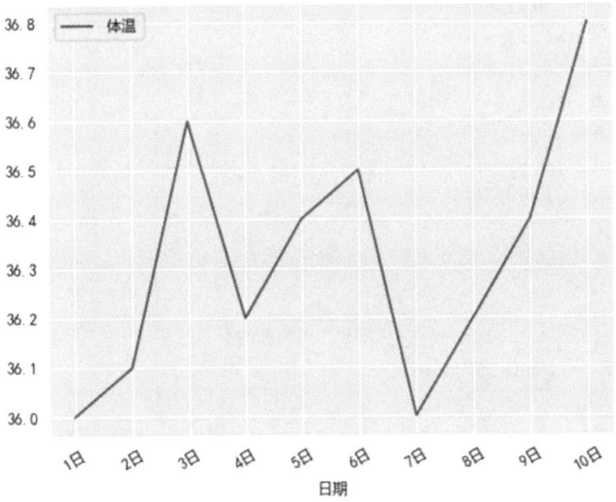


图 5-30 旋转刻度标签

**分析：**

其中，rotation=30 表示将刻度标签逆时针旋转 30°。

### 5.3.5 刻度范围

在 Seaborn 中，我们可以使用 set_xlim() 函数来定义 x 轴坐标的刻度范围（也称取值范围），也可以使用 set_ylim() 函数来定义 y 轴坐标的刻度范围。

**语法：**

```
ax.set_xlim(left, right)
ax.set_ylim(left, right)
```

**说明：**

set_xlim() 和 set_ylim() 的刻度范围为 [left, right]，这个范围包括 left 也包括 right。

**举例：**

```
import pandas as pd
import matplotlib.pyplot as plt
import seaborn as sns
```

```
# 设置
sns.set_style("darkgrid")
sns.set_style({"font.sans-serif": "SimHei"})

# 数据
data = [
    ["2022-01-01", 36.0],
    ["2022-01-02", 36.1],
    ["2022-01-03", 36.6],
    ["2022-01-04", 36.2],
    ["2022-01-05", 36.4],
    ["2022-01-06", 36.5],
    ["2022-01-07", 36.0],
    ["2022-01-08", 36.2],
    ["2022-01-09", 36.4],
    ["2022-01-10", 36.8]
]
df = pd.DataFrame(data, columns=["日期", "体温"])
df.set_index("日期", inplace=True)
# 绘图
ax = sns.lineplot(data=df)

# 定义 x 轴的刻度标签
dates = [str(i)+"日" for i in range(1, 11)]
ax.set_xticklabels(dates)
# 坐标轴刻度范围
ax.set_ylim(35, 40)

# 显示
plt.show()
```

运行之后，效果如图 5-31 所示。

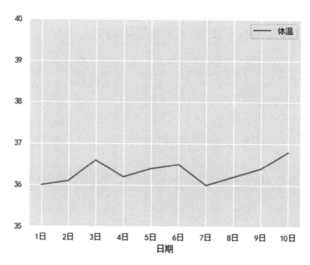

图 5-31　定义刻度范围

## ▶ 分析：

刻度范围和刻度标签是不一样的，刻度标签是一一对应到坐标轴上的。而刻度范围仅仅是定义一个范围，刻度是由 Matplotlib（Seaborn 是基于 Matplotlib 的）自动调整的。

# 5.4 散点图

## 5.4.1 基本语法

在 Seaborn 中，我们可以使用 scatterplot() 函数来绘制散点图。散点图的主要作用是判断两个变量之间是否存在关联趋势。

### ▶ 语法：

```
sns.scatterplot(data, x, y)
```

### ▶ 说明：

data 用于定义数据部分，它是一个 DataFrame。x 用于指定 DataFrame 的哪一列数据作为 x 轴坐标值。y 用于指定 DataFrame 的哪一列数据作为 y 轴坐标值。

### ▶ 举例：指定 x 和 y

```
import pandas as pd
import matplotlib.pyplot as plt
import seaborn as sns

# 设置
sns.set_style("darkgrid")
sns.set_style({"font.sans-serif": "SimHei"})

# 数据
data = [
    [1, 16],
    [2, 18],
    [3, 20],
    [4, 21],
    [5, 21],
    [6, 23],
    [7, 24],
    [8, 24],
    [9, 26],
    [10, 27]
]
df = pd.DataFrame(data, columns=["A列", "B列"])
# 绘图
```

```
sns.scatterplot(data=df, x="A列", y="B列")

# 显示
plt.show()
```

运行之后，效果如图 5-32 所示。

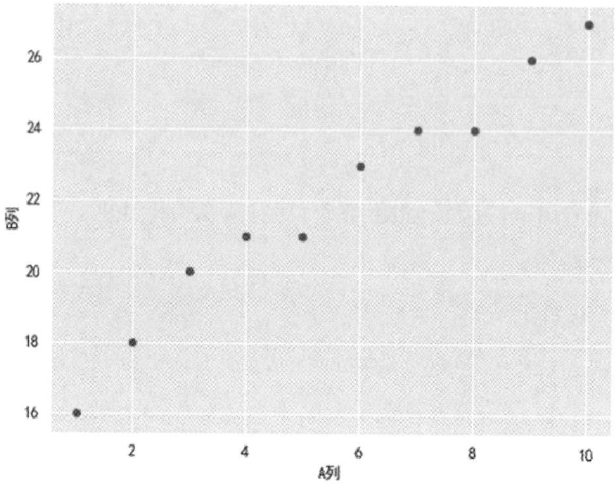


图 5-32 指定 x 和 y

### 分析：

在这个例子中，我们指定“A 列”这一列数据作为 x 轴坐标，并且指定“B 列”这一列数据作为 y 轴坐标。从图 5-32 可以看出，这两列数据存在一定的线性关系。

当然我们也可以不指定 x 和 y，但是需要使用 set_index() 方法将某一列指定为行。这样行数据就会成为 x 轴坐标值，其他列数据就会成为 y 轴坐标值。

此外，对于这个例子来说，下面 2 种形式是等价的。

```
# 形式1
sns.scatterplot(data=df, x="A列", y="B列")

# 形式2
sns.scatterplot(x=df["A列"], y=df["B列"])
```

### 举例：不指定 x 和 y

```
import pandas as pd
import matplotlib.pyplot as plt
import seaborn as sns

# 设置
sns.set_style("darkgrid")
sns.set_style({"font.sans-serif": "SimHei"})

# 数据
```

```
data = [
    [1, 16],
    [2, 18],
    [3, 20],
    [4, 21],
    [5, 21],
    [6, 23],
    [7, 24],
    [8, 24],
    [9, 26],
    [10, 27]
]
df = pd.DataFrame(data, columns=["A列", "B列"])
# 指定行
df.set_index("A列", inplace=True)
# 绘图
sns.scatterplot(data=df)

# 显示
plt.show()
```

运行之后，效果如图 5-33 所示。

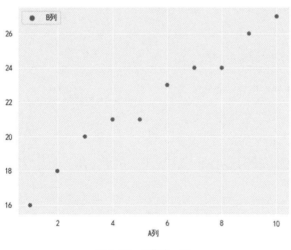

图 5-33　不指定 x 和 y

▶ **分析：**

df.set_index("A 列 ", inplace=True) 表示将"A 列"这一列设置为行。接下来使用 scatterplot() 绘制散点图时，"A 列"数据就会自动成为 x 轴坐标值，其他列数据就会自动成为 y 轴坐标值。

## 5.4.2　实际案例

当前项目目录下的 data 文件夹中有一个 tip.csv 文件，项目结构如图 5-34 所示。tip.csv 文件保存的是某餐厅的营业数据，包括总额、小费、客人信息等，部分内容如图 5-35 所示。需要说明的是，“大小”这一列指的是客人订的餐桌的类型，比如有些是 2 人桌、有些是 3 人桌等。

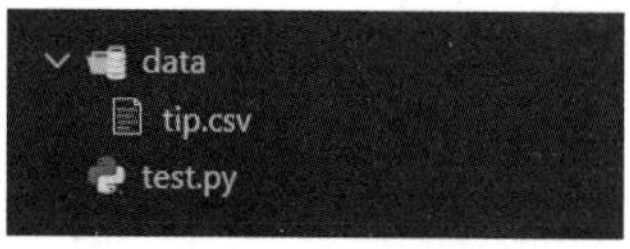


图 5-34 项目结构

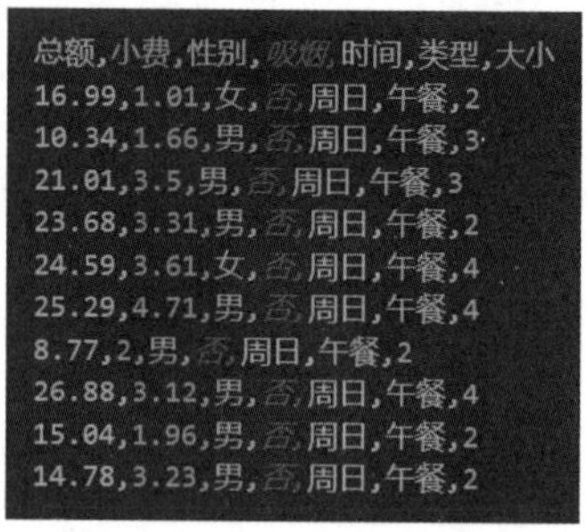

总额,小费,性别,吸烟,时间,类型,大小
16.99,1.01,女,否,周日,午餐,2
10.34,1.66,男,否,周日,午餐,3
21.01,3.5,男,否,周日,午餐,3
23.68,3.31,男,否,周日,午餐,2
24.59,3.61,女,否,周日,午餐,4
25.29,4.71,男,否,周日,午餐,4
8.77,2,男,否,周日,午餐,2
26.88,3.12,男,否,周日,午餐,4
15.04,1.96,男,否,周日,午餐,2
14.78,3.23,男,否,周日,午餐,2

图 5-35 tip.csv 文件的部分内容

## ◤ 举例：基本散点图

```
import pandas as pd
import matplotlib.pyplot as plt
import seaborn as sns

# 设置
sns.set_style("darkgrid")
sns.set_style({"font.sans-serif": "SimHei"})

# 读取数据
df = pd.read_csv(r"data/tip.csv")
# 绘制图表
sns.scatterplot(data=df, x="总额", y="小费")

# 显示
plt.show()
```

运行之后，效果如图 5-36 所示。

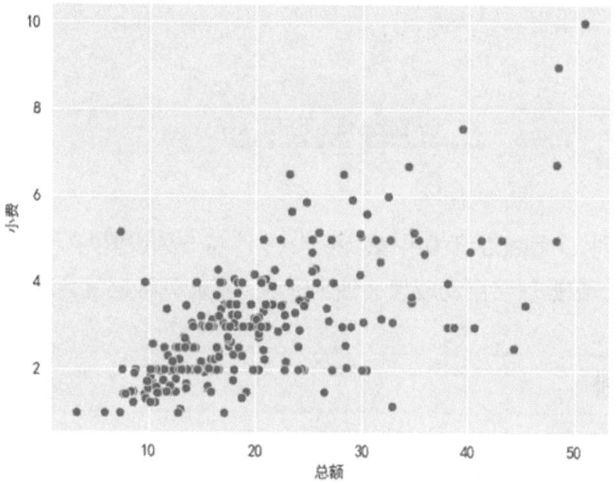


图 5-36 基本散点图

▼ **分析：**

　　sns.scatterplot(data=df, x=" 总额 ", y=" 小费 ") 表示将"总额"列数据设置为 x 轴坐标值，
并且将"小费"列数据设置为 y 轴坐标值。如果我们想要加入"类型"列作为区分，应该怎么做呢？
可以接着看下面这个例子。

▼ **举例：添加区分**

```
import pandas as pd
import matplotlib.pyplot as plt
import seaborn as sns

# 设置
sns.set_style("darkgrid")
sns.set_style({"font.sans-serif": "SimHei"})

# 读取数据
df = pd.read_csv(r"data/tip.csv")
# 绘制图表
sns.scatterplot(data=df, x=" 总额 ", y=" 小费 ", hue=" 类型 ")

# 显示
plt.show()
```

　　运行之后，效果如图 5-37 所示。

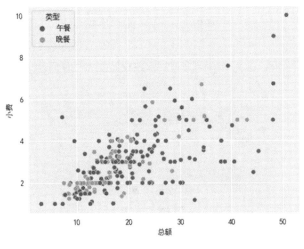

图 5-37　添加区分效果

▼ **分析：**

　　对于 scatterplot() 函数来说，我们可以使用 hue、style、size 这 3 个参数来进行类别区分。
小伙伴们需要非常清楚以下 3 点。

　　▸ hue、style、size 这 3 个参数的作用是一样的，只是实现的效果不一样。

▶ hue、style、size 这 3 个参数可以单独使用，也可以组合使用。

▶ 大多数绘图函数都有 hue 这个参数，但只有少数绘图函数才有 style 和 size 参数。

"hue、style、size 这 3 个参数的作用是一样的，只是实现的效果不一样"的意思是：hue 会使用不同的"颜色"进行区分，style 会使用不同的"形状"进行区分，而 size 会使用不同的"大小"进行区分。

在这个例子中，hue 是根据"类型"这一列进行区分的。由于"类型"这一列只有 2 种取值，即"午餐"和"晚餐"，所以 scatterplot() 函数会使用 2 种不同的颜色进行区分。实际上，对于 hue、style、size 这 3 个参数，该列有多少种取值，就会有多少种表现形式。

对于这个例子来说，如果我们将 hue=" 类型 " 改为 style=" 类型 "，效果如图 5-38 所示。

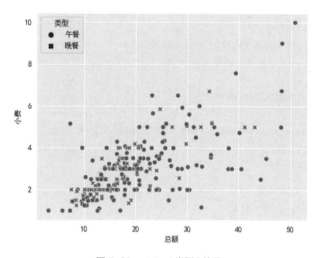

图 5-38　style=" 类型 " 效果

如果我们将 hue=" 类型 " 改为 size=" 类型 "，效果如图 5-39 所示。

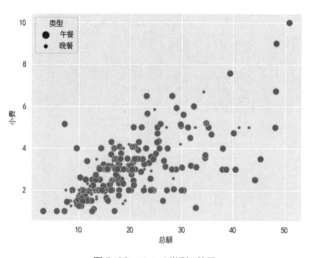

图 5-39　size=" 类型 " 效果

当然，我们还可以同时使用 hue、style、size 中的 2 个或 3 个。如果同时使用 hue 和 size，也就是修改为下面这一句代码，此时运行效果如图 5-40 所示。

```
sns.scatterplot(data=df, x="总额", y="小费", hue="类型", size="类型")
```

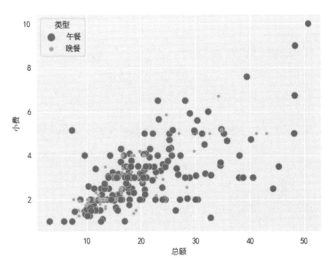

图 5-40　同时使用 hue 和 size 效果

上面都是使用"类型"这一列来区分，如果我们将 hue=" 类型 " 改为 hue=" 时间 "，也就是使用"时间"这一列来区分，效果如图 5-41 所示。因为"时间"这一列的取值有 4 种，即周四、周五、周六、周日，所以会使用 4 种不同的颜色进行区分。

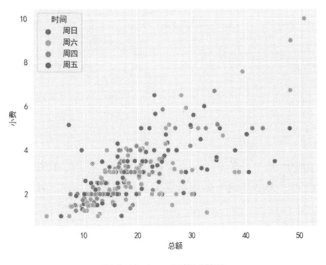

图 5-41　hue=" 时间 " 效果

如果使用 Matplotlib 来对散点图进行类别区分，实现起来是非常麻烦的。但是使用 Seaborn 就简单多了，只需要几个参数。

▌ **举例：自定义 size**

```
import pandas as pd
import matplotlib.pyplot as plt
import seaborn as sns

# 设置
sns.set_style("darkgrid")
sns.set_style({"font.sans-serif": "SimHei"})

# 读取数据
df = pd.read_csv(r"data/tip.csv")
# 绘制图表
sns.scatterplot(data=df, x="总额", y="小费", hue="大小", size="大小")

# 显示
plt.show()
```

运行之后，效果如图 5-42 所示。

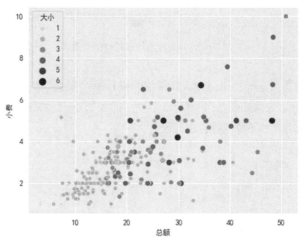

图 5-42   自定义 size 效果

▌ **分析：**

sns.scatterplot(data=df, x=" 总额 ", y=" 小费 ", hue=" 大小 ", size=" 大小 ") 表示使用不同颜色以及不同大小的圆点对"大小"这一列进行区分。但是从图 5-42 可以看出来，区分效果其实是非常差的。

在实际开发中，如果觉得 size 参数默认值的区分效果不好，可以结合另一个参数 sizes 来自定义大小。我们使用下面这一句代码，其中 sizes=(20, 200) 表示大小的范围为 20~200，Seaborn 会根据 size 的取值有多少种来进行自动划分。再次运行代码之后，效果如图 5-43 所示。

```
sns.scatterplot(data=df, x="总额", y="小费", hue="大小", size="大小", sizes=(20, 200))
```

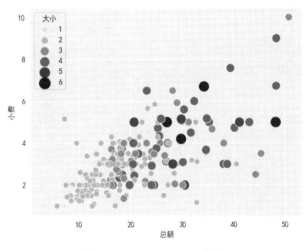

图 5-43　sizes=(20, 200) 效果

最后，我们来总结一下 scatterplot() 函数的参数，常用的如表 5-4 所示。

表 5-4　scatterplot() 函数的常用参数

| 参数 | 说明 |
| --- | --- |
| data | 数据部分 |
| x | x 轴坐标 |
| y | y 轴坐标 |
| hue | 添加区分颜色 |
| style | 添加区分形状 |
| size | 添加区分大小 |
| sizes | 自定义大小 |

# 5.5　柱形图

## 5.5.1　基本语法

在 Seaborn 中，我们可以使用 barplot() 函数来绘制柱形图。柱形图的主要作用是展示数据的大小。

▶ **语法：**

```
sns.barplot(data, x, y)
```

▶ **说明：**

data 用于定义数据部分，它是一个 DataFrame。x 用于指定 DataFrame 的哪一列数据作为 x 轴坐标值。y 用于指定 DataFrame 的哪一列数据作为 y 轴坐标值。

▌ **举例：**

```
import pandas as pd
import matplotlib.pyplot as plt
import seaborn as sns

# 设置
sns.set_style("darkgrid")
sns.set_style({"font.sans-serif": "SimHei"})

# 数据
data = [
    ["1月", 468],
    ["2月", 521],
    ["3月", 362],
    ["4月", 227],
    ["5月", 438],
    ["6月", 550]
]
df = pd.DataFrame(data, columns=["月份", "销量"])
# 绘图
sns.barplot(data=df, x="月份", y="销量")

# 显示
plt.show()
```

运行之后，效果如图 5-44 所示。

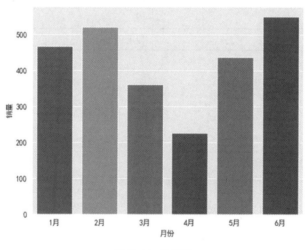

图 5-44　柱形图

▌ **分析：**

sns.barplot(data=df, x="月份", y="销量") 表示指定"月份"这一列数据作为 x 轴坐标值，并且指定"销量"这一列数据作为 y 轴坐标值。

对于柱形图来说，它的 x 轴坐标可以是数字也可以是字符串，但是 y 轴坐标要求一定是数字，毕竟柱形图的作用就是展示数据的大小。

## 5.5.2 实际案例

本小节我们同样使用 tip.csv 作为数据来源，项目结构如图 5-45 所示。tip.csv 文件保存的是某餐厅的营业数据，包括总额、小费、客人信息等，部分内容如图 5-46 所示。

图 5-45 项目结构

图 5-46 tip.csv 文件的部分内容

### ▼ 举例：基本柱形图

```python
import pandas as pd
import matplotlib.pyplot as plt
import seaborn as sns

# 设置
sns.set_style("darkgrid")
sns.set_style({"font.sans-serif": "SimHei"})

# 读取数据
df = pd.read_csv(r"data/tip.csv")
# 绘制图表
sns.barplot(data=df, x="时间", y="总额")

# 显示
plt.show()
```

运行之后，效果如图 5-47 所示。

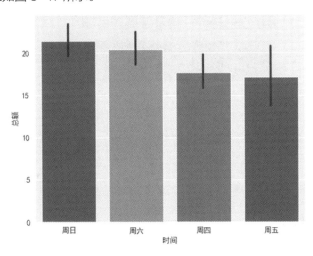

图 5-47 基本柱形图

▶ **分析：**

对于这个例子来说，x轴坐标是"时间"，取值共有4种，即周四、周五、周六、周日；y轴坐标是"总额"。有些小伙伴可能会觉得很奇怪，"总额"这个数值是怎么来的呢？

实际上，这里的"总额"取的是平均值。比如"周四"对应的"总额"，就是将所有周四的总额求平均值所得到的。

▶ **举例：改变方向**

```
import pandas as pd
import matplotlib.pyplot as plt
import seaborn as sns

# 设置
sns.set_style("darkgrid")
sns.set_style({"font.sans-serif": "SimHei"})

# 读取数据
df = pd.read_csv(r"data/tip.csv")
# 绘制图表
sns.barplot(data=df, y="时间", x="总额")

# 显示
plt.show()
```

运行之后，效果如图5-48所示。

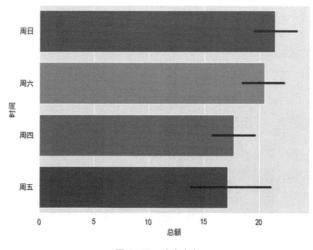

图5-48　改变方向

▶ **分析：**

对于barplot()函数，我们只需要将x和y这两个参数的位置调换一下，就可以改变方向了。

▶ **举例：添加颜色区分**

```
import pandas as pd
import matplotlib.pyplot as plt
```

```
import seaborn as sns

# 设置
sns.set_style("darkgrid")
sns.set_style({"font.sans-serif": "SimHei"})

# 读取数据
df = pd.read_csv(r"data/tip.csv")
# 绘制图表
sns.barplot(data=df, x="时间", y="总额", hue="性别")

# 显示
plt.show()
```

运行之后，效果如图 5-49 所示。

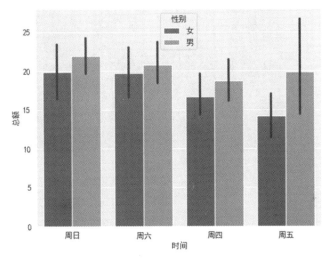

图 5-49　添加颜色区分

### ▟ 分析：

和折线图一样，如果想要对柱形图加以区分，我们可以使用 hue 参数来实现。需要注意的是，对于 barplot() 函数，我们只能使用 hue 参数，而不能使用 style 或 size 参数。

原因很简单，柱形图根据颜色进行区分，这是没有问题的，但是它是没办法通过形状（style）或大小（size）来进行区分的。也就是说，barplot() 函数只有 hue 参数，不存在 style 和 size 这 2 个参数。

### ▟ 举例：改变顺序

```
import pandas as pd
import matplotlib.pyplot as plt
import seaborn as sns

# 设置
sns.set_style("darkgrid")
```

```
sns.set_style({"font.sans-serif": "SimHei"})

# 读取数据
df = pd.read_csv(r"data/tip.csv")
# 绘制图表
sns.barplot(data=df, x="时间", y="总额", order=["周四", "周五", "周六", "周日"])

# 显示
plt.show()
```

运行之后，效果如图 5-50 所示。

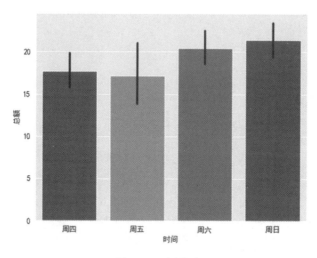

图 5-50　改变顺序

### ▼ 分析：

细心的小伙伴应该会发现，默认情况下 x 轴坐标的顺序并不是周四、周五、周六、周日。因为 barplot() 函数是根据数据出现的先后顺序进行排列的。如果想要改变顺序，可以使用 order 参数来实现。

### ▼ 举例：合并显示

```
import pandas as pd
import matplotlib.pyplot as plt
import seaborn as sns

# 设置
sns.set_style("darkgrid")
sns.set_style({"font.sans-serif": "SimHei"})

# 读取数据
df = pd.read_csv(r"data/tip.csv")
# 绘制图表
sns.barplot(data=df, x="时间", y="总额", hue="吸烟")
```

```
# 显示
plt.show()
```

运行之后，效果如图 5-51 所示。

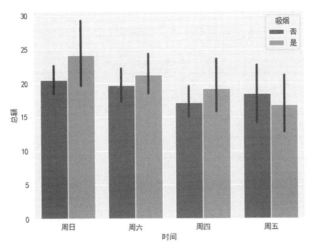

图 5-51  分开显示

## ▶ 分析：

当我们使用 hue 参数添加颜色区分之后，就会在同一列中使用不同的柱条来显示效果。如果想要在同一个柱条中显示，我们可以设置 dodge 参数的值为 False。修改"# 绘制图表"部分的代码如下，效果如图 5-52 所示。

```
sns.barplot(data=df, x="时间", y="总额", hue="吸烟", dodge=False)
```

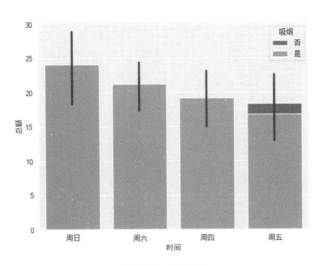

图 5-52  合并显示

需要注意的是，当右边柱条比左边柱条高时，右边柱条就会把左边柱条给"遮住"。所以在实际开发中，这种合并显示的效果并不是很好。

### 5.5.3　误差棒

细心的小伙伴可能发现了，barplot() 函数绘制的柱形图中每一个柱条中间都有一个棒条，实际上这就是"带误差棒的柱形图"。对于带误差棒的柱形图，我们在前文已经介绍过了。

在 barplot() 函数中，用于定义误差棒样式的参数有 3 个，如表 5-5 所示。

表 5-5　误差棒样式参数

| 参数 | 说明 |
| --- | --- |
| errcolor | 棒条颜色 |
| errwidth | 棒条宽度 |
| capsize | 横杠大小 |

▼ 举例：

```python
import pandas as pd
import matplotlib.pyplot as plt
import seaborn as sns

# 设置
sns.set_style("darkgrid")
sns.set_style({"font.sans-serif": "SimHei"})

# 读取数据
df = pd.read_csv(r"data/tip.csv")
# 绘制图表
sns.barplot(data=df, x="时间", y="总额", errcolor="purple")

# 显示
plt.show()
```

运行之后，效果如图 5-53 所示。

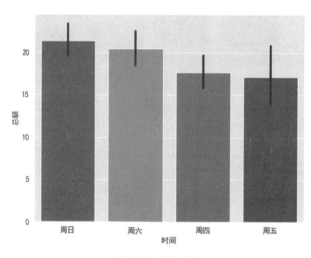

图 5-53　棒条颜色

▼ **分析：**

errcolor="purple" 表示定义棒条颜色为 purple（紫色）。当然，我们也可以使用 errwidth 这个
参数来改变棒条的宽度。修改 "# 绘制图表" 部分的代码如下，效果如图 5-54 所示。

```
sns.barplot(data=df, x="时间", y="总额", errwidth=4)
```

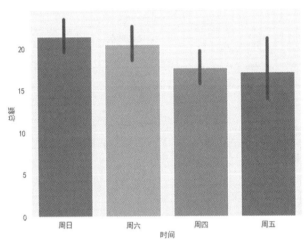

图 5-54　棒条宽度

如果想要添加横杠，我们只需要给 capsize 参数赋一个数值就可以了。修改 "# 绘制图表" 部
分的代码如下，效果如图 5-55 所示。

```
sns.barplot(data=df, x="时间", y="总额", capsize=0.2)
```

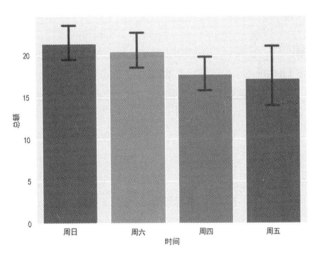

图 5-55　横杠大小

最后，我们来总结一下 barplot() 函数的参数，常用的如表 5-6 所示。

表 5-6　barplot() 函数的常用参数

| 参数 | 说明 |
| --- | --- |
| data | 数据部分 |
| x | x 轴坐标 |
| y | y 轴坐标 |
| hue | 添加区分 |
| order | 改变顺序 |
| dodge | 合并显示 |
| errcolor | 棒条颜色 |
| errwidth | 棒条宽度 |
| capsize | 横杠大小 |

## 5.6　直方图

### 5.6.1　基本语法

直方图和柱形图十分相似，不过它们的功能是不一样的：**柱形图用于展示数据的大小，而直方图用于展示数据的个数（频率）。**

在 Seaborn 中，我们可以使用 histplot() 函数来绘制直方图。其中，histplot 是 "histogram plot"（直方图）的缩写。

▼ **语法：**

```
sns.histplot(data, x, y, bins)
```

▼ **说明：**

data 用于定义数据部分，它是一个 DataFrame。x 用于指定 DataFrame 的哪一列数据作为 x 轴坐标值。y 用于指定 DataFrame 的哪一列数据作为 y 轴坐标值。bins 是一个可选参数，表示根据什么范围进行分组。如果没有指定 bins，那么 Seaborn 就会自动分组。

▼ **举例：**

```
import pandas as pd
import matplotlib.pyplot as plt
import seaborn as sns

# 设置
sns.set_style("darkgrid")
sns.set_style({"font.sans-serif": "SimHei"})

# 数据
data = [
```

```
    ["张三", 24],
    ["李四", 18],
    ["王五", 37],
    ["小芳", 24],
    ["小红", 12],
    ["小明", 42],
    ["小华", 56],
    ["小莉", 67],
    ["小英", 45],
    ["小军", 82]
]
df = pd.DataFrame(data, columns=["姓名", "年龄"])
# 绘图
sns.histplot(data=df, x="年龄")

# 显示
plt.show()
```

运行之后，效果如图 5-56 所示。

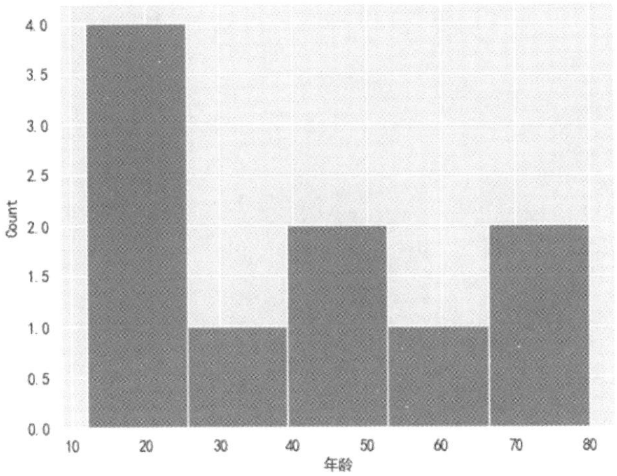


图 5-56 直方图

### 分析：

直方图用于统计处于各个区间的数据的个数，所以 y 轴标题显示的是“Count”（即个数）。如果没有指定 bins 这个参数，那么 Seaborn 就会自动分组。不过从图 5-56 可以看出，这个分组其实是不正确的，并不符合我们预期的效果。

### 举例：自定义分组

```
import pandas as pd
import matplotlib.pyplot as plt
import seaborn as sns

# 设置
```

```
sns.set_style("darkgrid")
sns.set_style({"font.sans-serif": "SimHei"})

# 数据
data = [
     ["张三", 24],
     ["李四", 18],
     ["王五", 37],
     ["小芳", 24],
     ["小红", 12],
     ["小明", 42],
     ["小华", 56],
     ["小莉", 67],
     ["小英", 45],
     ["小军", 82]
]
df = pd.DataFrame(data, columns=["姓名", "年龄"])
# 绘图
sns.histplot(data=df, x="年龄", bins=[0, 20, 40, 60, 80, 100])

# 显示
plt.show()
```

运行之后，效果如图 5-57 所示。

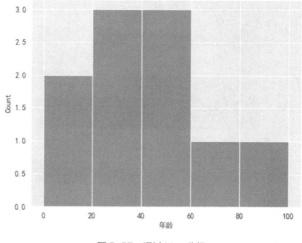

图 5-57   通过 bins 分组

▌ **分析：**

bins=[0, 20, 40, 60, 80, 100] 表示划分成 0~20、21~40、41~60、61~80、81~100 这 5 个区间，然后分别统计这 5 个区间年龄数据的个数。

除了 bins 这个参数之外，我们还可以使用 binwidth 来指定每一个区间的宽度。当我们使用下面这一句代码时，效果如图 5-58 所示。

```
sns.histplot(data=df, x="年龄", binwidth=20)
```

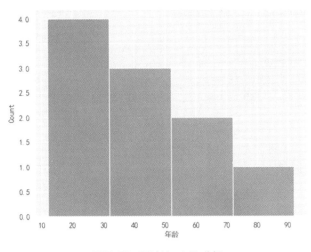

图 5-58 通过 binwidth 分组

binwidth=20 表示指定区间的宽度为 20，需要注意的是，第 1 个区间并不是从 0 开始的，而是从最小的数据开始算。由于本例最小的数据是 12，所以第 1 个区间是 12~32，第 2 个区间是 33~52……直到把所有数据都包含在内。第 4 个区间是 73~92，此时已经把所有数据包含在内了，Seaborn 就会结束区间的划分。

通过 binwidth 参数划分区间的弊端比较大，因为它并不是从 0 开始算的。所以在实际开发中，较好的方式还是使用 bins 参数来实现分组。

## 5.6.2 实际案例

当前项目下的 data 文件夹中有一个 penguin.csv 文件，项目结构如图 5-59 所示。penguin.csv 文件保存的是 344 只企鹅的相关数据，包括种类、岛屿、性别、体重等，部分内容如图 5-60 所示。需要注意的是，penguin.csv 存在一定的缺失值，不过这并不影响我们绘制图表。

图 5-59 项目结构

图 5-60 penguin.csv 文件的部分内容

### ▼ 举例：基本直方图

```python
import pandas as pd
import matplotlib.pyplot as plt
import seaborn as sns

# 设置
sns.set_style("darkgrid")
```

```
sns.set_style({"font.sans-serif": "SimHei"})

# 读取数据
df = pd.read_csv(r"data/penguin.csv")
# 绘制图表
sns.histplot(data=df, x="体重")

# 显示
plt.show()
```

运行之后，效果如图 5-61 所示。

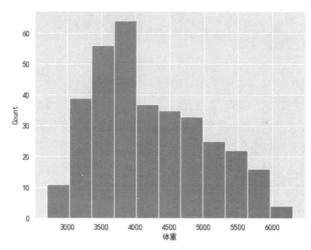

图 5-61　基本直方图

▌ **分析**：

对于这个例子来说，直方图的 x 轴是"体重"，y 轴是每一个区间对应的"数量"（Count）。由于这里设置的是 x=" 体重 "，所以直方图是纵向的。如果想要改成横向的，我们只需要把 x=" 体重 " 改为 y=" 体重 " 就可以了。修改 "# 绘制图表" 部分的代码如下，效果如图 5-62 所示。

```
sns.histplot(data=df, y="体重")
```

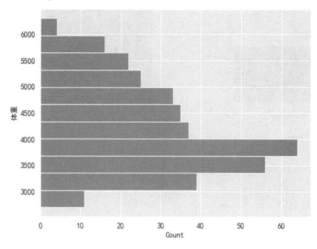

图 5-62　横向显示

▛ 举例：添加颜色区分

```
import pandas as pd
import matplotlib.pyplot as plt
import seaborn as sns

# 设置
sns.set_style("darkgrid")
sns.set_style({"font.sans-serif": "SimHei"})

# 读取数据
df = pd.read_csv(r"data/penguin.csv")
# 绘制图表
sns.histplot(data=df, x="体重", hue="性别")

# 显示
plt.show()
```

运行之后，效果如图 5-63 所示。

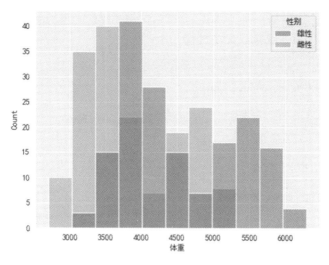

图 5-63　添加颜色区分

▛ 分析：

对于直方图来说，我们只能使用 hue 参数，而不能使用 style 或 size 这 2 个参数。histplot()
函数和 barplot() 函数一样，都只有 hue 参数，而没有 style 和 size 这 2 个参数。

hue="性别"表示使用"性别"这一列作为区分类别。如果将 hue="性别"改为 hue="种类"，
效果如图 5-64 所示。

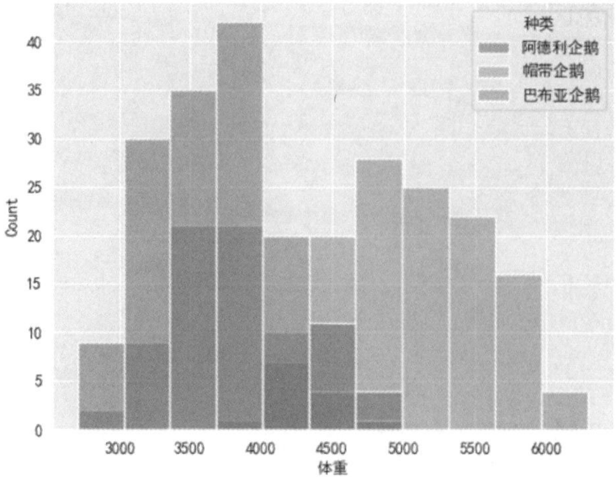


图 5-64 hue="种类"效果

## 举例：堆叠显示

```
import pandas as pd
import matplotlib.pyplot as plt
import seaborn as sns

# 设置
sns.set_style("darkgrid")
sns.set_style({"font.sans-serif": "SimHei"})

# 读取数据
df = pd.read_csv(r"data/penguin.csv")
# 绘制图表
sns.histplot(data=df, x="体重", hue="性别", multiple="stack")

# 显示
plt.show()
```

运行之后，效果如图 5-65 所示。

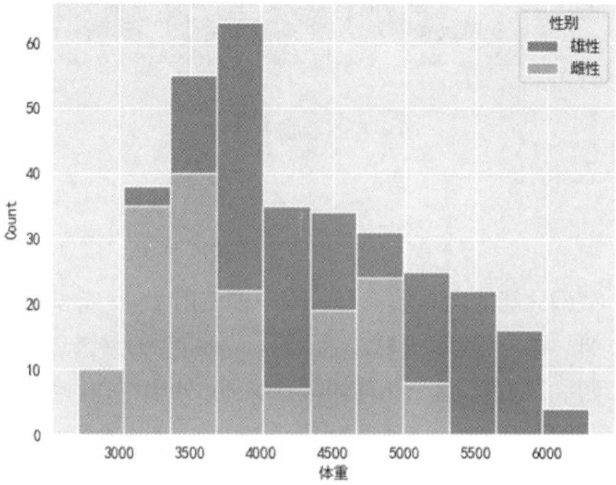


图 5-65 堆叠显示

### ▶ 分析：

使用 hue 参数进行类别区分时，默认使用"分层"的方式（具有一定透明度）来显示。实际上我们也可以通过 multiple="stack" 使用"堆叠"的方式来显示。

### ▶ 举例：阶梯显示

```python
import pandas as pd
import matplotlib.pyplot as plt
import seaborn as sns

# 设置
sns.set_style("darkgrid")
sns.set_style({"font.sans-serif": "SimHei"})

# 读取数据
df = pd.read_csv(r"data/penguin.csv")
# 绘制图表
sns.histplot(data=df, x="体重", hue="种类", element="step")

# 显示
plt.show()
```

运行之后，效果如图 5-66 所示。

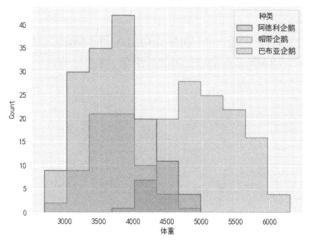

图 5-66　阶梯显示

### ▶ 分析：

默认情况下，Seaborn 的 histplot() 函数是使用"条形"这种方式来显示数据个数的。我们也可以通过 element= "step" 使用"阶梯"的方式来显示数据个数。

最后，我们来总结一下 histplot() 函数的参数，常用的如表 5-7 所示。

表 5-7　histplot() 函数的常用参数

| 参数 | 说明 |
| --- | --- |
| data | 数据部分 |
| x | x 轴坐标 |
| y | y 轴坐标 |
| bins | 自定义分组 |
| hue | 添加区分（颜色） |
| multiple="stack" | 堆叠显示 |
| element="step" | 阶梯显示 |

# 5.7　箱线图

## 5.7.1　基本语法

在 Seaborn 中，我们可以使用 boxplot() 函数来绘制箱线图。箱线图的主要作用是：① 查看数据分布情况；② 判断是否有异常值。

▶ **语法**：

```
sns.boxplot(data, x, y)
```

▶ **说明**：

data 用于定义数据部分，它是一个 DataFrame。x 用于指定 DataFrame 的哪一列数据作为 x 轴坐标值。y 用于指定 DataFrame 的哪一列数据作为 y 轴坐标值。

▶ **举例**：

```
import pandas as pd
import matplotlib.pyplot as plt
import seaborn as sns

# 设置
sns.set_style("darkgrid")
sns.set_style({"font.sans-serif": "SimHei"})

# 数据
data = [
    ["张三", 24],
    ["李四", 18],
    ["王五", 37],
    ["小芳", 24],
    ["小红", 12],
    ["小明", 42],
    ["小华", 56],
```

```
    ["小莉", 67],
    ["小英", 45],
    ["小军", 120]
]
df = pd.DataFrame(data, columns=["姓名", "年龄"])
# 绘图
sns.boxplot(data=df, y="年龄")

# 显示
plt.show()
```

运行之后，效果如图 5-67 所示。

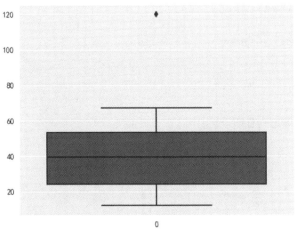

图 5-67　箱线图

▼ 分析：

sns.boxplot(data=df, y=" 年龄 ") 表示使用 df 作为数据来源，使用年龄数据作为 y 轴坐标值。从图 5-67 可以看出，箱线图存在一个异常值，也就是 120。对于箱线图来说，如果某一个数据并不在大部分数据所在的范围，那么该数据就会被自动判断为异常值。

## 5.7.2　实际案例

本小节我们也使用 tip.csv 这个文件作为数据来源，项目结构如图 5-68 所示。tip.csv 文件保存的是某餐厅的营业数据，包括总额、小费、客人信息等，部分内容如图 5-69 所示。

图 5-68　项目结构

图 5-69　tip.csv 文件的部分内容

### ▇ 举例：基本箱线图

```
import pandas as pd
import matplotlib.pyplot as plt
import seaborn as sns

# 设置
sns.set_style("darkgrid")
sns.set_style({"font.sans-serif": "SimHei"})

# 读取数据
df = pd.read_csv(r"data/tip.csv")
# 绘制图表
sns.boxplot(data=df, y="总额")

# 显示
plt.show()
```

运行之后，效果如图 5-70 所示。

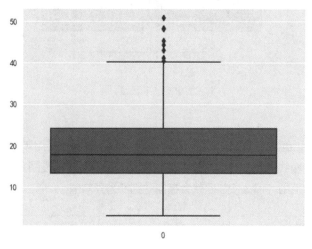

图 5-70　基本箱线图

### ▇ 分析：

sns.boxplot(data=df, y=" 总额 ") 表示 y 轴坐标是 "总额" 这一列数据。对于这个例子来说，下面 2 种形式是等价的。

```
# 形式1
sns.boxplot(data=df, y="总额")

# 形式2
sns.boxplot(y=df["总额"])
```

如果想要让箱线图横向显示，可以使用x这个参数，下面2种形式都可以实现横向显示箱线图。再次运行代码之后，效果如图5-71所示。

```
# 形式1
sns.boxplot(data=df, x="总额")

# 形式2
sns.boxplot(x=df["总额"])
```

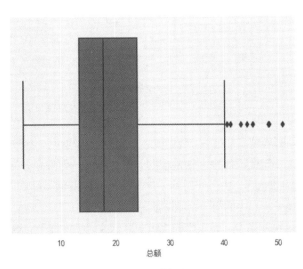

图5-71　横向显示

### ▶ 举例：有多个箱子的箱线图

```
import pandas as pd
import matplotlib.pyplot as plt
import seaborn as sns

# 设置
sns.set_style("darkgrid")
sns.set_style({"font.sans-serif": "SimHei"})

# 读取数据
df = pd.read_csv(r"data/tip.csv")
# 绘制图表
sns.boxplot(data=df, x="时间", y="总额")

# 显示
plt.show()
```

运行之后，效果如图5-72所示。

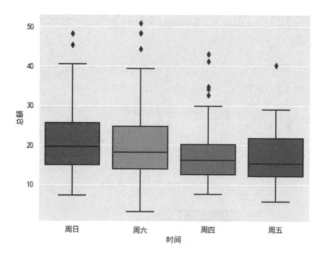

图 5-72　有多个箱子的箱线图

▶ **分析：**

　　如果想要在画布上同时绘制多个箱子，我们就必须指定 x 和 y 这两个参数。sns.boxplot (data=df, x=" 时间 ", y=" 总额 ") 这一句代码代表 x 轴是根据"时间"这一列来划分的，y 轴表示不同时间对应的"总额"（本质上是平均值）。由于"时间"这一列有 4 种取值，即周四、周五、周六、周日，所以这里会绘制出 4 个箱子。其中的每一个箱子都是"独立"的。

　　对于有多个箱子的箱线图来说，如果想要将纵向显示改为横向显示，直接将 x 和 y 的位置调换一下就可以了。修改"# 绘制图表部分"的代码如下，效果如图 5-73 所示。

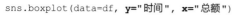

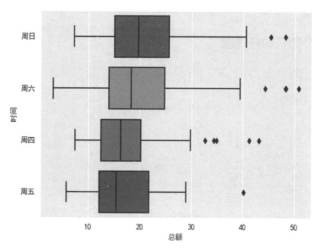

图 5-73　横向显示

▶ **举例：添加颜色区分**

```
import pandas as pd
import matplotlib.pyplot as plt
import seaborn as sns

# 设置
```

```
sns.set_style("darkgrid")
sns.set_style({"font.sans-serif": "SimHei"})

# 读取数据
df = pd.read_csv(r"data/tip.csv")
# 绘制图表
sns.boxplot(data=df, x="时间", y="总额", hue="性别")

# 显示
plt.show()
```

运行之后，效果如图 5-74 所示。

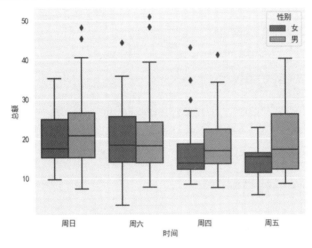

图 5-74　添加颜色区分

### ▶ 分析：

对于箱线图来说，我们只能使用 hue 参数，不能使用 style 或 size 这 2 个参数。boxplot() 函数和 barplot() 函数一样，都是只有 hue 参数，没有 style 和 size 这 2 个参数。

hue=" 性别 " 表示使用"性别"这一列作为区分类别。如果将 hue=" 性别 " 改为 hue=" 类型 "，效果如图 5-75 所示。

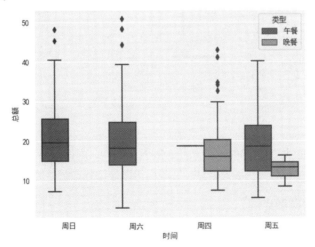

图 5-75　hue=" 类型 " 效果

可能有小伙伴会觉得很奇怪：为什么这里有些列有2个箱子，而有些列只有1个箱子呢？其实原因很简单，以“周五”来说，它既存在“午餐”也存在“晚餐”，所以它有2个箱子。而对于“周六”来说，它只有“午餐”而没有“晚餐”，所以就只有1个箱子。

## 举例：改变顺序

```
import pandas as pd
import matplotlib.pyplot as plt
import seaborn as sns

# 设置
sns.set_style("darkgrid")
sns.set_style({"font.sans-serif": "SimHei"})

# 读取数据
df = pd.read_csv(r"data/tip.csv")
# 绘制图表
sns.boxplot(data=df, x="时间", y="总额", order=["周四", "周五", "周六", "周日"])

# 显示
plt.show()
```

运行之后，效果如图5-76所示。

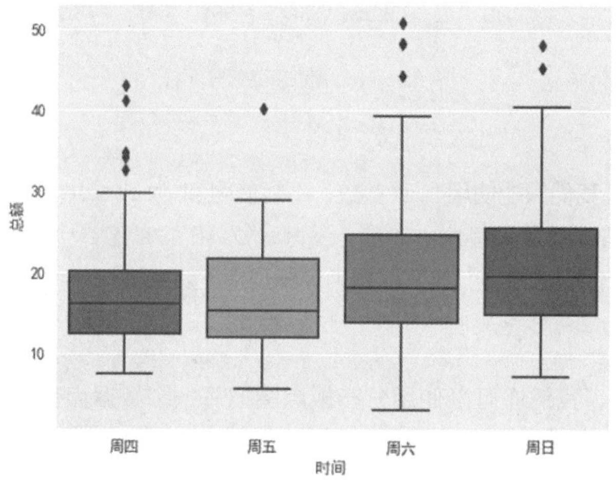


图5-76 改变顺序

## 分析：

默认情况下，x轴坐标的顺序并不是周四、周五、周六、周日。因为boxplot()是根据数据出现的先后顺序进行排列的。如果想要改变顺序，我们可以使用order参数来实现。

## 举例：结合分布散点图

```
import pandas as pd
import matplotlib.pyplot as plt
```

```
import seaborn as sns

# 设置
sns.set_style("darkgrid")
sns.set_style({"font.sans-serif": "SimHei"})

# 读取数据
df = pd.read_csv(r"data/tip.csv")
# 绘制图表
sns.boxplot(data=df, x="时间", y="总额")
sns.stripplot(data=df, x="时间", y="总额", color="black")

# 显示
plt.show()
```

运行之后，效果如图 5-77 所示。

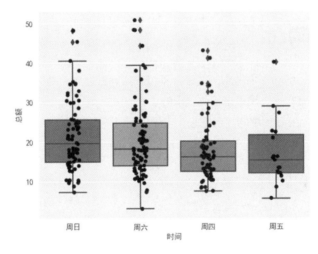

图 5-77　结合分布散点图

### ▶ 分析：

对于箱线图来说，我们还可以使用分布散点图把每一个数据点都展示在箱线图上。其中，stripplot() 函数用于绘制分布散点图。对于分布散点图，我们在后续章节中会详细介绍。

最后，我们来总结一下 boxplot() 函数的参数，常用的如表 5-8 所示。

表 5-8　boxplot() 函数的常用参数

| 参数 | 说明 |
| --- | --- |
| data | 数据部分 |
| x | x 轴坐标 |
| y | y 轴坐标 |
| hue | 添加区分（颜色） |
| order | 改变顺序 |

# 第6章

# 高级图表

## 6.1 高级图表简介

第 5 章介绍的是 Seaborn 中常用的图表，不过在实际开发中，有时会有一些特殊的需求，此时仅仅依靠基础图表，其实是满足不了工作要求的。

本章我们来介绍 Seaborn 中的高级图表，主要包括以下 6 种。

- ▶ 热力图。
- ▶ 核密度图。
- ▶ 小提琴图。
- ▶ 增强箱线图。
- ▶ 分布散点图。
- ▶ 线性回归图。

## 6.2 热力图

### 6.2.1 基本语法

在 Seaborn 中，我们可以使用 heatmap() 函数来绘制热力图。热力图的主要作用是，以高亮的方式表现区域的密度情况，以展示数据的差异性。

▼ 语法：

```
sns.heatmap(data)
```

▼ 说明：

data 表示热力图的数据部分，它要求是二维数据，比如二维列表、二维数组、DataFrame 等。

### ▼ 举例：

```python
import numpy as np
import pandas as pd
import matplotlib.pyplot as plt
import seaborn as sns

# 设置
sns.set_style("darkgrid")
sns.set_style({"font.sans-serif": "SimHei"})

# 数据
arr = np.random.randint(0, 100, size=(10, 10))
# 绘图
sns.heatmap(data=arr)

# 显示
plt.show()
```

运行之后，效果如图 6-1 所示。

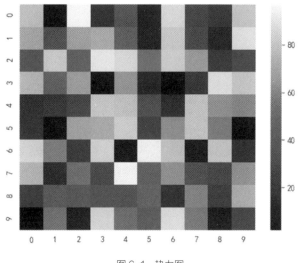

图 6-1　热力图

### ▼ 分析：

np.random.randint(0, 100, size=(10, 10)) 用于生成一个 10×10 的二维数组，该数组的每一个元素都是范围为 0~100 的随机数。NumPy 的使用属于数据分析的内容，小伙伴们可自行复习一下。

默认情况下，热力图的 x 轴和 y 轴的刻度表示第几个方块。比如 0 表示第 1 个方块，1 表示第 2 个方块，以此类推。当然，如果数据部分是 DataFrame，那么 Seaborn 会自动添加对应的刻度。

对于热力图来说，颜色的深浅表示数据的大小。我们要特别注意的是，并非颜色越深，所代表的数据就越大。对于颜色深浅对应的数据大小，我们要严格参考热力图右侧的颜色条。就拿本例来说，图 6-1 所示的热力图其实是颜色越浅，数据越大。

另外，需要说明的是，y 轴的第 1 个方块在上面，而不是在下面。换句话说，热力图的坐标系的 y 轴正方向是向下的，如图 6-2 所示。

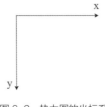

图 6-2　热力图的坐标系

## 6.2.2　实际案例

本小节我们也使用 flight.csv 这个文件作为数据来源，项目结构如图 6-3 所示。flight.csv 文件保存的是某航空公司 1949—1960 年这 12 年内每个月的乘客人数数据，部分内容如图 6-4 所示。

图 6-3　项目结构

图 6-4　flight.csv 文件的部分内容

### ▌ 举例：基本热力图

```python
import pandas as pd
import matplotlib.pyplot as plt
import seaborn as sns


# 设置
sns.set_style("darkgrid")
sns.set_style({"font.sans-serif": "SimHei"})


# 读取数据
df = pd.read_csv(r"data/flight.csv")
# 使用透视表，重构DataFrame
df = df.pivot_table(index="年份", columns="月份", values="人数")
# 绘制图表
sns.heatmap(data=df)


# 显示
plt.show()
```

运行之后，效果如图 6-5 所示。

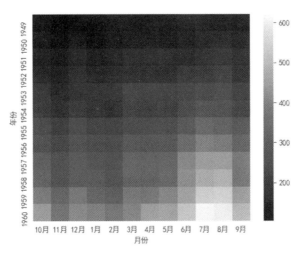

图 6-5　基本热力图

## ▼ 分析：

```
df = df.pivot_table(index="年份", columns="月份", values="人数")
```

上面这一句代码表示使用透视表的方式，即 pivot_table() 方法，对 DataFrame 进行重构，此时得到的 DataFrame 如图 6-6 所示。

| 月份 | 10月 | 11月 | 12月 | 1月 | 2月 | 3月 | 4月 | 5月 | 6月 | 7月 | 8月 | 9月 |
| --- | --- | --- | --- | --- | --- | --- | --- | --- | --- | --- | --- | --- |
| 年份 | | | | | | | | | | | | |
| 1949 | 119 | 104 | 118 | 112 | 118 | 132 | 129 | 121 | 135 | 148 | 148 | 136 |
| 1950 | 133 | 114 | 140 | 115 | 126 | 141 | 135 | 125 | 149 | 170 | 170 | 158 |
| 1951 | 162 | 146 | 166 | 145 | 150 | 178 | 163 | 172 | 178 | 199 | 199 | 184 |
| 1952 | 191 | 172 | 194 | 171 | 180 | 193 | 181 | 183 | 218 | 230 | 242 | 209 |
| 1953 | 211 | 180 | 201 | 196 | 196 | 236 | 235 | 229 | 243 | 264 | 272 | 237 |
| 1954 | 229 | 203 | 229 | 204 | 188 | 235 | 227 | 234 | 264 | 302 | 293 | 259 |
| 1955 | 274 | 237 | 278 | 242 | 233 | 267 | 269 | 270 | 315 | 364 | 347 | 312 |
| 1956 | 306 | 271 | 306 | 284 | 277 | 317 | 313 | 318 | 374 | 413 | 405 | 355 |
| 1957 | 347 | 305 | 336 | 315 | 301 | 356 | 348 | 355 | 422 | 465 | 467 | 404 |
| 1958 | 359 | 310 | 337 | 340 | 318 | 362 | 348 | 363 | 435 | 491 | 505 | 404 |
| 1959 | 407 | 362 | 405 | 360 | 342 | 406 | 396 | 420 | 472 | 548 | 559 | 463 |
| 1960 | 461 | 390 | 432 | 417 | 391 | 419 | 461 | 472 | 535 | 622 | 606 | 508 |

图 6-6　重构后的 DataFrame

对于 heatmap() 函数来说，如果它的数据是一个 DataFrame，那么 index（行名）就会成为 x 轴坐标，columns（列名）就会成为 y 轴坐标，而 values 就会成为方块部分。

## ▼ 举例：调换位置

```
import pandas as pd
import matplotlib.pyplot as plt
```

```
import seaborn as sns

# 设置
sns.set_style("darkgrid")
sns.set_style({"font.sans-serif": "SimHei"})

# 读取数据
df = pd.read_csv(r"data/flight.csv")
# 使用透视表，重构 DataFrame
df = df.pivot_table(index="年份", columns="月份", values="人数")
# 行列转置
df = df.T
# 绘制图表
sns.heatmap(data=df)

# 显示
plt.show()
```

运行之后，效果如图 6-7 所示。

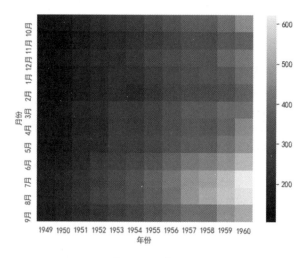

图 6-7　调换位置

### ▌ 分析：

如果想要调换 x 轴和 y 轴的位置，我们可以使用 DataFrame 中的行列转置（即 T 属性）来实现，非常简单。

### ▌ 举例：添加注释（显示数据）

```
import pandas as pd
import matplotlib.pyplot as plt
import seaborn as sns

# 设置
sns.set_style("darkgrid")
sns.set_style({"font.sans-serif": "SimHei"})
```

```
# 读取数据
df = pd.read_csv(r"data/flight.csv")
# 使用透视表，重构DataFrame
df = df.pivot_table(index="年份", columns="月份", values="人数")
# 行列转置
df = df.T
# 绘制图表
sns.heatmap(data=df, annot=True, fmt="d")

# 显示
plt.show()
```

运行之后，效果如图 6-8 所示。

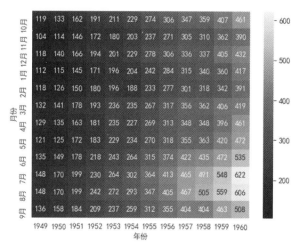

图 6-8　显示数据

## ▶ 分析：

如果想要给每一个方块都添加上对应的数据，我们可以使用 annot=True 来实现。其中，annot 是 "annotate"（注释）的缩写。

此外，对于 sns.heatmap(data=df, annot=True, fmt="d") 这一句代码来说，fmt="d" 表示使用整型数据。如果把 fmt="d" 删除，就会默认使用浮点数来表示。小伙伴们可以自行测试一下。

## ▶ 举例：颜色风格

```
import pandas as pd
import matplotlib.pyplot as plt
import seaborn as sns

# 设置
sns.set_style("darkgrid")
sns.set_style({"font.sans-serif": "SimHei"})
```

```
# 读取数据
df = pd.read_csv(r"data/flight.csv")
# 使用透视表，重构DataFrame
df = df.pivot_table(index="年份", columns="月份", values="人数")
# 行列转置
df = df.T
# 绘制图表
sns.heatmap(data=df, cmap="YlGnBu")

# 显示
plt.show()
```

运行之后，效果如图 6-9 所示。

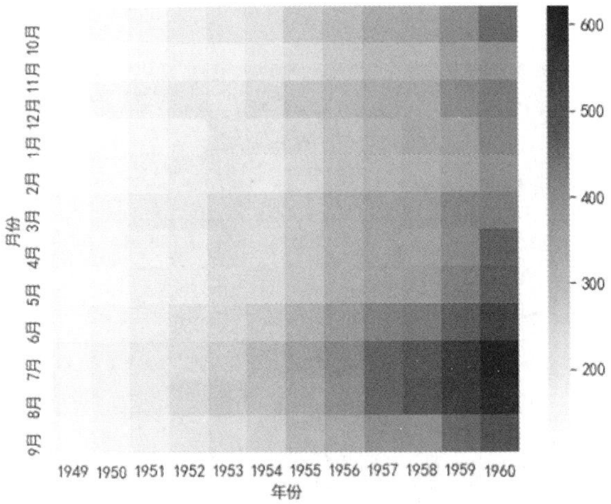


图 6-9 改变颜色风格

### 分析：

对于热力图，如果想要使用不同的颜色风格，我们可以使用 cmap 这个参数来实现。其中，cmap 是“color map”的缩写。对于 cmap 参数，它的取值为 Matplotlib 中的 colormap。当然，对于颜色风格，我们在后面的“7.5 各种调色板”一节中也会详细介绍。

在默认情况下，Seaborn 中的热力图都是“颜色越深，数据越小”。如果想要做到“颜色越深，数据越大”，我们就可以使用 cmap 这个参数来设置。

### 举例：自定义样式

```
import pandas as pd
import matplotlib.pyplot as plt
import seaborn as sns

# 设置
sns.set_style("darkgrid")
sns.set_style({"font.sans-serif": "SimHei"})

# 读取数据
df = pd.read_csv(r"data/flight.csv")
```

```
# 使用透视表，重构DataFrame
df = df.pivot_table(index="年份", columns="月份", values="人数")
# 行列转置
df = df.T
# 绘制图表
sns.heatmap(data=df, linewidth=0.5)

# 显示
plt.show()
```

运行之后，效果如图 6-10 所示。

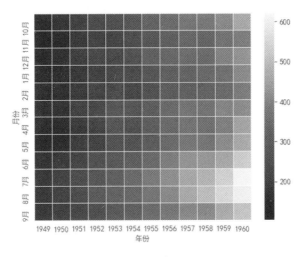

图 6-10　添加间距

### ▼ 分析：

如果想要在方块之间添加间距，我们可以使用 linewidth 这个参数来实现。如果我们不需要右侧的颜色条，可以设置 cbar=False。修改"# 绘制图表"部分的代码如下，效果如图 6-11 所示。

```
sns.heatmap(data=df, cbar=False)
```

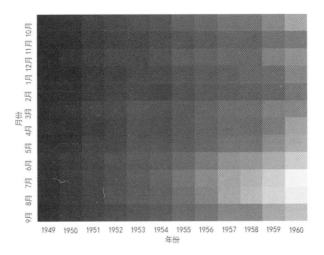

图 6-11　隐藏颜色条

对于绘制热力图，使用 Matplotlib 实现起来是非常麻烦的，而使用 Seaborn 只需几句代码就可以轻松实现。从本节内容中我们也可以非常深刻地感受到，Seaborn 比 Matplotlib 更简单、好用。

最后，我们来总结一下 heatmap() 函数的参数，常用的如表 6-1 所示。

表 6-1　heatmap() 函数的常用参数

| 参数 | 说明 |
| --- | --- |
| data | 数据部分（二维数据） |
| annot | 添加注释文本，值为 True 或 False |
| fmt | 定义数据格式 |
| cmap | 定义颜色风格 |
| linewidth | 添加间距 |
| cbar | 显示颜色条，值为 True 或 False |

## 6.3　核密度图

### 6.3.1　基本语法

核密度图和直方图的功能非常相似，它们都可用于展示数据的分布情况，不过它们之间有着以下 2 个方面的区别。

▶ 直方图（如图 6-12 所示）使用"条形"来展示数据，核密度图（如图 6-13 所示）使用"曲线"来展示数据。

▶ 直方图的纵坐标表示的是数据的个数，核密度图的纵坐标表示的是数据的密度。

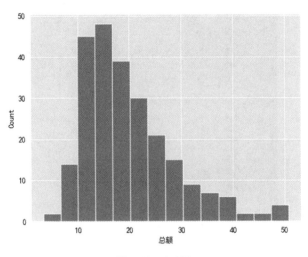

图 6-12　直方图

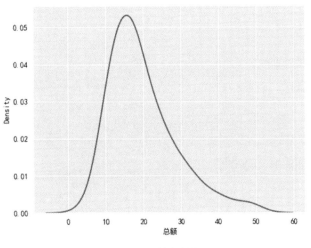

图 6-13　核密度图

　　对于一个核密度图来说，曲线围成的图形所占的面积等于 1。相比于直方图，核密度图没有那么"混乱"，更易理解。

　　在 Seaborn 中，我们可以使用 kdeplot() 函数来绘制核密度图。其中，kdeplot 中的"kde"是"kernel desity estimate"（核密度估计）的缩写。

### ▼ 语法：

```
sns.kdeplot(data, x, y)
```

### ▼ 说明：

　　data 用于定义数据部分，它是一个 DataFrame。x 用于指定 DataFrame 的哪一列数据作为 x 轴坐标值。y 用于指定 DataFrame 的哪一列数据作为 y 轴坐标值。

### ▼ 举例：

```
import pandas as pd
import matplotlib.pyplot as plt
import seaborn as sns

# 设置
sns.set_style("darkgrid")
sns.set_style({"font.sans-serif": "SimHei"})

# 数据
data = [
    ["张三", 24],
    ["李四", 18],
    ["王五", 37],
    ["小芳", 24],
    ["小红", 12],
    ["小明", 42],
    ["小华", 56],
    ["小莉", 67],
```

```
    ["小英", 45],
    ["小军", 82]
]
df = pd.DataFrame(data, columns=["姓名", "年龄"])
# 绘图
sns.kdeplot(data=df, x="年龄")

# 显示
plt.show()
```

运行之后，效果如图 6-14 所示。

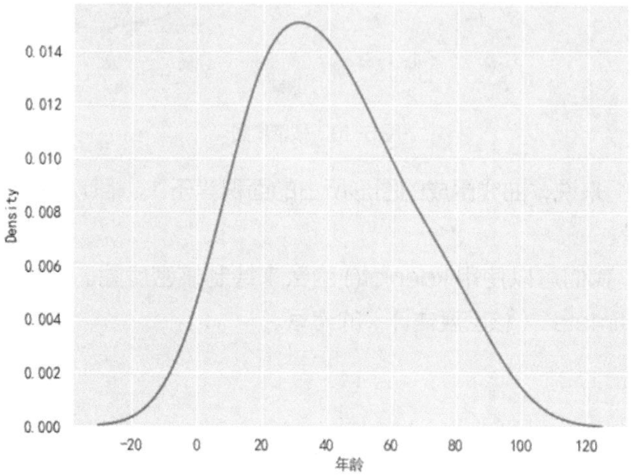


图 6-14 核密度图

## ◤ 分析：

对于这个例子来说，x 轴表示年龄，y 轴表示年龄所占的百分比，曲线所围成的整个图形的面积刚好就是 1（100%）。这里所说的面积，指的是图 6-15 所示的蓝色部分的面积。对于核密度图来说，它的 y 轴表示的是密度，所以才叫作“核密度图”。

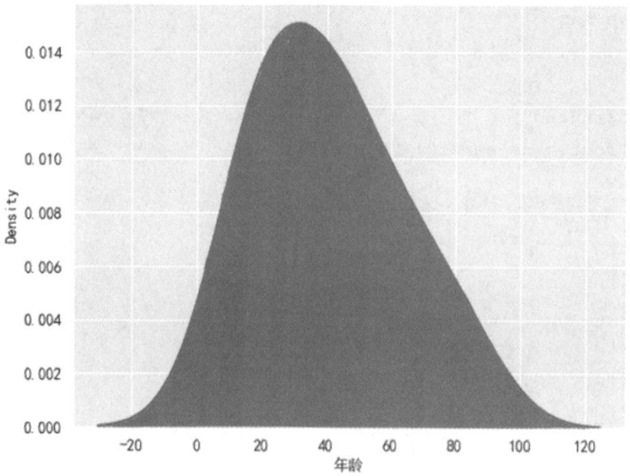


图 6-15 核密度图所对应的面积

## 6.3.2　实际案例

本小节我们也使用 tip.csv 这个文件作为数据来源，项目结构如图 6-16 所示。tip.csv 文件保存的是某餐厅的营业数据，包括总额、小费、客人信息等，部分内容如图 6-17 所示。

图 6-16　项目结构　　　　　　　　　　　　　　图 6-17　tip.csv 文件的部分内容

▼ **举例：基本核密度图**

```python
import pandas as pd
import matplotlib.pyplot as plt
import seaborn as sns

# 设置
sns.set_style("darkgrid")
sns.set_style({"font.sans-serif": "SimHei"})

# 读取数据
df = pd.read_csv(r"data/tip.csv")
# 绘制图表
sns.kdeplot(data=df, x="总额")

# 显示
plt.show()
```

运行之后，效果如图 6-18 所示。

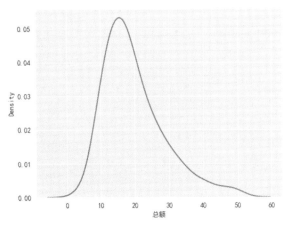

图 6-18　基本核密度图

▼ **分析：**

默认情况下，核密度图是纵向显示的。如果想要横向显示，就不能使用 x 参数了，而是使用 y

参数。将 x=" 总额 " 改为 y=" 总额 " 之后，效果如图 6-19 所示。

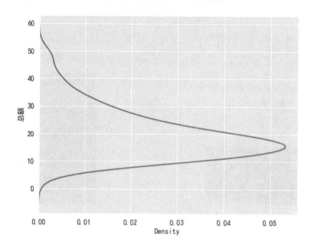

图 6-19　横向显示

### ▶ 举例：添加颜色区分

```
import pandas as pd
import matplotlib.pyplot as plt
import seaborn as sns

# 设置
sns.set_style("darkgrid")
sns.set_style({"font.sans-serif": "SimHei"})

# 读取数据
df = pd.read_csv(r"data/tip.csv")
# 绘制图表
sns.kdeplot(data=df, x=" 总额 ", hue=" 类型 ")

# 显示
plt.show()
```

运行之后，效果如图 6-20 所示。

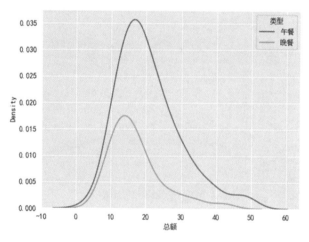

图 6-20　添加颜色区分

### ▼ 分析：

对于这个例子来说，两个部分的面积之和为 1。需要注意的是，kdeplot() 函数也只有 hue 参数，而没有 style 和 size 这 2 个参数。

前面介绍的核密度图是使用"曲线"的方式来展示，如果想要使用"面积"的方式来展示，我们可以使用 multiple="stack" 来实现。修改"# 绘制图表"部分的代码如下，效果如图 6-21 所示。

```
sns.kdeplot(data=df, x="总额", hue="类型", multiple="stack")
```

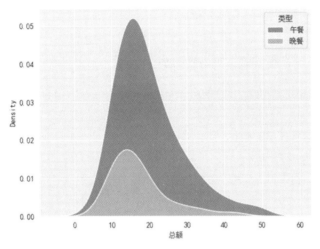

图 6-21　multiple="stack" 效果

如果想要使用整张画布来表示数据的分布情况，我们可以使用 multiple="fill" 来实现。修改"# 绘制图表"部分的代码如下，效果如图 6-22 所示。

```
sns.kdeplot(data=df, x="总额", hue="类型", multiple="fill")
```

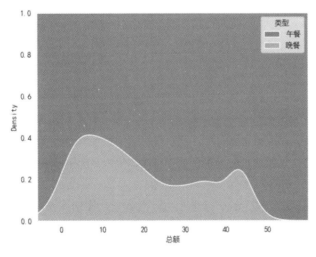

图 6-22　multiple="fill" 效果

### ▌ 举例：曲线坡度

```
import pandas as pd
import matplotlib.pyplot as plt
import seaborn as sns

# 设置
sns.set_style("darkgrid")
sns.set_style({"font.sans-serif": "SimHei"})

# 读取数据
df = pd.read_csv(r"data/tip.csv")
# 绘制图表
sns.kdeplot(data=df, x="总额", bw_adjust=0.2)

# 显示
plt.show()
```

运行之后，效果如图 6-23 所示。

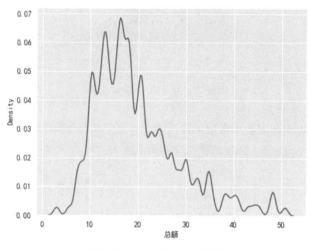

图 6-23   bw_adjust=0.2 效果

### ▌ 分析：

如果想要使用不同坡度的曲线来表示数据的分布情况，我们可以使用 bw_adjust 这个参数来实现。一般来说，当 bw_adjust 的值小于 1 时，代表使用较少平滑的曲线来表示，此时数据的分布情况会表示得更加精准。当 bw_adjust 的值大于 1 时，代表使用较多平滑的曲线来表示，此时数据的分布情况会表示得更加粗略。

我们将 bw_adjust=0.2 改为 bw_adjust=5，修改 "# 绘制图表" 部分的代码如下，效果如图 6-24 所示。

```
sns.kdeplot(data=df, x="总额", bw_adjust=5)
```

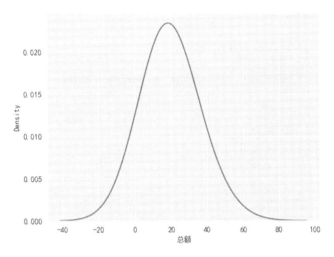

图 6-24　bw_adjust=5 效果

当 bw_adjust 的值过大时，展示的数据就不精准。比如当 bw_adjust=5 时，图 6-24 中还出现了负数部分。对于这个例子的"总额"来说，不应该有负数，所以我们还须结合 cut=0 把小于 0 的部分切除。修改后的代码如下，效果如图 6-25 所示。

```
sns.kdeplot(data=df, x="总额", bw_adjust=5.0, cut=0)
```

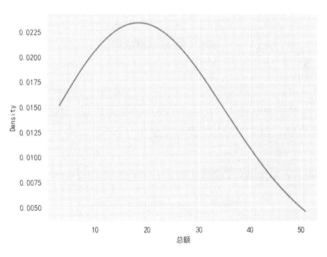

图 6-25　cut=0 效果

## ▼ 举例：独立计算面积

```
import pandas as pd
import matplotlib.pyplot as plt
import seaborn as sns

# 设置
sns.set_style("darkgrid")
sns.set_style({"font.sans-serif": "SimHei"})
```

```
# 读取数据
df = pd.read_csv(r"data/tip.csv")
# 绘制图表
sns.kdeplot(data=df, x="总额", hue="类型", common_norm=False)

# 显示
plt.show()
```

运行之后，效果如图 6-26 所示。

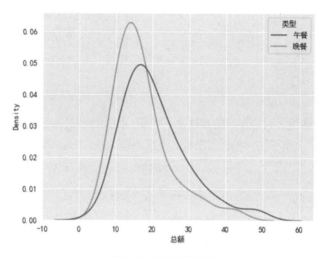

图 6-26　独立计算面积

▛ 分析：

common_norm 参数的默认值为 True，此时所有类别对应的图形的总面积之和为 1。如果想要使每一个类别都是独立的，对应的图形的面积都是 1，而不是总和为 1，我们可以使用 common_norm=False 来实现。

最后，我们来总结一下 kdeplot() 函数的参数，常用的如表 6-2 所示。

表 6-2　kdeplot() 函数的常用参数

| 参数 | 说明 |
| --- | --- |
| data | 数据部分 |
| x | x 轴坐标 |
| y | y 轴坐标 |
| hue | 添加区分（颜色） |
| multiple="stack" | 堆叠显示（面积图） |
| multiple="fill" | 填充显示 |
| bw_adjust | 曲线平滑度 |
| cut=0 | 切除小于 0 的部分 |
| common_norm=False | 独立计算面积 |

# 6.4　小提琴图

## 6.4.1　基本语法

小提琴图是一种组合型的图表，它同时结合了箱线图和核密度图的功能。在 Seaborn 中，我们可以使用 violinplot() 函数来绘制小提琴图。

▼ **语法**：

```
sns.violinplot(data, x, y)
```

▼ **说明**：

data 用于定义数据部分，它是一个 DataFrame。x 用于指定 DataFrame 的哪一列数据作为 x 轴坐标值。y 用于指定 DataFrame 的哪一列数据作为 y 轴坐标值。

▼ **举例**：

```
import pandas as pd
import matplotlib.pyplot as plt
import seaborn as sns

# 设置
sns.set_style("darkgrid")
sns.set_style({"font.sans-serif": "SimHei"})

# 数据
data = [
        ["张三", 24],
        ["李四", 18],
        ["王五", 37],
        ["小芳", 24],
        ["小红", 12],
        ["小明", 42],
        ["小华", 56],
        ["小莉", 67],
        ["小英", 45],
        ["小军", 82]
]
df = pd.DataFrame(data, columns=["姓名", "年龄"])
# 绘图
sns.violinplot(data=df, y="年龄")

# 显示
plt.show()
```

运行之后，效果如图6-27所示。

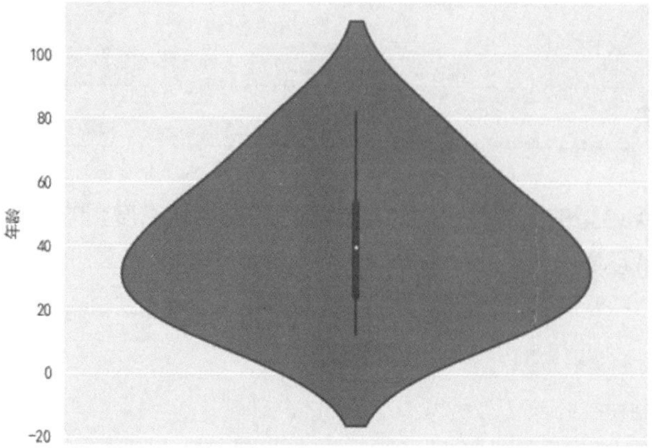


图6-27 小提琴图

**分析：**

sns.violinplot(data=df, y=" 年龄 ") 表示使用 df 作为数据来源，使用年龄数据作为 y 轴坐标。从图6-27可以看出，20~40对应的面积最大，也就说明处于20~40的数据最多。小伙伴们自行数一下代码中的数据就知道了。

## 6.4.2 实际案例

本小节我们也使用 tip.csv 这个文件作为数据来源，项目结构如图6-28所示。tip.csv 文件保存的是某餐厅的营业数据，包括总额、小费、客人信息等，部分内容如图6-29所示。

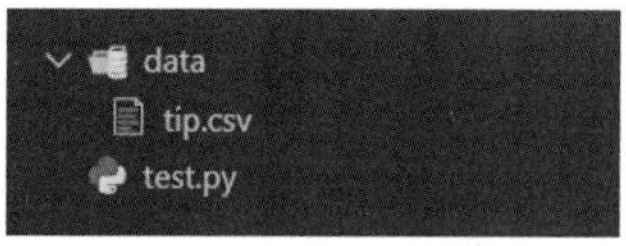


图6-28 项目结构

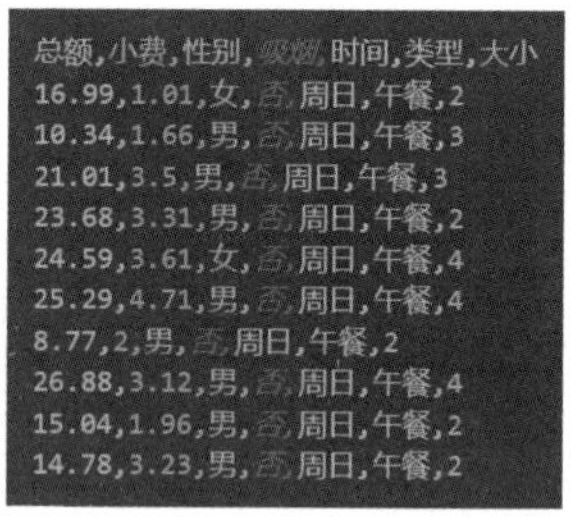

```
总额,小费,性别,吸烟,时间,类型,大小
16.99,1.01,女,否,周日,午餐,2
10.34,1.66,男,否,周日,午餐,3
21.01,3.5,男,否,周日,午餐,3
23.68,3.31,男,否,周日,午餐,2
24.59,3.61,女,否,周日,午餐,4
25.29,4.71,男,否,周日,午餐,4
8.77,2,男,否,周日,午餐,2
26.88,3.12,男,否,周日,午餐,4
15.04,1.96,男,否,周日,午餐,2
14.78,3.23,男,否,周日,午餐,2
```

图6-29 tip.csv文件的部分内容

**举例：基本小提琴图**

```
import pandas as pd
import matplotlib.pyplot as plt
import seaborn as sns

# 设置
sns.set_style("darkgrid")
```

```
sns.set_style({"font.sans-serif": "SimHei"})

# 读取数据
df = pd.read_csv(r"data/tip.csv")
# 绘制图表
sns.violinplot(data=df, y="总额")

# 显示
plt.show()
```

运行之后，效果如图 6-30 所示。

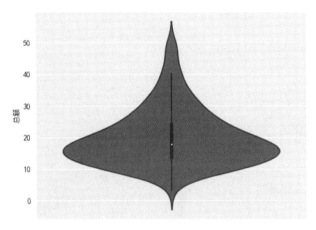

图 6-30　纵向显示

## ▶ 分析：

如果想要使小提琴图是横向显示的，我们可以将 y="总额" 改为 x="总额"，此时效果如图 6-31 所示。

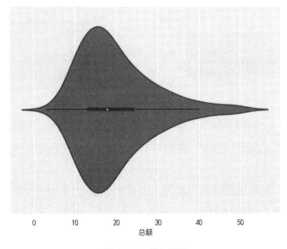

图 6-31　横向显示

### ▚ 举例：有多个小提琴的小提琴图

```
import pandas as pd
import matplotlib.pyplot as plt
import seaborn as sns

# 设置
sns.set_style("darkgrid")
sns.set_style({"font.sans-serif": "SimHei"})

# 读取数据
df = pd.read_csv(r"data/tip.csv")
# 绘制图表
sns.violinplot(data=df, x="时间", y="总额")

# 显示
plt.show()
```

运行之后，效果如图 6-32 所示。

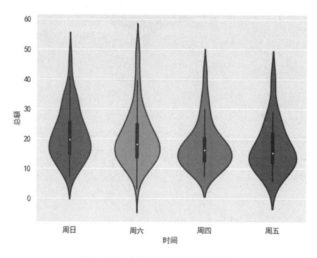

图 6-32　有多个小提琴的小提琴图

### ▚ 分析：

对于这个例子来说，x 轴坐标表示的是"时间"，取值共有 4 种，即周四、周五、周六、周日；y 轴坐标表示的是"总额"。由于"时间"共有 4 种取值，所以这里绘制了 4 个小提琴，每一个小提琴都是独立的。

对于这个例子来说，如果想要将小提琴图改为横向显示，我们只需要将 x 和 y 这两个参数的取值调换一下就可以了。修改"# 绘制图表"部分的代码如下，效果如图 6-33 所示。

```
sns.violinplot(data=df, x="总额", y="时间")
```

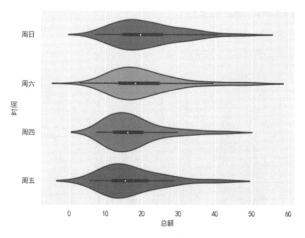

图 6-33 横向显示

## ▶ 举例：添加颜色区分

```python
import pandas as pd
import matplotlib.pyplot as plt
import seaborn as sns

# 设置
sns.set_style("darkgrid")
sns.set_style({"font.sans-serif": "SimHei"})

# 读取数据
df = pd.read_csv(r"data/tip.csv")
# 绘制图表
sns.violinplot(data=df, x="时间", y="总额", hue="性别")

# 显示
plt.show()
```

运行之后，效果如图 6-34 所示。

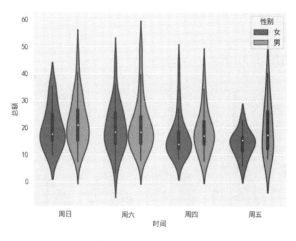

图 6-34 添加颜色区分

## ▶ 分析：

对于 violinplot() 函数来说，它也只有 hue 参数，而没有 style 和 size 这 2 个参数。所以若想要加以区分，我们只能使用 hue 参数来实现。

　　当然，对于这个例子来说，如果我们将 hue=" 性别 " 改为 hue=" 吸烟 "，此时就会使用 "吸烟"
这一列作为分类来源，效果如图 6-35 所示。

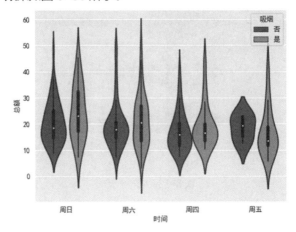

图 6-35　hue=" 吸烟 " 效果

### ▌ 举例：合并显示

```
import pandas as pd
import matplotlib.pyplot as plt
import seaborn as sns

# 设置
sns.set_style("darkgrid")
sns.set_style({"font.sans-serif": "SimHei"})

# 读取数据
df = pd.read_csv(r"data/tip.csv")
# 绘制图表
sns.violinplot(data=df, x="时间", y="总额", hue="性别", split=True)

# 显示
plt.show()
```

运行之后，效果如图 6-36 所示。

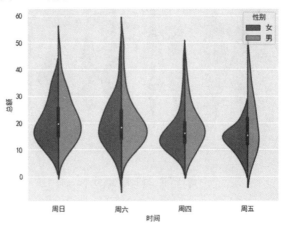

图 6-36　合并显示

### ▶ 分析：

当 hue=" 性别 " 时，由于"性别"只有"男"和"女"这 2 种取值，所以每一列就使用了 2 种不同颜色的小提琴来展示。如果我们希望每一列只使用一个小提琴来展示，小提琴的左边表示"女"对应的数据分布，小提琴的右边表示"男"对应的数据分布，则可以使用 split=True 来实现。

### ▶ 举例：改变顺序

```
import pandas as pd
import matplotlib.pyplot as plt
import seaborn as sns

# 设置
sns.set_style("darkgrid")
sns.set_style({"font.sans-serif": "SimHei"})

# 读取数据
df = pd.read_csv(r"data/tip.csv")
# 绘制图表
sns.violinplot(data=df, x="时间", y="总额", order=["周四", "周五", "周六", "周日"])

# 显示
plt.show()
```

运行之后，效果如图 6-37 所示。

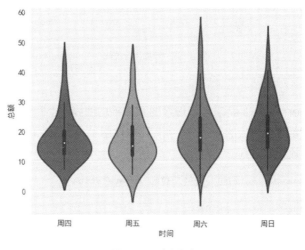

图 6-37　改变顺序

### ▶ 分析：

默认情况下，x 轴坐标的顺序并不是周四、周五、周六、周日。因为 violinplot() 函数是根据数据出现的先后顺序进行排列的。如果想要改变顺序，我们可以使用 order 参数来实现。

### ▶ 举例：添加百分位线

```
import pandas as pd
import matplotlib.pyplot as plt
import seaborn as sns
```

```
# 设置
sns.set_style("darkgrid")
sns.set_style({"font.sans-serif": "SimHei"})

# 读取数据
df = pd.read_csv(r"data/tip.csv")
# 绘制图表
sns.violinplot(data=df, x="时间", y="总额", inner="quartile")

# 显示
plt.show()
```

运行之后，效果如图 6-38 所示。

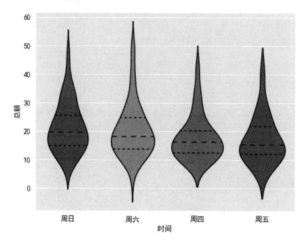

图 6-38　添加百分位线

▶ **分析：**

我们可以使用 inner="quartile" 来为小提琴图添加平均值线、上四分位数线、下四分位数线。如果想要为每一个数据都加上对应的一条线，我们可以使用 inner="stick" 来实现。修改 "# 绘制图表" 部分的代码如下，效果如图 6-39 所示。

```
sns.violinplot(data=df, x="时间", y="总额", inner="stick")
```

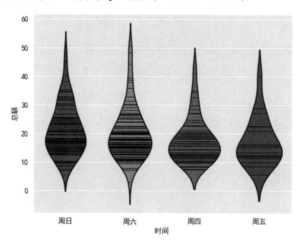

图 6-39　每一个数据一条线

### ▼ 举例：曲线坡度

```
import pandas as pd
import matplotlib.pyplot as plt
import seaborn as sns

# 设置
sns.set_style("darkgrid")
sns.set_style({"font.sans-serif": "SimHei"})

# 读取数据
df = pd.read_csv(r"data/tip.csv")
# 绘制图表
sns.violinplot(data=df, x="时间", y="总额", bw=0.2)

# 显示
plt.show()
```

运行之后，效果如图 6-40 所示。

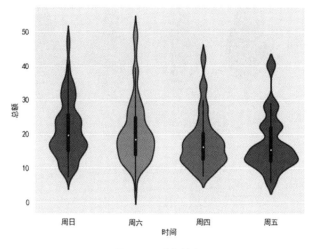

图 6-40　曲线坡度

### ▼ 分析：

如果想要使用不同坡度的曲线来表示数据的分布情况，我们可以使用 bw 这个参数来实现。一般来说，当 bw 的值小于 1 时，代表使用较少平滑的曲线来表示，此时数据的分布情况会表示得更加精准。当 bw 的值大于 1 时，代表使用较多平滑的曲线来表示，此时数据的分布情况会表示得更加粗略。

小提琴图中涉及的 bw 参数和核密度图中涉及的 bw_adjust 参数的功能是一样的。小伙伴们可以对比一下，这样更能加深理解和记忆。

### ▼ 举例：结合分布散点图

```
import pandas as pd
import matplotlib.pyplot as plt
import seaborn as sns

# 设置
```

```
sns.set_style("darkgrid")
sns.set_style({"font.sans-serif": "SimHei"})

# 读取数据
df = pd.read_csv(r"data/tip.csv")
# 绘制图表
sns.violinplot(data=df, x="时间", y="总额")
sns.stripplot(data=df, x="时间", y="总额", color="black")

# 显示
plt.show()
```

运行之后，效果如图 6-41 所示。

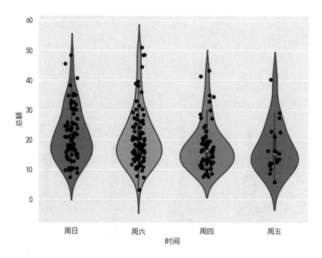

图 6-41　结合分布散点图

### ▶ 分析：

对于小提琴图，我们还可以使用分布散点图把每一个数据点展示在小提琴图上。其中，stripplot() 函数用于绘制一个分布散点图。对于分布散点图，我们在后续章节中会详细介绍。

最后，我们来总结一下 violinplot() 函数的参数，常用的如表 6-3 所示。

表 6-3　violinplot() 函数的常用参数

| 参数 | 说明 |
| --- | --- |
| data | 数据部分 |
| x | x 轴坐标 |
| y | y 轴坐标 |
| hue | 添加区分（颜色） |
| order | 改变顺序 |
| split=True | 合并显示 |
| inner="quartile" | 添加百分位线 |
| inner="stick" | 每一个数据一条线 |
| bw | 曲线平滑度 |

# 6.5 增强箱线图

## 6.5.1 基本语法

在 Seaborn 中，我们可以使用 boxenplot() 函数来绘制"增强版"的箱线图，即增强箱线图。其中，boxenplot 就是"box enhance plot"（增强箱线图）的缩写。

对于 boxplot() 函数来说，它实现的箱线图只能显示最大值、最小值、上四分位数、下四分位数、中位数以及异常值，如图 6-42 所示。但是对于 boxenplot() 函数来说，它实现的增强箱线图可以表示更多的分位数，如图 6-43 所示。

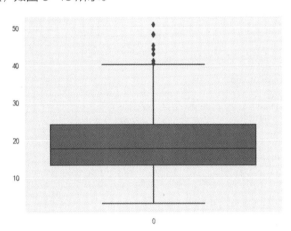

图 6-42　箱线图

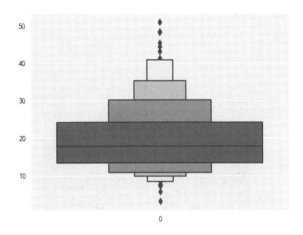

图 6-43　增强箱线图

▼ **语法：**

```
sns.boxenplot(data, x, y)
```

▼ **说明：**

data 用于定义数据部分，它是一个 DataFrame。x 用于指定 DataFrame 的哪一列数据作为

x 轴坐标值。y 用于指定 DataFrame 的哪一列数据作为 y 轴坐标值。

　　当前项目下的 data 文件夹中有一个 age.csv 文件，项目结构如图 6-44 所示。age.csv 保存的是 100 名乘客的年龄数据，部分内容如图 6-45 所示。

图 6-44　项目结构　　　　　　　　　　图 6-45　age.csv 文件的部分内容

▶ **举例**：

```
import pandas as pd
import matplotlib.pyplot as plt
import seaborn as sns

# 设置
sns.set_style("darkgrid")
sns.set_style({"font.sans-serif": "SimHei"})

# 读取数据
df = pd.read_csv(r"data/age.csv")
# 绘制图表
sns.boxenplot(data=df, y="年龄")

# 显示
plt.show()
```

运行之后，效果如图 6-46 所示。

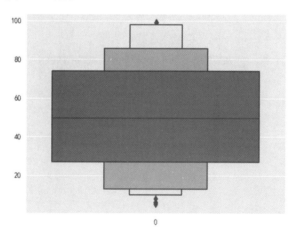

图 6-46　增强箱线图

▶ **分析**：

sns.boxenplot(data=df, y="年龄")表示使用 df 作为数据来源，使用年龄数据作为 y 轴坐标值。

## 6.5.2　实际案例

本小节我们也使用 tip.csv 这个文件作为数据来源，项目结构如图 6-47 所示。tip.csv 文件保存的是某餐厅的营业数据，包括总额、小费、客人信息等，部分内容如图 6-48 所示。

图 6-47　项目结构

图 6-48　tip.csv 文件的部分内容

▆ **举例：增强箱线图**

```python
import pandas as pd
import matplotlib.pyplot as plt
import seaborn as sns

# 设置
sns.set_style("darkgrid")
sns.set_style({"font.sans-serif": "SimHei"})

# 读取数据
df = pd.read_csv(r"data/tip.csv")
# 绘制图表
sns.boxenplot(data=df, y="总额")

# 显示
plt.show()
```

运行之后，效果如图 6-49 所示。

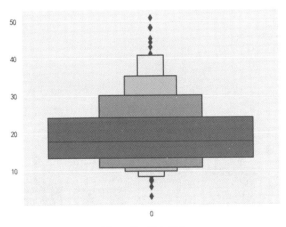

图 6-49　纵向显示

▆ **分析：**

sns.boxenplot(data=df, y="总额")表示 y 轴坐标值是"总额"这一列数据，此时增强箱线图是纵向显示的。如果想要使增强箱线图是横向显示的，我们可以将 y=" 总额 " 改为 x=" 总额 "，效果如图 6-50 所示。

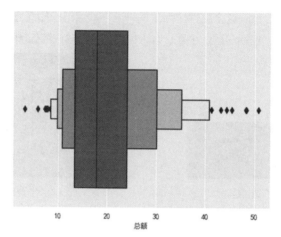

图 6-50 横向显示

### ▚ 举例：有多个箱子的增强箱线图

```
import pandas as pd
import matplotlib.pyplot as plt
import seaborn as sns

# 设置
sns.set_style("darkgrid")
sns.set_style({"font.sans-serif": "SimHei"})

# 读取数据
df = pd.read_csv(r"data/tip.csv")
# 绘制图表
sns.boxenplot(data=df, x="时间", y="总额")

# 显示
plt.show()
```

运行之后，效果如图 6-51 所示。

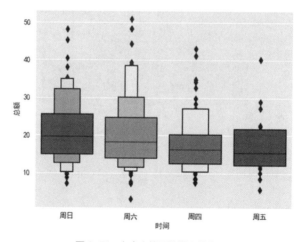

图 6-51 有多个箱子的增强箱线图

## ▚ 分析：

　　如果想要在画布上同时绘制多个箱子，就必须指定 x 和 y 这两个参数。sns.boxenplot(data=df, x=" 时间 ", y=" 总额 ") 这一句代码代表 x 轴是根据 "时间" 这一列来划分的，y 轴是不同时间对应的 "总额"。

　　对于有多个箱子的增强箱线图来说，如果想要将纵向显示改为横向显示，直接将 x 和 y 的位置调换一下就可以了。修改 "# 绘制图表" 部分的代码如下，效果如图 6-52 所示。

```
sns.boxenplot(data=df, y="时间", x="总额")
```

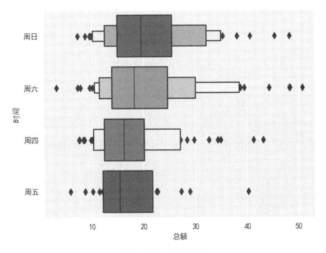

图 6-52　横向显示

## ▚ 举例：添加颜色区分

```
import pandas as pd
import matplotlib.pyplot as plt
import seaborn as sns

# 设置
sns.set_style("darkgrid")
sns.set_style({"font.sans-serif": "SimHei"})

# 读取数据
df = pd.read_csv(r"data/tip.csv")
# 绘制图表
sns.boxenplot(data=df, x="时间", y="总额", hue="性别")

# 显示
plt.show()
```

　　运行之后，效果如图 6-53 所示。

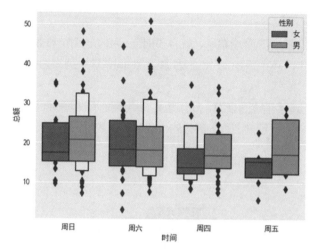

图 6-53　添加颜色区分

▶ **分析：**

对于 boxenplot() 函数来说，它只有 hue 参数，而没有 style 和 size 这 2 个参数。hue=" 性别 " 表示使用 "性别" 这一列作为区分类别。如果将 hue=" 性别 " 改为 hue=" 类型 "，效果如图 6-54 所示。

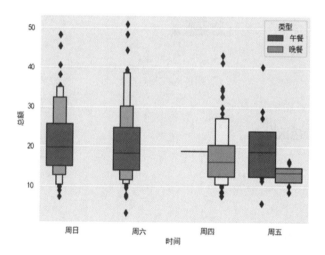

图 6-54　hue=" 类型 " 效果

▶ **举例：改变顺序**

```
import pandas as pd
import matplotlib.pyplot as plt
import seaborn as sns

# 设置
sns.set_style("darkgrid")
sns.set_style({"font.sans-serif": "SimHei"})

# 读取数据
```

```
df = pd.read_csv(r"data/tip.csv")
# 绘制图表
sns.boxenplot(data=df, x="时间", y="总额", order=["周四", "周五", "周六", "周日"])

# 显示
plt.show()
```

运行之后，效果如图 6-55 所示。

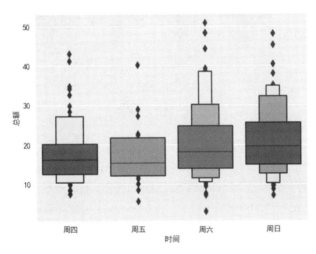

图 6-55　改变顺序

### ▼ 分析：

默认情况下，x 轴坐标的顺序并不是周四、周五、周六、周日。因为 boxenplot() 是根据数据出现的先后顺序进行排列的。如果想要改变顺序，我们可以使用 order 参数来实现。

### ▼ 举例：结合分布散点图

```
import pandas as pd
import matplotlib.pyplot as plt
import seaborn as sns

# 设置
sns.set_style("darkgrid")
sns.set_style({"font.sans-serif": "SimHei"})

# 读取数据
df = pd.read_csv(r"data/tip.csv")
# 绘制图表
sns.boxenplot(data=df, x="时间", y="总额")
sns.stripplot(data=df, x="时间", y="总额", color="black")

# 显示
plt.show()
```

运行之后，效果如图 6-56 所示。

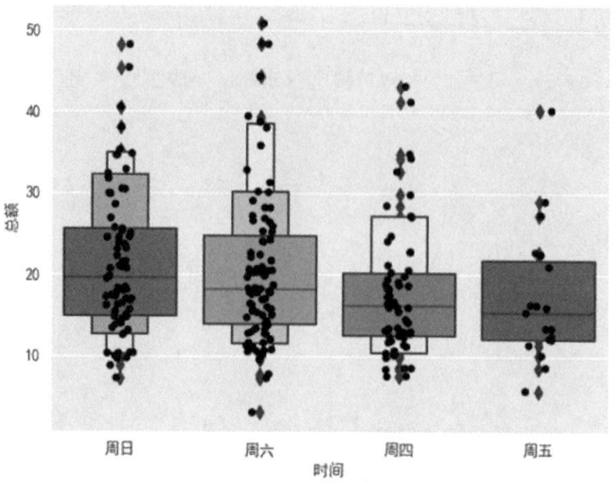


图 6-56 结合分布散点图

**分析：**

对于增强箱线图来说，我们同样可以使用分布散点图把每一个数据点都展示在增强箱线图上。其中，stripplot() 函数用于绘制一个分布散点图。对于分布散点图，6.6 节会详细介绍。

boxenplot() 和 boxplot() 的参数是一样的，boxenplot() 函数常用参数如表 6-4 所示。

表 6-4 boxenplot() 函数的常用参数

| 参数 | 说明 |
| --- | --- |
| data | 数据部分 |
| x | x 轴坐标 |
| y | y 轴坐标 |
| hue | 添加区分（颜色） |
| order | 改变顺序 |

## 6.6 分布散点图

### 6.6.1 基本语法

在 Seaborn 中，我们可以使用 stripplot() 函数来绘制分布散点图。分布散点图和普通散点图不一样：普通散点图用于判断 2 个变量是否存在关联趋势，分布散点图用于表现数据的分布情况。

**语法：**

```
sns.stripplot(data, x, y)
```

**说明：**

data 用于定义数据部分，它是一个 DataFrame。x 用于指定 DataFrame 的哪一列数据作为 x 轴坐标值。y 用于指定 DataFrame 的哪一列数据作为 y 轴坐标值。

▌ **举例：**

```python
import pandas as pd
import matplotlib.pyplot as plt
import seaborn as sns

# 设置
sns.set_style("darkgrid")
sns.set_style({"font.sans-serif": "SimHei"})

# 数据
data = [
     ["张三", 24],
     ["李四", 18],
     ["王五", 37],
     ["小芳", 24],
     ["小红", 12],
     ["小明", 42],
     ["小华", 56],
     ["小莉", 67],
     ["小英", 45],
     ["小军", 82]
]
df = pd.DataFrame(data, columns=["姓名", "年龄"])
# 绘图
sns.stripplot(data=df, x="年龄")

# 显示
plt.show()
```

运行之后，效果如图 6-57 所示。

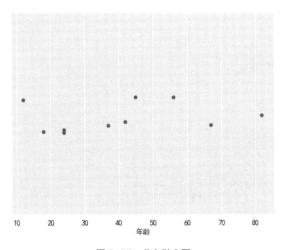

图 6-57　分布散点图

▌ **分析：**

　　分布散点图其实是把每一个数据点都绘制在画布上，这样我们就可以非常直观地看出所有数据的分布情况。

## 6.6.2 实际案例

本小节我们同样是使用 tip.csv 作为数据来源，整个项目结构如图 6-58 所示。tip.csv 文件保存的是某餐厅的营业数据，包括总额、小费、客人信息等，部分内容如图 6-59 所示。

图 6-58　项目结构

图 6-59　tip.csv 文件的部分内容

### ▶ 举例：分布散点图

```python
import pandas as pd
import matplotlib.pyplot as plt
import seaborn as sns

# 设置
sns.set_style("darkgrid")
sns.set_style({"font.sans-serif": "SimHei"})

# 读取数据
df = pd.read_csv(r"data/tip.csv")
# 绘制
sns.stripplot(data=df, x="总额")

# 显示
plt.show()
```

运行之后，效果如图 6-60 所示。

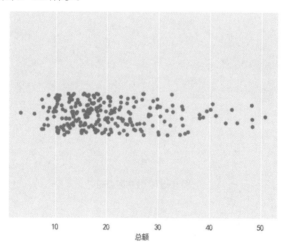

图 6-60　分布散点图

### ▶ 分析：

对于这个例子来说，x 轴坐标表示的是"总额"的大小，图 6-60 中的每一个点都对应"总额"这一列中的一个数据。

### ▶ 举例：多个分布散点图

```python
import pandas as pd
import matplotlib.pyplot as plt
import seaborn as sns

# 设置
sns.set_style("darkgrid")
sns.set_style({"font.sans-serif": "SimHei"})

# 读取数据
df = pd.read_csv(r"data/tip.csv")
# 绘制图表
sns.stripplot(data=df, x="时间", y="总额")

# 显示
plt.show()
```

运行之后，效果如图 6-61 所示。

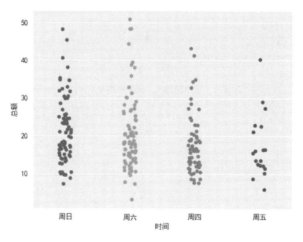

图 6-61　多个分布散点图

### ▶ 分析：

对于这个例子来说，x 轴坐标是"时间"，取值共有 4 种，即周四、周五、周六、周日；y 轴坐标是"总额"。由于"时间"共有 4 种取值，所以这里绘制了 4 个分布散点图，每一个分布散点图都是独立的。

对于这个例子来说，如果想要将分布散点图改为横向显示，我们只需要将 x 和 y 这两个参数的取值调换一下就可以了。修改"# 绘制图表"部分的代码如下，效果如图 6-62 所示。

```python
sns.stripplot(data=df, x="总额", y="时间")
```

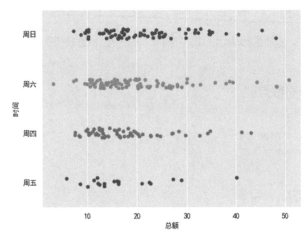

图 6-62　横向显示

### ▆ 举例：添加颜色区分

```
import pandas as pd
import matplotlib.pyplot as plt
import seaborn as sns

# 设置
sns.set_style("darkgrid")
sns.set_style({"font.sans-serif": "SimHei"})

# 读取数据
df = pd.read_csv(r"data/tip.csv")
# 绘制图表
sns.stripplot(data=df, x="时间", y="总额", hue="性别")

# 显示
plt.show()
```

运行之后，效果如图 6-63 所示。

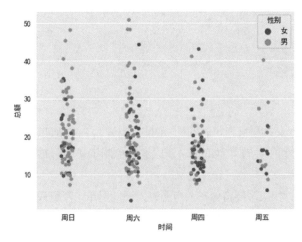

图 6-63　添加颜色区分

� ▶ **分析：**

对于 stripplot() 函数来说，它同样只有 hue 参数，而没有 style 和 size 这 2 个参数。所以若想要添加区分效果，就只能使用 hue 参数来实现。

如果想要把每一种区分颜色都单独使用一列来显示，我们可以使用 dodge=True 来实现。修改"# 绘制图表"部分的代码如下，效果如图 6-64 所示。

```
sns.stripplot(data=df, x="时间", y="总额", hue="性别", dodge=True)
```

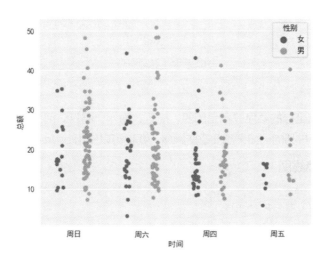

图 6-64 单独显示

▶ **举例：改变顺序**

```
import pandas as pd
import matplotlib.pyplot as plt
import seaborn as sns

# 设置
sns.set_style("darkgrid")
sns.set_style({"font.sans-serif": "SimHei"})

# 读取数据
df = pd.read_csv(r"data/tip.csv")
# 绘制图表
sns.stripplot(data=df, x="时间", y="总额", hue="性别", order=["周四", "周五", "周六", "周日"])

# 显示
plt.show()
```

运行之后，效果如图 6-65 所示。

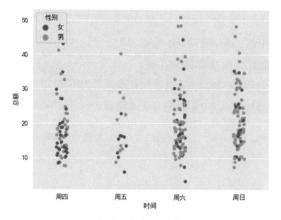

图 6-65　改变顺序

▶ **分析:**

默认情况下，x 轴坐标的顺序并不是周四、周五、周六、周日。因为 stripplot() 函数是根据数据出现的先后顺序进行排列的。如果想要改变顺序，我们可以使用 order 参数来实现。

▶ **举例: 结合箱线图**

```python
import pandas as pd
import matplotlib.pyplot as plt
import seaborn as sns

# 设置
sns.set_style("darkgrid")
sns.set_style({"font.sans-serif": "SimHei"})

# 读取数据
df = pd.read_csv(r"data/tip.csv")
# 绘制图表
sns.stripplot(data=df, x="时间", y="总额", color="black")
sns.boxplot(data=df, x="时间", y="总额")

# 显示
plt.show()
```

运行之后，效果如图 6-66 所示。

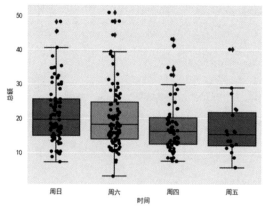

图 6-66　结合箱线图

▌ **分析：**

分布散点图还可以和箱线图结合在一起，即绘制在同一张画布上，这就等同于同时拥有分布散点图和箱线图的功能。需要注意的是，对于分布散点图来说，我们需要使用 color 参数来重新定义颜色，因为默认的颜色会与箱线图的颜色重合，这样的用户体验是比较差的。

对于这个例子来说，当我们把 color="black" 删除之后，效果如图 6-67 所示。

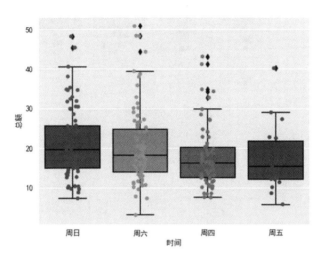

图 6-67　删除 color="black" 效果

▌ **举例：结合增强箱线图**

```
import pandas as pd
import matplotlib.pyplot as plt
import seaborn as sns


# 设置
sns.set_style("darkgrid")
sns.set_style({"font.sans-serif": "SimHei"})


# 读取数据
df = pd.read_csv(r"data/tip.csv")
# 绘制图表
sns.stripplot(data=df, x="时间", y="总额", color="black")
sns.boxenplot(data=df, x="时间", y="总额")


# 显示
plt.show()
```

运行之后，效果如图 6-68 所示。

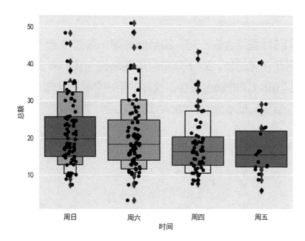

图 6-68　结合增强箱线图

## ▚ 举例：结合小提琴图

```
import pandas as pd
import matplotlib.pyplot as plt
import seaborn as sns

# 设置
sns.set_style("darkgrid")
sns.set_style({"font.sans-serif": "SimHei"})

# 读取数据
df = pd.read_csv(r"data/tip.csv")
# 绘制图表
sns.stripplot(data=df, x="时间", y="总额", color="black")
sns.violinplot(data=df, x="时间", y="总额")

# 显示
plt.show()
```

运行之后，效果如图 6-69 所示。

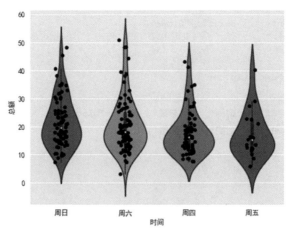

图 6-69　结合小提琴图

### ▼ 分析：

对于分布散点图来说，不管它是结合箱线图、增强箱线图还是小提琴图，绘图函数的调用都是不区分顺序的。

最后，我们来总结一下 stripplot() 函数的参数，常用的如表 6-5 所示。

表 6-5　stripplot() 函数的常用参数

| 参数 | 说明 |
| --- | --- |
| data | 数据部分 |
| x | x 轴坐标 |
| y | y 轴坐标 |
| hue | 添加区分（颜色） |
| dodge=True | 单独显示 |
| order | 改变顺序 |

# 6.7　线性回归图

## 6.7.1　基本语法

线性回归图也叫作"回归图"，它主要用于表现 2 个变量之间的线性关系。线性回归图建立在散点图的基础上，它会在散点图上面增加一条直线（也可能是曲线）。对于这条直线来说，它表示使用最小二乘法预测的 2 个变量的关系：$y=ax+b$。

在 Seaborn 中，我们可以使用 regplot() 函数来绘制线性回归图。

### ▼ 语法：

```
sns.regplot(data, x, y)
```

### ▼ 说明：

data 用于定义数据部分，它是一个 DataFrame。x 用于指定 DataFrame 的哪一列数据作为 x 轴坐标值。y 用于指定 DataFrame 的哪一列数据作为 y 轴坐标值。

regplot() 和 scatterplot() 的语法几乎是一样的，小伙伴们可以好好对比一下，这样可以加深理解和记忆。

### ▼ 举例：

```
import pandas as pd
import matplotlib.pyplot as plt
import seaborn as sns

# 设置
sns.set_style("darkgrid")
```

```
sns.set_style({"font.sans-serif": "SimHei"})

# 数据
data = [
    [1, 16],
    [2, 18],
    [3, 20],
    [4, 21],
    [5, 21],
    [6, 23],
    [7, 24],
    [8, 24],
    [9, 26],
    [10, 27]
]
df = pd.DataFrame(data, columns=["A列", "B列"])
# 绘图
sns.regplot(data=df, x="A列", y="B列")

# 显示
plt.show()
```

运行之后，效果如图 6-70 所示。

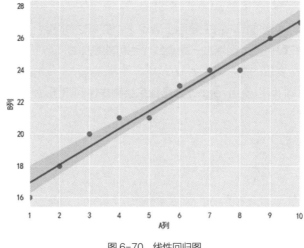

图 6-70　线性回归图

▶ **分析：**

regplot() 函数可以同时绘制一组散点、一条回归线以及该回归的 95% 的置信区间。

## 6.7.2　实际案例

本小节我们也使用 tip.csv 这个文件作为数据来源，项目结构如图 6-71 所示。tip.csv 文件保存的是某餐厅的营业数据，包括总额、小费、客人信息等，部分内容如图 6-72 所示。

图 6-71　项目结构

图 6-72　tip.csv 文件的部分内容

## ▚ 举例：线性回归图

```python
import pandas as pd
import matplotlib.pyplot as plt
import seaborn as sns

# 设置
sns.set_style("darkgrid")
sns.set_style({"font.sans-serif": "SimHei"})

# 读取数据
df = pd.read_csv(r"data/tip.csv")
# 绘制图表
sns.regplot(data=df, x="总额", y="小费")

# 显示
plt.show()
```

运行之后，效果如图 6-73 所示。

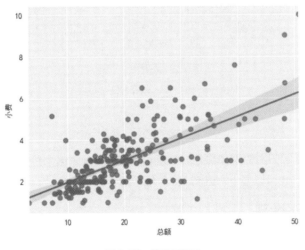

图 6-73　线性回归图

## ▚ 分析：

sns.regplot(data=df, x="总额", y="小费") 表示将"总额"这一列数据设置为 x 轴坐标值，并且将"小费"这一列数据设置为 y 轴坐标值。

### ▶ 举例：改变颜色

```
import pandas as pd
import matplotlib.pyplot as plt
import seaborn as sns

# 设置
sns.set_style("darkgrid")
sns.set_style({"font.sans-serif": "SimHei"})

# 读取数据
df = pd.read_csv(r"data/tip.csv")
# 绘制图表
sns.regplot(data=df, x="总额", y="小费", color="orangered")

# 显示
plt.show()
```

运行之后，效果如图 6-74 所示。

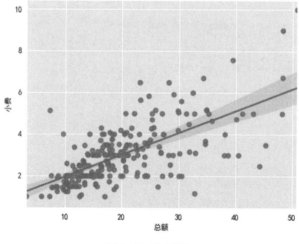

图 6-74　改变颜色

### ▶ 分析：

如果想要改变线性回归图的整体颜色，我们可以使用 color 这个参数来实现。color 的值可以是关键字（如"red"），也可以是十六进制 RGB 值（如"#FFFF00"）。

### ▶ 举例：改变散点外观

```
import pandas as pd
import matplotlib.pyplot as plt
import seaborn as sns

# 设置
sns.set_style("darkgrid")
sns.set_style({"font.sans-serif": "SimHei"})
```

```
# 读取数据
df = pd.read_csv(r"data/tip.csv")
# 绘制图表
sns.regplot(data=df, x="总额", y="小费", marker="x")

# 显示
plt.show()
```

运行之后，效果如图 6-75 所示。

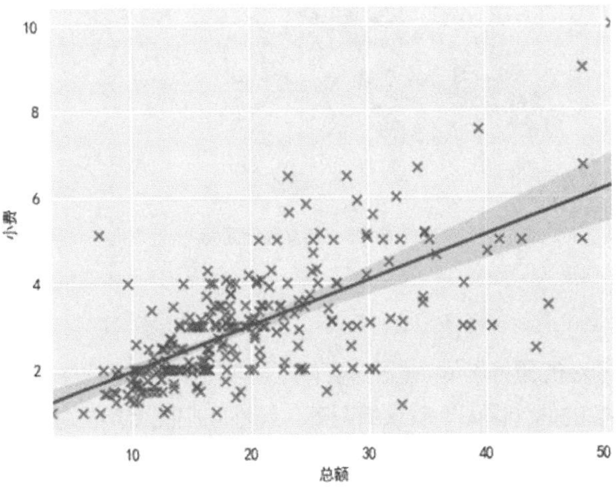


图 6-75 改变散点外观

## 分析：

如果想要改变散点的外观，我们可以使用 marker 这个参数来实现。Seaborn 中的 marker 参数继承了 Matplotlib 中的 marker 参数，两者的取值是一样的。

## 举例：置信区间

```
import pandas as pd
import matplotlib.pyplot as plt
import seaborn as sns

# 设置
sns.set_style("darkgrid")
sns.set_style({"font.sans-serif": "SimHei"})

# 读取数据
df = pd.read_csv(r"data/tip.csv")
# 绘制图表
sns.regplot(data=df, x="总额", y="小费", marker="x", ci=68)

# 显示
plt.show()
```

运行之后，效果如图 6-76 所示。

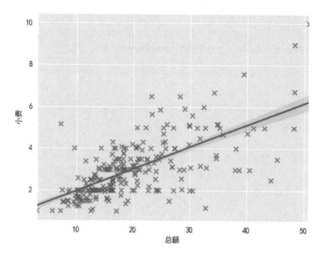

图 6-76　定义置信区间

▶ **分析：**

$ci=68$ 表示使用 68% 的置信区间。"置信区间"其实是统计学中的一个术语，它指的是由样本统计量所构造的总体参数的估计区间。默认情况下，线性回归图使用的是 95% 的置信区间。

最后，我们来总结一下 regplot() 函数的参数，常用的如表 6-6 所示。除了这些常用参数，regplot() 还提供了非常多的有关统计学方面的参数，小伙伴们可自行查看官方文档。

表 6-6　regplot() 函数的常用参数

| 参数 | 说明 |
| --- | --- |
| data | 数据部分 |
| x | x 轴坐标 |
| y | y 轴坐标 |
| color | 整体颜色 |
| marker | 散点外观 |
| ci | 置信区间 |

# 第7章

## 其他操作

## 7.1 子图表

### 7.1.1 基本语法

Seaborn 是基于 Matplotlib 实现的，如果想要在 Seaborn 中绘制多个子图表，我们可以使用 Matplotlib 提供的 subplots() 函数来实现。注意，这里的 subplots 的最后有一个 "s"。

▼ **语法**：

```
fig, axes = plt.subplots(nrows, ncols, sharex, sharey)
```

▼ **说明**：

subplots() 函数的主要参数有 4 个：nrows 用于定义行数；ncols 用于定义列数；sharex 用于定义是否共享 x 轴坐标，取值为 True 或 False（默认值为 False）；sharey 用于定义是否共享 y 轴坐标，取值为 True 或 False（默认值为 False）。

subplots() 函数会返回 2 个对象：fig 和 axes。其中，fig 代表的是当前的画布对象；axes 是一个列表，该列表的每一个元素都是一个区域对象。

▼ **举例**：

```
import pandas as pd
import matplotlib.pyplot as plt
import seaborn as sns

# 设置
sns.set_style("darkgrid")
sns.set_style({"font.sans-serif": "SimHei"})
```

```
# 划分区域
fig, axes = plt.subplots(2, 1)

# 绘制折线图
data = [
    [1, 16],
    [2, 15],
    [3, 16],
    [4, 18],
    [5, 17]
]
df = pd.DataFrame(data, columns=["日期", "气温"])
sns.lineplot(data=df, x="日期", y="气温", ax=axes[0])

# 显示
plt.show()
```

运行之后，效果如图 7-1 所示。

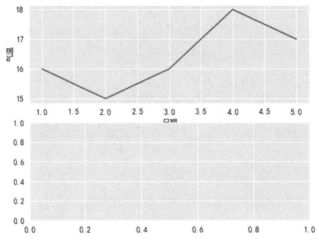

图 7-1　plt.subplots(2, 1) 效果

▶ **分析：**

　　fig, axes = plt.subplots(2, 1) 表示将画布划分为 2×1=2 个子区域，此时整张画布的布局如图 7-2 所示。使用 subplots() 函数划分区域之后，我们还需要在绘图函数中使用 ax 这个参数来指定该图表在哪一个子区域中绘制。

图 7-2　画布布局

## ▶ 举例：

```python
import pandas as pd
import matplotlib.pyplot as plt
import seaborn as sns

# 设置
sns.set_style("darkgrid")
sns.set_style({"font.sans-serif": "SimHei"})

# 划分区域
fig, axes = plt.subplots(2, 2)

# 绘制折线图
data = [
    [1, 16],
    [2, 15],
    [3, 16],
    [4, 18],
    [5, 17]
]
df = pd.DataFrame(data, columns=["日期", "气温"])
sns.lineplot(data=df, x="日期", y="气温", ax=axes[0, 0])

# 显示
plt.show()
```

运行之后，效果如图 7-3 所示。

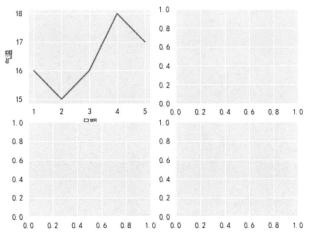

图 7-3　plt.subplots(2, 2) 效果

## ▶ 分析：

fig, axes = plt.subplots(2, 2) 表示将画布划分为 2×2=4 个子区域，此时整张画布的布局如图 7-4 所示。需要注意的是，如果想要指定在第 1 个子区域中绘制，此时 ax 的值应该是 axes[0, 0]，而不是 ax[0]。

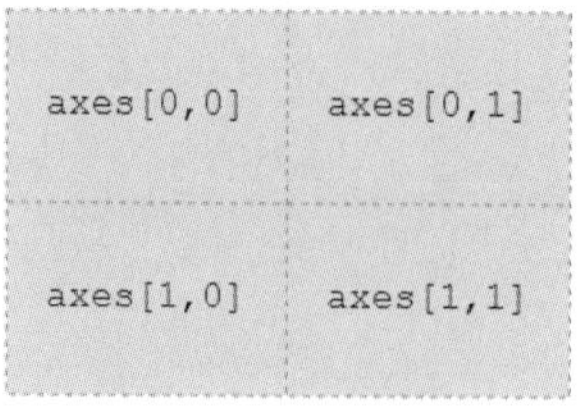

图 7-4　画布布局

## 7.1.2　实际案例

接下来我们尝试绘制一个 2×2 的组合图表，也就是在同一张画布上绘制 4 种不同的图表：折线图、散点图、柱形图、箱线图。

▶ **举例：**

```python
import pandas as pd
import matplotlib.pyplot as plt
import seaborn as sns

# 设置
sns.set_style("darkgrid")
sns.set_style({"font.sans-serif": "SimHei"})

# 划分区域
fig, axes = plt.subplots(2, 2)

# 绘制折线图
def drawline():
    data = [
        [1, 16],
        [2, 15],
        [3, 16],
        [4, 18],
        [5, 17]
    ]
    df = pd.DataFrame(data, columns=["日期", "气温"])
    sns.lineplot(data=df, x="日期", y="气温", ax=axes[0, 0])

# 绘制散点图
def drawscatter():
    data = [
        [1, 16],
        [2, 18],
        [3, 20],
        [4, 21],
```

```
            [5, 21]
        ]
        df = pd.DataFrame(data, columns=["A列", "B列"])
        sns.scatterplot(data=df, x="A列", y="B列", ax=axes[0, 1])

# 绘制柱形图
def drawbar():
    data = [
            ["1月", 468],
            ["2月", 521],
            ["3月", 362],
            ["4月", 227],
            ["5月", 438],
            ["6月", 550]
        ]
        df = pd.DataFrame(data, columns=["月份", "销量"])
        sns.barplot(data=df, x="月份", y="销量", ax=axes[1, 0])

# 绘制箱线图
def drawbox():
    data = [
            ["张三", 24],
            ["李四", 18],
            ["王五", 37],
            ["小芳", 24],
            ["小红", 12],
            ["小明", 42],
            ["小华", 56],
            ["小莉", 67],
            ["小英", 45],
            ["小军", 120]
        ]
        df = pd.DataFrame(data, columns=["姓名", "年龄"])
        sns.boxplot(data=df, y="年龄", ax=axes[1, 1])

# 调用函数
drawline()
drawscatter()
drawbar()
drawbox()

# 调整布局
plt.tight_layout()
# 显示图表
plt.show()
```

运行之后，效果如图 7-5 所示。

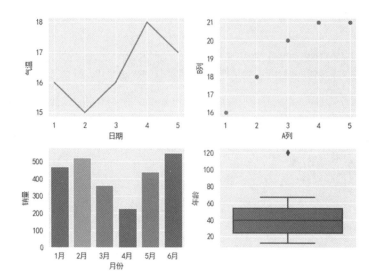

图 7-5　子图表

▼ **分析：**

这个例子的代码虽然比较多，但是其中的逻辑是非常简单的。其中，plt.tight_layout() 用于调整子图表之间的布局。如果没有这一句代码，子图表之间就可能会出现相互覆盖的情况，如图 7-6 所示。

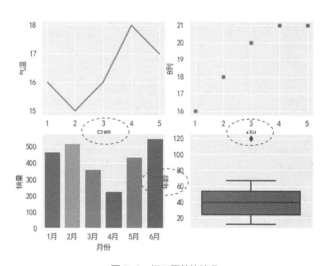

图 7-6　相互覆盖的情况

## 7.2　分组图表

在 Seaborn 中，我们可以使用 catplot() 函数来绘制分组型的图表。catplot 是 "category plot"（分类图表）的缩写。

▼ **语法：**

```
sns.catplot(kind, data, x, y, col)
```

### 说明：

kind 是一个必选参数，用于定义图表的类型，它常用的取值如表 7-1 所示。

表 7-1 参数 kind 的常用取值

| 取值 | 说明 |
|---|---|
| bar | 柱形图 |
| box | 箱线图 |
| violin | 小提琴图 |
| boxen | 增强箱线图 |
| strip | 分布散点图 |

col 是一个可选参数，它的值是一个列名，表示根据 DataFrame 中的哪一列进行分组。

### 举例：不使用 catplot()

```
import pandas as pd
import matplotlib.pyplot as plt
import seaborn as sns

# 设置
sns.set_style("darkgrid")
sns.set_style({"font.sans-serif": "SimHei"})

# 读取数据
df = pd.read_csv(r"data/tip.csv")
# 绘制图表
sns.barplot(data=df, x="时间", y="总额", hue="性别")

# 显示
plt.show()
```

运行之后，效果如图 7-7 所示。

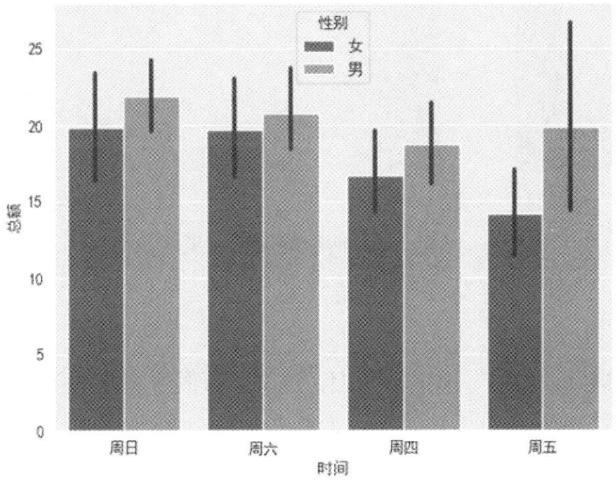


图 7-7 不使用 catplot() 效果

### 分析：

在这个例子中，我们使用 hue 参数来根据“性别”添加一种区分效果。如果还希望根据“类型”这一列来多添加一种区分效果，这时就无法使用 barplot() 函数来实现了。

### 举例：使用 catplot()

```
import pandas as pd
import matplotlib.pyplot as plt
import seaborn as sns

# 设置
sns.set_style("darkgrid")
sns.set_style({"font.sans-serif": "SimHei"})

# 读取数据
df = pd.read_csv(r"data/tip.csv")
# 绘制图表
sns.catplot(kind="bar", data=df, x="时间", y="总额", hue="性别", col="类型")

# 显示
plt.show()
```

运行之后，效果如图 7-8 所示。

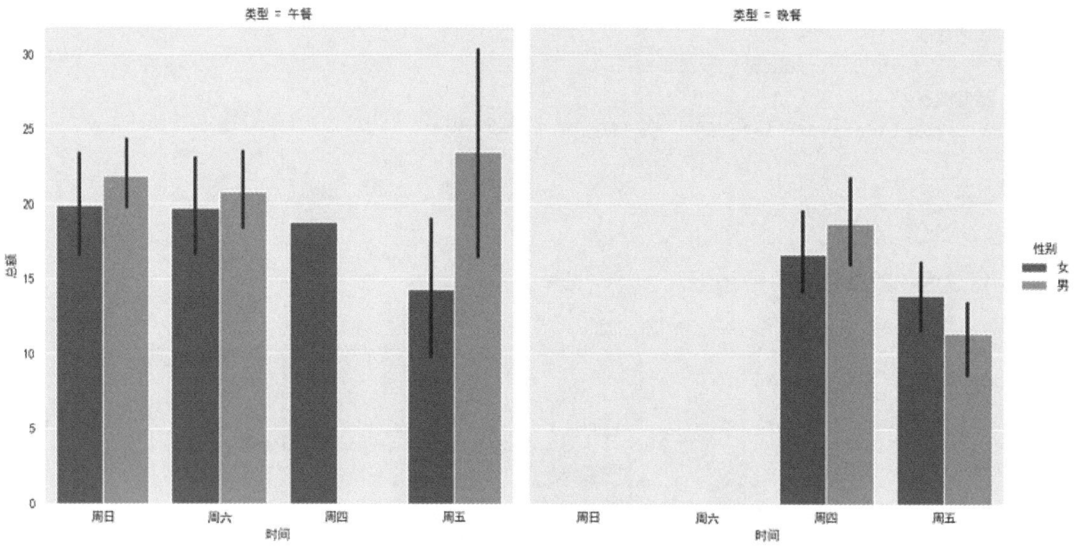


图 7-8 使用 catplot() 效果

### 分析：

col="类型" 表示根据“类型”来进行分组，这样就等同于多增加了一种区分效果。如果使用 barplot() 函数，我们只能实现一种区分效果，而无法实现多种区分效果。

对于这个例子来说，如果我们把 col="类型" 删除，此时的效果和上一个例子的效果是一样的。也就是说，下面 2 种形式可以说是等价的。

```
# 形式1
sns.barplot(data=df, x="时间", y="总额", hue="性别")

# 形式2
sns.catplot(kind="bar", data=df, x="时间", y="总额", hue="性别")
```

实际上像箱线图、小提琴图等，同样可以使用 catplot() 函数来实现，只需要将 kind 参数的值改为对应的值就可以了。小伙伴们可以自行试一下，非常简单。

# 7.3　双变量图

从之前的学习可以知道，散点图主要用于判断 2 个变量之间是否存在关联趋势。实际上散点图只能表现 2 个变量之间的关系，但有时我们还希望同时查看变量对应的数据的分布情况，这又应该怎么做呢？此时我们可以借助双变量图来实现。

在 Seaborn 中，我们可以使用 jointplot() 函数来绘制双变量图。双变量图也叫作"双变量关系图"，其中间处会绘制出一个散点图来表示 2 个变量的关系，并且其边缘处会分别绘制出描述变量对应的数据的分布情况的直方图。

▼ **语法**：

```
sns.jointplot(data, x, y)
```

▼ **说明**：

data 用于定义数据部分，它是一个 DataFrame。x 用于指定 DataFrame 的哪一列数据作为 x 轴坐标值。y 用于指定 DataFrame 的哪一列数据作为 y 轴坐标值。

接下来我们也使用 penguin.csv 文件作为数据来源，项目结构如图 7-9 所示。penguin.csv 文件保存的是 344 只企鹅的相关数据，包括种类、岛屿、性别、体重等，部分内容如图 7-10 所示。

图 7-9　项目结构

```
种类,岛屿,性别,体重,嘴喙长度,嘴喙深度,鳍足长度
阿德利企鹅,托格森岛,雄性,3750.0,39.1,18.7,181.0
阿德利企鹅,托格森岛,雌性,3800.0,39.5,17.4,186.0
阿德利企鹅,托格森岛,雌性,3250.0,40.3,18.0,195.0
阿德利企鹅,托格森岛,,,,,
阿德利企鹅,托格森岛,雌性,3450.0,36.7,19.3,193.0
阿德利企鹅,托格森岛,雄性,3650.0,39.3,20.6,190.0
阿德利企鹅,托格森岛,雌性,3625.0,38.9,17.8,181.0
阿德利企鹅,托格森岛,雄性,4675.0,39.2,19.6,195.0
阿德利企鹅,托格森岛,,3475.0,34.1,18.1,193.0
阿德利企鹅,托格森岛,,4250.0,42.0,20.2,190.0
```

图 7-10　penguin.csv 文件的部分内容

▼ **举例：双变量图**

```
import pandas as pd
import matplotlib.pyplot as plt
import seaborn as sns
```

```
# 设置
sns.set_style("darkgrid")
sns.set_style({"font.sans-serif": "SimHei"})

# 读取数据
df = pd.read_csv(r"data/penguin.csv")
# 绘制图表
sns.jointplot(data=df, x="嘴喙长度", y="嘴喙深度")

# 显示
plt.show()
```

运行之后，效果如图 7-11 所示。

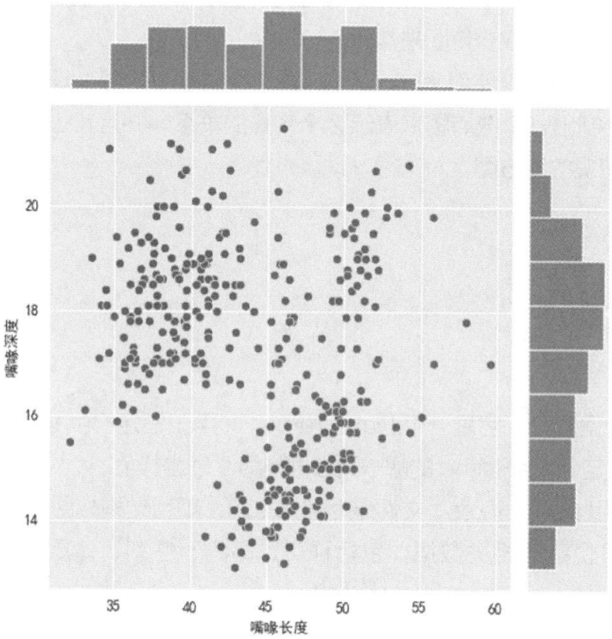


图 7-11 双变量图

### 分析：

从图 7-11 可以看出，jointplot() 会实现在双变量图的中间部分绘制两个变量的散点图，并且在边缘部分绘制单个变量的直方图。

### 举例：添加颜色区分

```
import pandas as pd
import matplotlib.pyplot as plt
import seaborn as sns

# 设置
sns.set_style("darkgrid")
```

```
sns.set_style({"font.sans-serif": "SimHei"})

# 读取数据
df = pd.read_csv(r"data/penguin.csv")
# 绘制图表
sns.jointplot(data=df, x="嘴喙长度", y="嘴喙深度", hue="性别")

# 显示
plt.show()
```

运行之后，效果如图 7-12 所示。

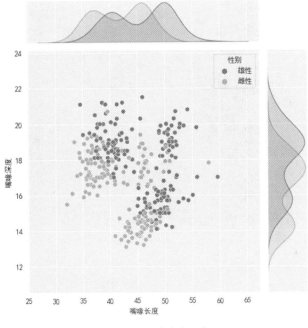

图 7-12　添加颜色区分

▼ **分析：**

hue="性别" 表示根据"性别"来进行区分。需要注意的是，此时对于单个变量的数据分布情况，使用的是核密度图来表示，而不是使用直方图来表示。

▼ **举例：图表类型**

```
import pandas as pd
import matplotlib.pyplot as plt
import seaborn as sns

# 设置
sns.set_style("darkgrid")
sns.set_style({"font.sans-serif": "SimHei"})

# 读取数据
```

```
df = pd.read_csv(r"data/penguin.csv")
# 绘制图表
sns.jointplot(data=df, x="嘴喙长度", y="嘴喙深度", kind="reg")

# 显示
plt.show()
```

运行之后，效果如图 7-13 所示。

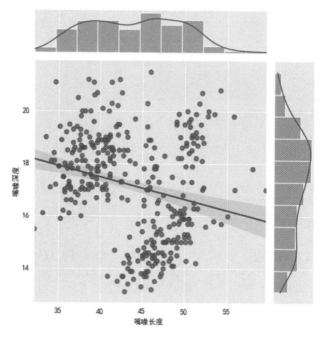

图 7-13  kind="reg" 效果

▶ **分析：**

默认情况下，双变量图的中间部分是使用散点图来表示的。如果想要改变其类型，我们可以使用 kind 这个参数来实现。参数 kind 的常用取值如表 7-2 所示。

表 7-2  参数 kind 的常用取值

| 取值 | 说明 |
| --- | --- |
| scatter（默认值） | 散点图 |
| reg | 线性回归图 |
| hist | 直方图 |
| kde | 核密度图 |
| hex | 调色板 |
| resid | 线性回归图的残差 |

当我们使用 kind="hist" 时，效果如图 7-14 所示。

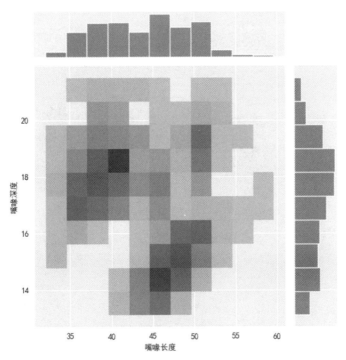

图 7-14　kind="hist" 效果

当我们使用 kind="kde" 时，效果如图 7-15 所示。

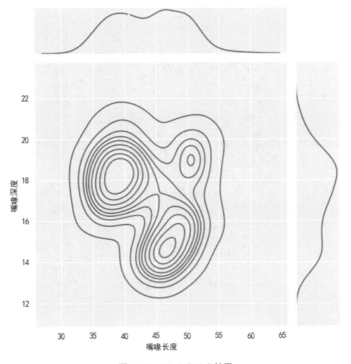

图 7-15　kind="kde" 效果

当我们使用 kind="hex" 时，效果如图 7-16 所示。

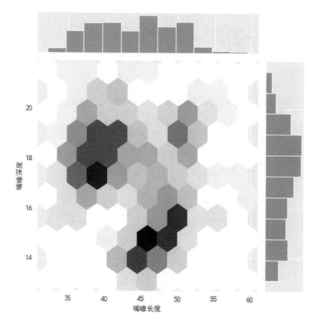

图 7-16　kind="hex" 效果

当我们使用 kind="resid" 时，效果如图 7-17 所示。

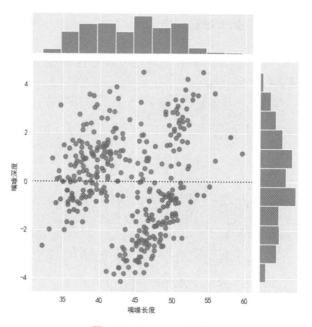

图 7-17　kind="resid" 效果

### ▼ 举例：改变散点外观

```
import pandas as pd
import matplotlib.pyplot as plt
import seaborn as sns
```

```
# 设置
sns.set_style("darkgrid")
sns.set_style({"font.sans-serif": "SimHei"})

# 读取数据
df = pd.read_csv(r"data/penguin.csv")
# 绘制图表
sns.jointplot(data=df, x="嘴喙长度", y="嘴喙深度", marker="x")

# 显示
plt.show()
```

运行之后，效果如图 7-18 所示。

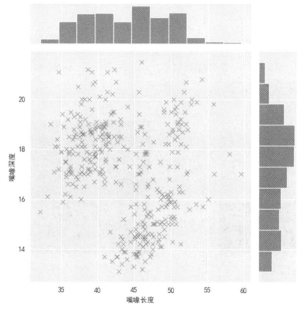

图 7-18　改变散点外观

▶ **分析：**

如果想要改变散点的外观，我们可以使用 marker 这个参数来实现。Seaborn 中的 marker 参数继承了 Matplotlib 中的 marker 参数，它们的取值是一样的。

最后，我们来总结一下 jointplot() 函数的参数，常用的如表 7-3 所示。

表 7-3　jointplot() 函数的常用参数

| 参数 | 说明 |
| --- | --- |
| data | 数据部分 |
| x | x 轴坐标 |
| y | y 轴坐标 |
| hue | 添加区分（颜色） |
| kind | 图表类型 |
| marker | 散点外观 |

## 7.4 多变量图

多变量图也叫作“矩阵图”或“多变量关系图”。它其实是将数据集中的字段进行“两两比较”（包括字段与自身的比较）。对于多变量图来说，默认情况下它对角线上的图表是直方图，其他的都是散点图。

在 Seaborn 中，我们可以使用 pairplot() 函数来绘制多变量图。

### 语法：

```
sns.pairplot(data)
```

### 说明：

data 用于定义数据部分，它是一个 DataFrame。接下来我们也使用 penguin.csv 文件作为数据来源，项目结构如图 7-19 所示。penguin.csv 文件保存的是 344 只企鹅的相关数据，包括种类、岛屿、性别、体重等，部分内容如图 7-20 所示。

图 7-19　项目结构

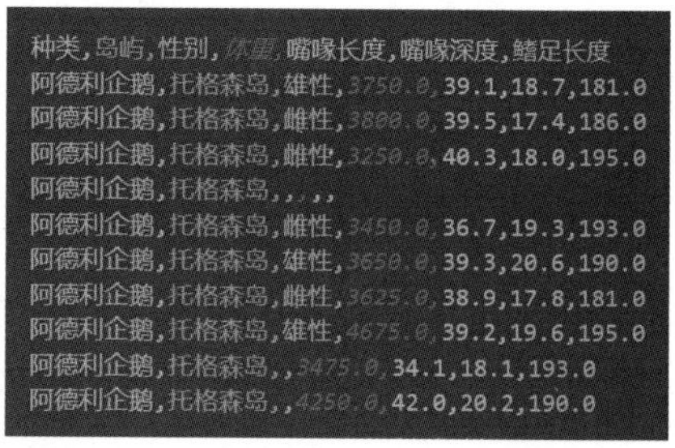


图 7-20　penguin.csv 文件的部分内容

### 举例：多变量图

```
import pandas as pd
import matplotlib.pyplot as plt
import seaborn as sns

# 设置
sns.set_style("darkgrid")
sns.set_style({"font.sans-serif": "SimHei"})

# 读取数据
df = pd.read_csv(r"data/penguin.csv")
# 绘制图表
sns.pairplot(data=df)

# 显示
plt.show()
```

运行之后，效果如图 7-21 所示。

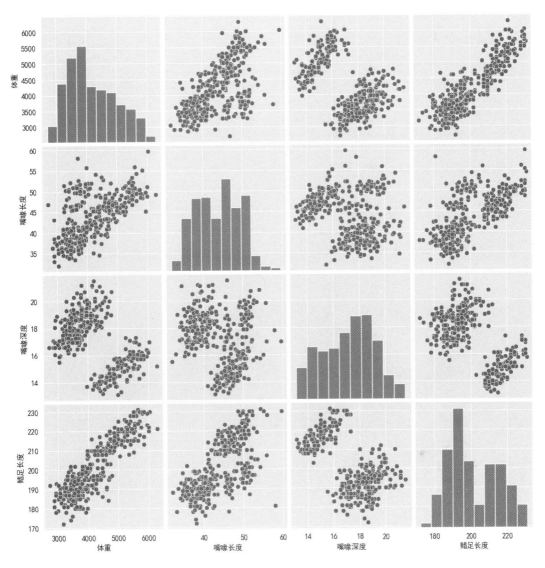

图 7-21　多变量图

### ▼ 分析：

可能小伙伴们会觉得很奇怪，penguin.csv 中明明有 7 个字段（或变量），为什么这里只比较 4 个字段呢？这是因为 pairplot() 函数只会对数值型的字段进行两两比较，然后找出它们之间的关系。而"种类、岛屿、性别"这 3 个字段并非数值型字段，对它们进行比较其实也没有什么意义。

小伙伴们可能还有一个疑问：为什么对角线上要用直方图来表示，而不是使用散点图来表示呢？其实小伙伴们仔细观察对角线上的图表对应的 x 轴和 y 轴坐标就知道了，对角线其实是变量"自己与自己的比较"，如果使用散点图就没有什么意义了，因为散点图的作用是找出两个变量的关系。而使用直方图，我们还可以清楚查看变量自身数据的分布情况，这是类似于双变量图的一个作用。

### ▼ 举例：添加颜色区分

```
import pandas as pd
import matplotlib.pyplot as plt
```

```
import seaborn as sns

# 设置
sns.set_style("darkgrid")
sns.set_style({"font.sans-serif": "SimHei"})

# 读取数据
df = pd.read_csv(r"data/penguin.csv")
# 绘制图表
sns.pairplot(data=df, hue="性别")

# 显示
plt.show()
```

运行之后，效果如图 7-22 所示。

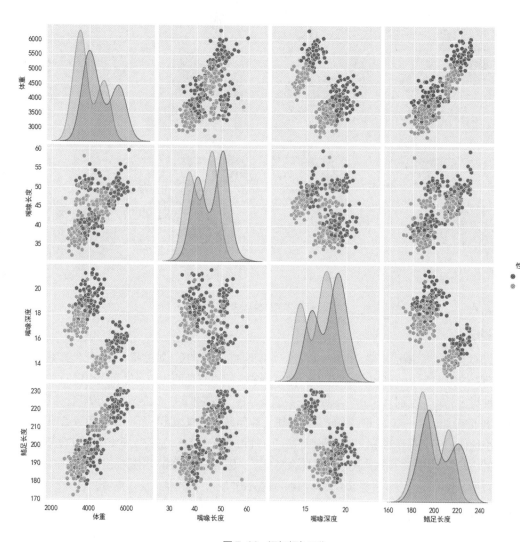

图 7-22　添加颜色区分

### ▶ 分析：

hue=" 性别 " 表示根据 "性别" 来进行区分。如果我们将 hue=" 性别 " 改为 hue=" 种类 "，效果如图 7-23 所示。

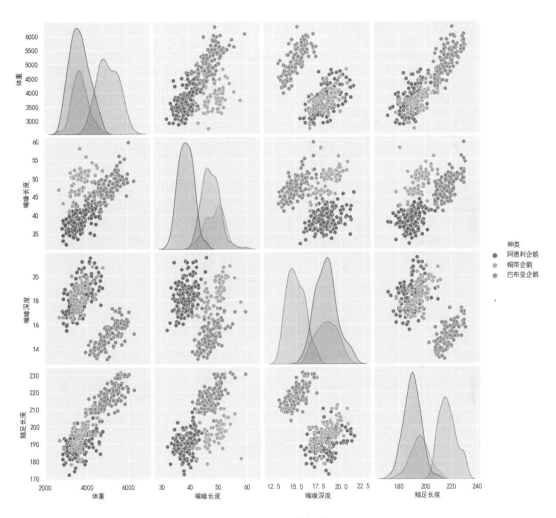

图 7-23　hue=" 种类 " 效果

当我们使用 hue 参数来添加区分颜色时，对角线上使用了核密度图来显示。其实我们还可以使用 diag_kind="hist" 将核密度图强制改为直方图来显示。修改 "# 绘制图表" 部分的代码如下，效果如图 7-24 所示。

```
sns.pairplot(data=df, hue="性别", diag_kind="hist")
```

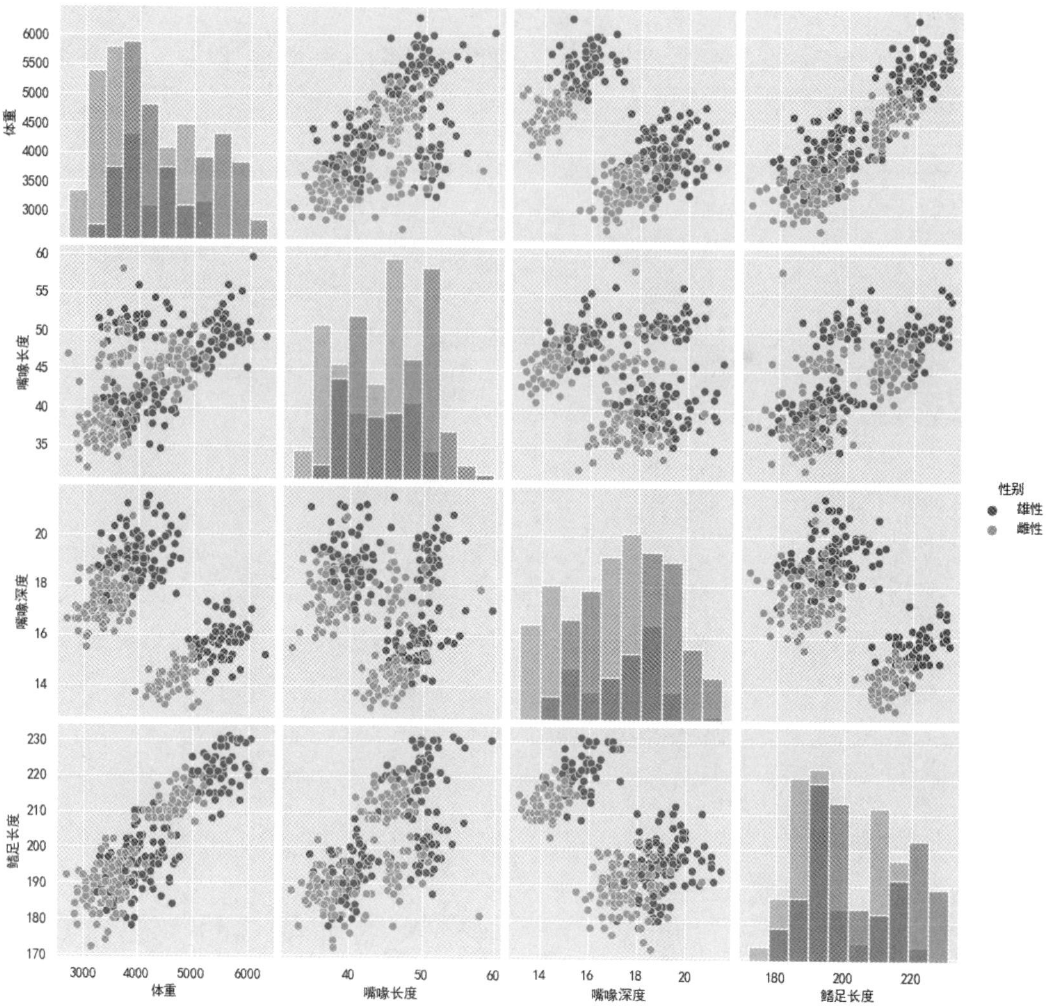


图 7-24 改用直方图

## 举例：改变散点外观

```
import pandas as pd
import matplotlib.pyplot as plt
import seaborn as sns

# 设置
sns.set_style("darkgrid")
sns.set_style({"font.sans-serif": "SimHei"})

# 读取数据
df = pd.read_csv(r"data/penguin.csv")
# 绘制图表
sns.pairplot(data=df, hue="性别", markers=["o", "s"])
```

```
# 显示
plt.show()
```

运行之后，效果如图 7-25 所示。

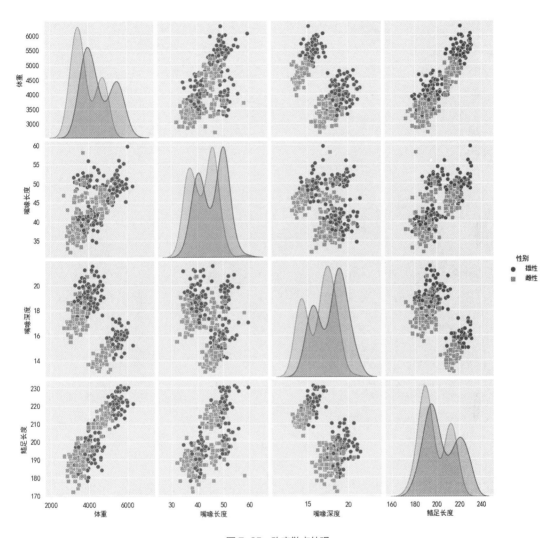

图 7-25　改变散点外观

### ▼ 分析：

hue=" 性别 " 表示使用"性别"来进行区分，由于"性别"的取值只有 2 种，即雄性、雌性，所以对于 markers 来说，它也需要 2 种取值。markers=["o", "s"] 表示使用"实心圆"和"实心正方形"这 2 种形状来表示散点。

如果我们将 hue=" 性别 " 改为 hue=" 种类 "，由于"种类"的取值有 3 种，即阿德利企鹅、帽带企鹅、巴布亚企鹅，所以对于 markers 来说，它也需要 3 种取值。修改"# 绘制图表"部分的代码如下，效果如图 7-26 所示。

```
sns.pairplot(data=df, hue=" 种类 ", markers=["o", "s", "D"])
```

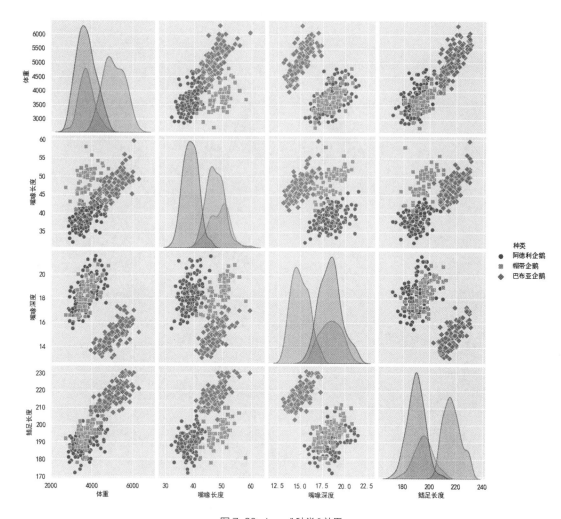

图 7-26　hue=" 种类 " 效果

　　需要说明的是，对于表示散点外观的参数的取值，有一部分是没有效果的，比如 x、+ 等。这一点小伙伴们也需要了解一下。

### ▶ 举例：自定义比较字段

```
import pandas as pd
import matplotlib.pyplot as plt
import seaborn as sns

# 设置
sns.set_style("darkgrid")
sns.set_style({"font.sans-serif": "SimHei"})

# 读取数据
df = pd.read_csv(r"data/penguin.csv")
# 绘制图表
```

```
sns.pairplot(data=df, vars=["嘴喙长度", "嘴喙深度", "鳍足长度"])

# 显示
plt.show()
```

运行之后，效果如图 7-27 所示。

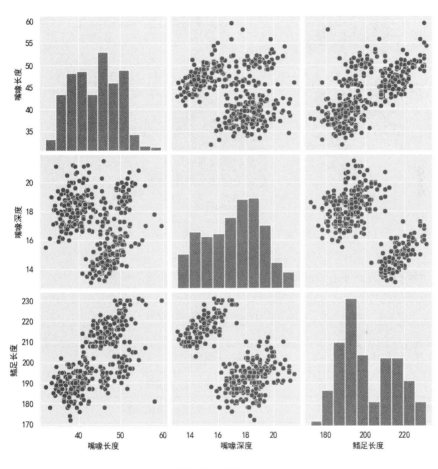

图 7-27　使用 vars

▶ **分析：**

vars=["嘴喙长度","嘴喙深度","鳍足长度"] 表示 x 轴和 y 轴都使用"嘴喙长度、嘴喙深度、鳍足长度"这 3 个字段，然后进行两两比较。当然，我们也可以使用 x_vars 和 y_vars 来单独定义 x 轴和 y 轴使用的字段。修改"# 绘制图表"部分的代码如下，效果如图 7-28 所示。

```
sns.pairplot(
    data=df,
    x_vars=["嘴喙长度", "嘴喙深度", "鳍足长度"],
    y_vars=["嘴喙长度", "嘴喙深度"]
)
```

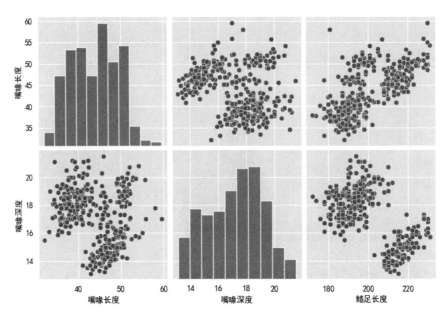

图 7-28　使用 x_vars 和 y_vars

最后，我们来总结一下 pairplot() 函数的参数，常用的如表 7-4 所示。

表 7-4　pairplot() 函数的常用参数

| 参数 | 说明 |
| --- | --- |
| data | 数据部分 |
| hue | 添加区分（颜色） |
| diag_kind="hist" | 对角线上使用直方图 |
| marker | 散点外观 |
| vars | 定义 x 轴和 y 轴都使用的字段 |
| x_vars | 定义 x 轴使用的字段 |
| y_vars | 定义 y 轴使用的字段 |

## 7.5　各种调色板

在 Seaborn 中，我们还可以使用调色板来自定义自己喜欢的颜色风格。对于 Seaborn 来说，它提供的调色板主要包括以下 2 种。

▶ 分类调色板。

▶ 连续调色板。

## 7.5.1　分类调色板

分类调色板主要用于区分没有固定顺序的离散数据，常应用在散点图、柱形图、条形图等中。在 Seaborn 中，我们可以使用 set_palette() 函数来应用分类调色板。

▶ **语法**：

```
sns.set_palette(palette)
```

▶ **说明**：

参数 palette 表示调色板主题，它的常用取值共有 6 种，如表 7-5 所示。

表 7-5　参数 palette 的常用取值

| 取值 | 说明 |
| --- | --- |
| deep | 深色系 |
| pastel | 浅色系 |
| dark | 暗色系 |
| bright | 亮色系 |
| muted | 哑色系 |
| colorblind | 颜色识别障碍 |

▶ **举例**：

```
import pandas as pd
import matplotlib.pyplot as plt
import seaborn as sns

# 设置
sns.set_style("darkgrid")
sns.set_style({"font.sans-serif": "SimHei"})

# 定义调色板
sns.set_palette("deep")

# 读取数据
df = pd.read_csv(r"data/tip.csv")
# 绘制图表
sns.barplot(data=df, x="时间", y="总额")

# 显示
plt.show()
```

运行之后，效果如图 7-29 所示。

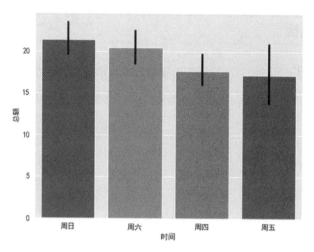

图 7-29   深色系（deep）

### ▶ 分析：

sns.set_palette("deep") 表示使用深色系的调色板。需要注意的是，调色板必须在绘图函数之前进行设置，否则可能会有问题。此外对于这个例子来说，下面 2 种形式是等价的。

```
# 形式 1
sns.set_palette("deep")
```

```
# 形式 2
sns.set_palette(palette="deep")
```

当我们使用 sns.set_palette("pastel") 时，效果如图 7-30 所示。

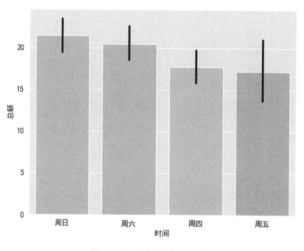

图 7-30   浅色系（pastel）

当我们使用 sns.set_palette("dark") 时，效果如图 7-31 所示。

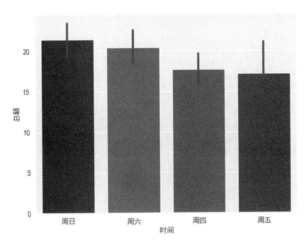

图 7-31　暗色系（dark）

当我们使用 sns.set_palette("bright") 时，效果如图 7-32 所示。

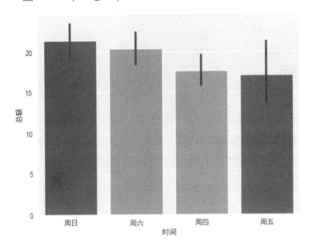

图 7-32　亮色系（bright）

当我们使用 sns.set_palette("muted") 时，效果如图 7-33 所示。

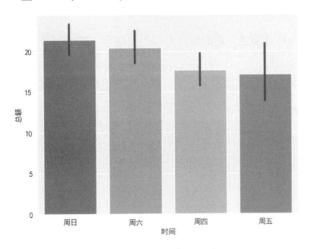

图 7-33　哑色系（muted）

当我们使用 sns.set_palette("colorblind") 时，效果如图 7-34 所示。

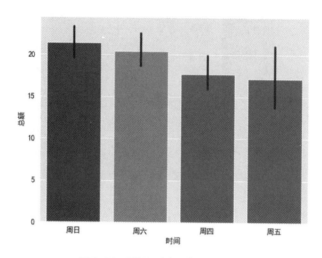

图 7-34　颜色识别障碍（colorblind）

## 7.5.2　连续调色板

连续调色板主要用于区分连续型的数据（即需要区分大小的数据），常应用在热力图等中。在
Seaborn 中，我们可以使用 light_palette() 或 dark_palette() 来应用连续调色板。

其中，light_palette() 函数使用的是浅色系的连续调色板，而 dark_palette() 函数使用的是深
色系的连续调色板。

▼ **语法**：

```
sns.light_palette(color, reverse)
sns.dark_palette(color, reverse)
```

▼ **说明**：

参数 color 用于定义基础颜色，它的取值可以是关键字（如"red"），也可以是十六进制 RGB
值（如"#FFFF00"）。

参数 reverse 用于定义颜色是否反向显示，默认值为 False（也就是不反向）。

▼ **举例**：light_palette()

```
import pandas as pd
import matplotlib.pyplot as plt
import seaborn as sns

# 设置
sns.set_style("darkgrid")
sns.set_style({"font.sans-serif": "SimHei"})
```

```
# 定义调色板
palette = sns.light_palette("skyblue")

# 读取数据
df = pd.read_csv(r"data/flight.csv")
# 调整行列（透视表）
df = df.pivot_table(index="年份", columns="月份", values="人数")
# 绘制图表
sns.heatmap(data=df, cmap=palette)

# 显示
plt.show()
```

运行之后，效果如图 7-35 所示。

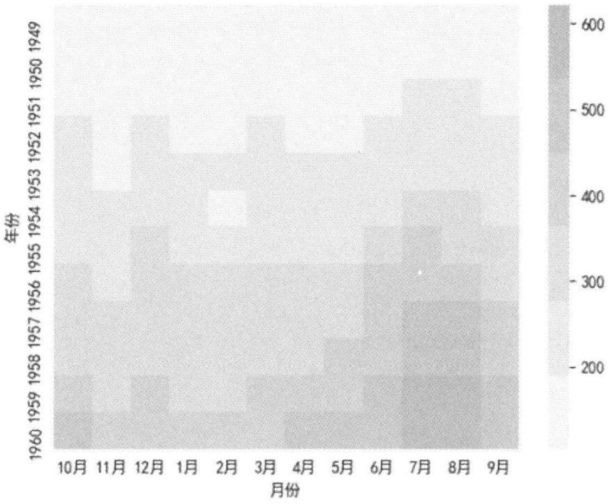


图 7-35 light_palette() 效果

## 分析：

如果想要对热力图使用连续调色板，首先需使用 sns.light_palette()，这会返回一个值，然后我们需要在 heatmap() 函数中将 cmap 这个参数的值设置为该返回值，这样才会生效。

对于这个例子来说，下面 2 种形式是等价的。

```
# 形式1
palette = sns.light_palette("skyblue")

# 形式2
palette = sns.light_palette(color="skyblue")
```

我们还可以使用 reverse=True 来将连续调色板的颜色反向显示。修改“# 定义调色板”部分的代码如下，效果如图 7-36 所示。

```
palette = sns.light_palette("skyblue", reverse=True)
```

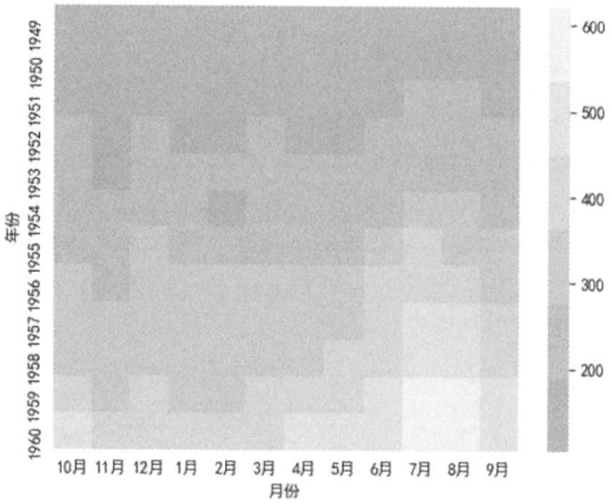


图7-36 反向显示

## 举例：dark_palette()

```
import pandas as pd
import matplotlib.pyplot as plt
import seaborn as sns

# 设置
sns.set_style("darkgrid")
sns.set_style({"font.sans-serif": "SimHei"})

# 定义调色板
palette = sns.dark_palette("skyblue")

# 读取数据
df = pd.read_csv(r"data/flight.csv")
# 调整行列（透视表）
df = df.pivot_table(index="年份", columns="月份", values="人数")
# 绘制图表
sns.heatmap(data=df, cmap=palette)

# 显示
plt.show()
```

运行之后，效果如图7-37所示。

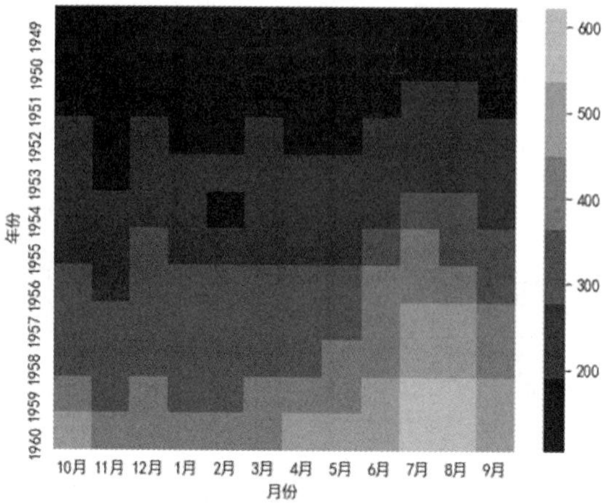


图7-37 dark_palette() 效果

### 分析：

同样，我们可以使用 reverse=True 来将连续调色板的颜色反向显示。修改“# 定义调色板”部分的代码如下，效果如图 7-38 所示。

```
palette = sns.dark_palette("skyblue", reverse=True)
```

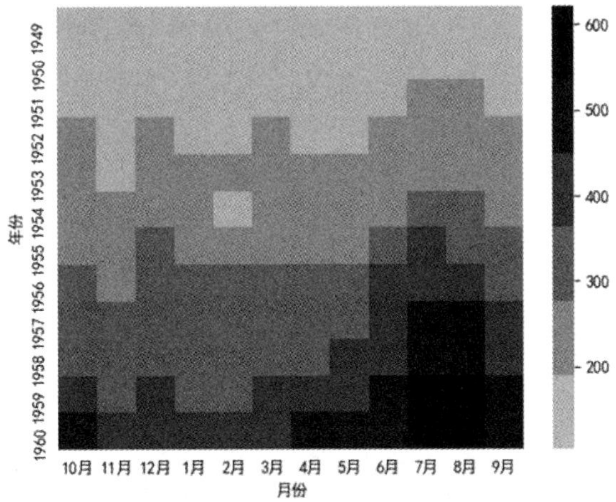


图 7-38 反向显示

## 7.6 内置数据集

学习数据分析或数据可视化时，通常最令我们头疼的事情莫过于不知道在哪里可以找到能用于练习的数据集。Seaborn 自带一些经典的数据集，可方便我们进行基本的图表绘制。在联网状态下，我们可以通过 load_dataset() 函数来获取数据集，首次下载之后其会被缓存到本地计算机中。

### 语法：

```
sns.load_dataset(name)
```

### 说明：

name 是数据集的文件名，load_dataset() 函数会返回一个 DataFrame。对于 Seaborn 来说，它内置了 10 多个数据集，其中常用的数据集有 5 个，分别说明如下。

（1）flights.csv

航空数据集，该文件记录了某航空公司 1949—1960 年每个月的乘客人数。

（2）tips.csv

餐厅数据集，该文件记录了某餐厅客人的消费数据，包括总额、小费、客人信息等。

（3）penguins.csv

企鹅数据集，该文件记录了南极洲 344 只企鹅的特征信息，包括性别、体重、岛屿、嘴喙长度、嘴喙深度、鳍足长度等。

（4）titanic.csv

泰坦尼克号数据集，该文件记录了泰坦尼克号乘客的信息，包括性别、年龄、是否生存等。

（5）iris.csv

鸢尾花数据集，该文件记录了 150 个鸢尾花的特征信息，包括花萼长度、花萼宽度、花瓣长度、花瓣宽度等。

对于 Seaborn 的内置数据集，需要特别说明一点：由于这些数据集受限于网络条件，有时可能无法正常访问，因此我已经帮大家下载好了，小伙伴们在本书配套资源中即可找到，使用下面的语法就可以正常加载。

```
sns.load_dataset(name, data_home="data", cache=True)
```

其中 name 是文件名（注意不需要带扩展名），data_home 用于指定数据集所处的目录，cache=True 表示进行缓存。如果我们设置 data_home="data"，就应该把这些数据集放在当前项目下的 data 文件夹中，其项目结构如图 7-39 所示。

图 7-39　项目结构

▌ 举例：

```
import pandas as pd
import matplotlib.pyplot as plt
import seaborn as sns


# 设置
sns.set_style("darkgrid")
sns.set_style({"font.sans-serif": "SimHei"})
```

```
# 加载数据
df = sns.load_dataset("flights", data_home="data", cache=True)
df = df.pivot_table(index="year", columns="month", values="passengers")
# 绘制图表
sns.lineplot(data=df["Jan"])

# 显示
plt.show()
```

运行之后，效果如图 7-40 所示。

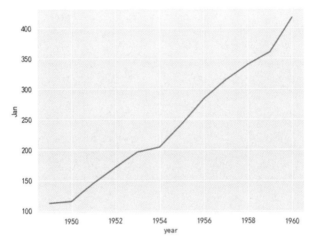

图 7-40　使用 flights.csv 绘制的折线图

# 第 3 部分
## Pyecharts 篇

# 第8章

# 基础图表

## 8.1 Pyecharts 简介

### 8.1.1 Pyecharts 是什么

之前介绍的 Matplotlib 和 Seaborn，都是使用弹框或嵌入 Jupyter Notebook 的方式来显示图表。但是在实际开发中，很多时候我们需要在网站后台实现数据可视化，此时使用 Matplotlib 和 Seaborn 就无法实现了。

在 Web 开发中，Python 里非常好用的一个可视化库是 Pyecharts，如图 8-1 所示。Pyecharts 是一个非常强大的库，除了提供丰富的图表之外，还具备强大的交互功能，并且可以结合 Flask、Django、Sanic、Tornado 等 Web 框架一起使用，非常方便。

图 8-1 Pyecharts

对于 Pyecharts，有以下 2 点需要特别说明。

▶ 对于日常工作中的可视化来说，我们首选 Seaborn 来实现。而在 Web 开发中，可选择使用 Pyecharts。

▶ Pyecharts 会不断更新版本，部分语法可能会有一些变化。不过大多数基础语法不会改变，小伙伴们不用太担心。

## 8.1.2　Pyecharts 的使用

由于 Pyecharts 是第三方库，所以我们需要手动安装后才能使用它。在终端窗口中，输入下面的命令，然后按"Enter"键就可以自动安装它。

```
pip install pyecharts
```

在实际开发中，一般推荐将 Pyecharts 和 pandas 结合使用，所以我们也要引入 pandas 库。其中 pandas 用于读取文件和处理数据，Pyecharts 用于实现数据可视化。

▼ **语法**：

```
import pandas as pd
from pyecharts.charts import 模块名
```

▼ **说明**：

Pyecharts 的所有绘图模块都是放在 charts 这个子库中的，所以我们应该通过 pyecharts.charts 来导入绘图模块。对于 Pyecharts 来说，常用的绘图模块如表 8-1 所示。

表 8-1　Pyecharts 的常用绘图模块

| 基础图表 | 绘图函数 |
| --- | --- |
| 折线图 | Line |
| 柱形图 | Bar |
| 散点图 | Scatter |
| 饼状图 | Pie |
| 箱线图 | Boxplot |
| 高级图表 | 绘图函数 |
| K 线图 | Kline |
| 水球图 | Liquid |
| 日历图 | Calendar |
| 词云图 | WordCloud |
| 地图 | Map |
| 树图 | Tree |
| 3D 柱形图 | Bar3D |

Pyecharts 提供了 30 多种图表，不过对于初学者来说，只需要认真掌握表 8-1 中介绍的这些图表，就可以走得很远了。此外需要注意的是，Pyecharts 并未提供可以绘制直方图的相关模块。

最后需要说明的是，Pyecharts 的使用还是有一些难度的，很多初学者可能不太适应。如果小伙伴们去看官方文档或者其他教程，可能会不太明白。因此在本书中，我会尽可能用简单的语言来介绍，以便让大家更快地上手。

# 8.2　折线图

## 8.2.1　基本语法

在 Pyecharts 中，我们可以使用 Line 这个模块来绘制折线图。折线图的主要作用是观察"因变量 y"随着"自变量 x"的变化而变化的趋势。

▼ **语法：**

```
line = Line()
line.add_xaxis(xaxis_data)
line.add_yaxis(series_name, y_axis)
```

▼ **说明：**

首先我们需要使用 Line() 来创建一个折线图对象 line，然后调用 add_xaxis() 方法来添加 x 轴数据，并且调用 add_yaxis() 方法来添加 y 轴数据。

对于 add_xaxis() 方法来说，参数 xaxis_data 用于定义 x 轴数据。对于 add_yaxis() 方法来说，参数 series_name 用于定义序列名，参数 y_axis 用于定义 y 轴数据。

有一点我们要非常清楚：除了特别说明之外，Pyecharts 中所有的数据都应该是列表，而不能是 Series 或 DataFrame。

▼ **举例：一条折线**

```
import pandas as pd
from pyecharts.charts import Line

# 数据
data = [
    ["1月", 450],
    ["2月", 420],
    ["3月", 560],
    ["4月", 480],
    ["5月", 530],
    ["6月", 620]
]
df = pd.DataFrame(data, columns=["月份", "上衣"])

# 绘图
line = Line()
line.add_xaxis(xaxis_data=list(df["月份"]))
line.add_yaxis(series_name="上衣", y_axis=list(df["上衣"]))

# 渲染
line.render()
```

运行之后，当前项目目录下会多一个 render.html，如图 8-2 所示。在浏览器中打开 render.html，
效果如图 8-3 所示。

图 8-2　项目结构

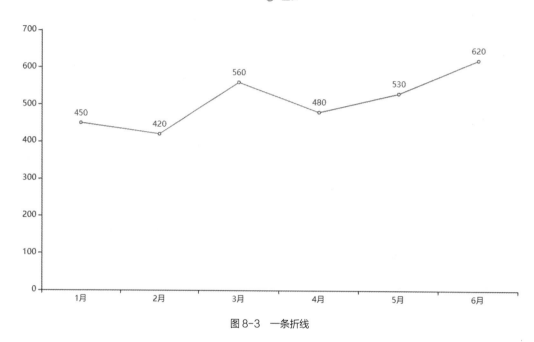

图 8-3　一条折线

### ▶ 分析：

from pyecharts.charts import Line 表示导入 Line 这个模块。Line 模块本质上是一个类，所
以 line = Line() 其实就是使用 Line 这个类来创建一个实例对象。

因为 Pyecharts 是用于 Web 开发的，所以它会把图表渲染成 HTML 文件。如果使用 VS Code
进行开发，那么可以安装一个名为"Live Server"的插件，在界面右下角可以找到一个【Go Live】
按钮，如图 8-4 所示。

图 8-4　【Go Live】按钮

我们首先打开 render.html，然后单击【Go Live】按钮，这样就可以自动使用浏览器查看

render.html 的效果，如图 8-5 所示。

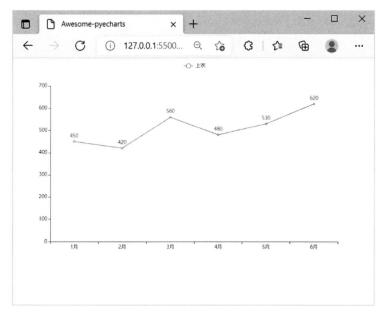

图 8-5　浏览器效果

对于 add_xaxis() 和 add_yaxis() 这两个方法来说，参数名是可以省略的，下面 2 种形式是等价的。不过在实际开发中，我们还是建议把参数名写上。

```
# 不省略参数名
line.add_xaxis(xaxis_data=list(df["月份"]))
line.add_yaxis(series_name="上衣", y_axis=list(df["上衣"]))

# 省略参数名
line.add_xaxis(list(df["月份"]))
line.add_yaxis("上衣", list(df["上衣"]))
```

由于 Pyecharts 中所有的方法都支持链式调用，所以对于这个例子来说，下面 2 种形式是等价的。

```
# 形式1：分开调用
line.add_xaxis(xaxis_data=list(df["月份"]))
line.add_yaxis(series_name="上衣", y_axis=list(df["上衣"]))
line.render()

# 形式2：链式调用
line.add_xaxis(xaxis_data=list(df["月份"])).add_yaxis(series_name="上衣", y_axis=list(df["上衣"])).render()
```

当然，当链式调用的代码比较长时，我们可以分行来显示每一个方法。不过如果是分行显示，则需要在外层加一个"()"，不加就会报错，代码如下。

```
# 分行显示
(
    line.add_xaxis(xaxis_data=list(df["月份"]))
    .add_yaxis(series_name="上衣", y_axis=list(df["上衣"]))
    .render()
)
```

需要特别说明的是：一般情况下，Pyecharts 中的数据要求是列表，而不能是 Series 或
DataFrame。某些情况下，虽然使用 Series 或 DataFrame 不会报错，但我们并不建议这样做。

那么问题来了：明明这里可以直接使用列表的方式来操作，为什么我们还要使用 pandas 来操
作呢？这不是多此一举吗？使用 pandas 有以下 2 个非常重要的原因。

- ▶ Pyecharts 并未提供能够读取文件的简单方法，而 pandas 却可以很轻松地读取文件（包
括 CSV 文件、Excel 文件等）中的数据。如果不使用 pandas，就要使用原始的方式来读
取数据，这是非常麻烦的。

- ▶ pandas 可以很轻松地获取某一列的内容，比如想要获取"衬衫"这一列，只需要使用
df[" 衬衫 "] 就可以了。由于数据要求是列表，我们再使用 list() 函数将其转换成列表就可以
了，非常简单。

Pyecharts 绘制的图表用户体验非常好，并且具备非常强大的交互功能。打开页面的时候，所
有图表都会有一个动画效果。当我们将鼠标指针移到某一个节点上时，会弹出提示框来显示该节点
的数据，如图 8-6 所示。

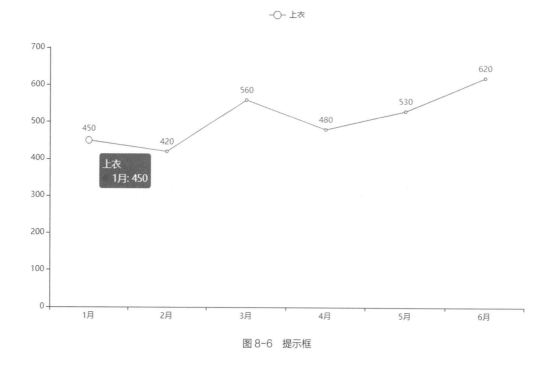

图 8-6　提示框

提示框由 2 个部分组成：第 1 行是描述文本，第 2 行是数据信息。对于 add_yaxis() 方法
来说，参数 series_name 用于定义序列名。这个序列名指的就是提示框中第 1 行的描述文本以
及图例内容，如图 8-7 所示。如果修改 series_name 的值，那么这 2 个地方会同时被修改。

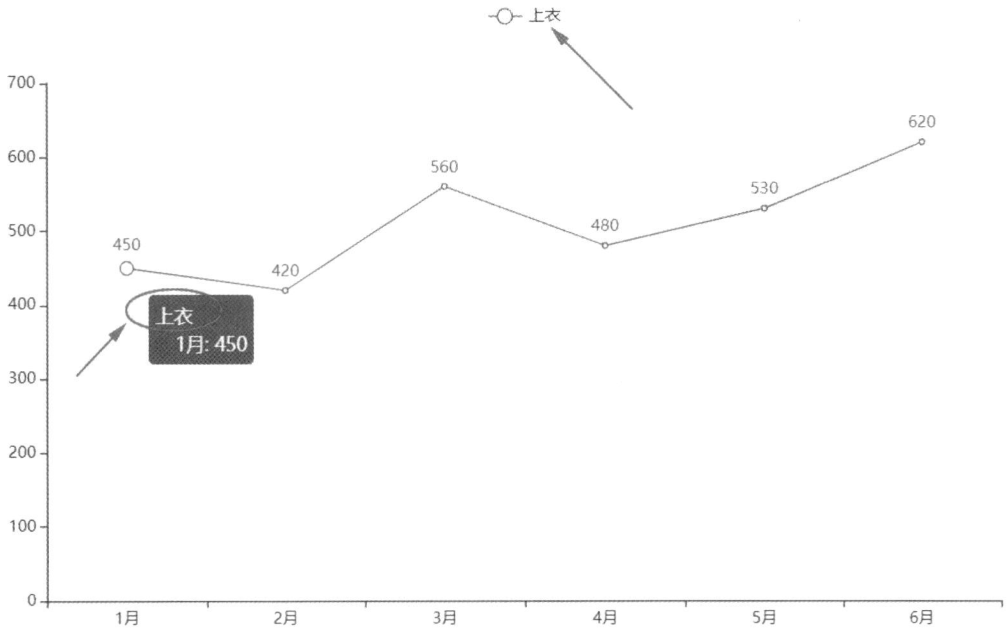


图 8-7 定义序列名

## 举例：多条折线

```
import pandas as pd
from pyecharts.charts import Line

# 数据
data = [
    ["1月", 450, 110],
    ["2月", 420, 220],
    ["3月", 560, 150],
    ["4月", 480, 310],
    ["5月", 530, 250],
    ["6月", 620, 160]
]
df = pd.DataFrame(data, columns=["月份", "上衣", "裤子"])

# 绘图
line = Line()
line.add_xaxis(xaxis_data=list(df["月份"]))
# 第1条折线
line.add_yaxis(series_name="上衣", y_axis=list(df["上衣"]))
# 第2条折线
line.add_yaxis(series_name="裤子", y_axis=list(df["裤子"]))

# 渲染
line.render()
```

运行后生成 render.html，在浏览器中打开，效果如图 8-8 所示。

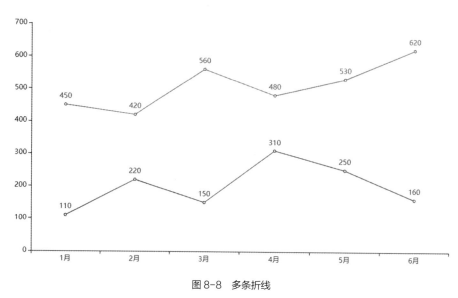

图8-8　多条折线

### ▶ 分析：

由于这 2 条折线共享 x 轴数据，也就是说它们的 x 轴数据是一样的，所以这里只需要调用一次 add_xaxis() 方法就可以了。而 add_yaxis() 方法用于设置 y 轴数据，由于这里有 2 条折线，所以需要调用 2 次。当然，如果有多条折线，就需要调用多次 add_yaxis() 方法。

### ▶ 举例：x 轴数据要求是一个字符串

```
import pandas as pd
from pyecharts.charts import Line

# 数据
data = [
    [1, 450],
    [2, 420],
    [3, 560],
    [4, 480],
    [5, 530],
    [6, 620]
]
df = pd.DataFrame(data, columns=["月份", "上衣"])

# 绘图
line = Line()
line.add_xaxis(xaxis_data=list(df["月份"]))
line.add_yaxis(series_name="上衣", y_axis=list(df["上衣"]))

# 渲染
line.render()
```

运行后生成 render.html，在浏览器中打开，效果如图 8-9 所示。

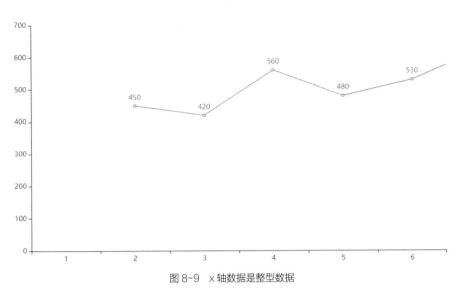

图 8-9　x轴数据是整型数据

## ▼ 分析：

这里绘制出的图 8-9 所示的折线图的效果比较奇怪，当 x 轴坐标为 2 时，对应的 y 轴坐标应该是 420，而不是 450（x 轴坐标为 1 时才是 450）。很明显，这里的坐标数据并没有正确对应，而是整体向右偏移了 1 个单位。为什么会出现这种情况呢？

这是因为 Pyecharts 中要求 x 轴数据是字符串，而不能是其他类型的数据。如果是其他类型的数据，就可能会出现坐标数据不对应的情况。至于 Pyecharts 为什么要这样要求，小伙伴们不必纠结太多，只需要遵守语法规定就可以了。

对于这个例子来说，我们可以使用 DataFrame 的 astype() 方法来将 df[" 月份 "] 这一列数据修改成字符串型。修改 "# 绘图" 部分第 2 行的代码如下，再次运行后的效果如图 8-10 所示。

```
line.add_xaxis(xaxis_data=list(df["月份"].astype("str")))
```

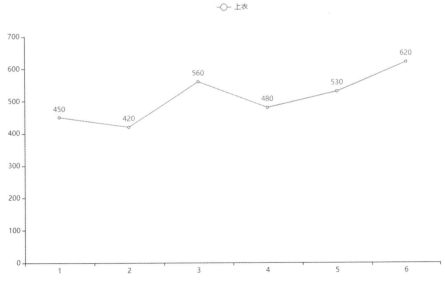

图 8-10　x轴数据是字符串型数据（修改代码后）

小伙伴们一定要记住一点：Pyecharts 的大多数图表要求 x 轴数据是字符串型数据，而不能是整型或浮点型数据。

## 8.2.2　样式定义

在 Pyecharts 中，我们还可以对折线图进行样式自定义，主要包括 3 个方面的内容：① 平滑线；② 线条样式；③ 面积图。

### ▌ 举例：平滑线

```
import pandas as pd
from pyecharts.charts import Line

# 数据
data = [
    ["1月", 450, 110],
    ["2月", 420, 220],
    ["3月", 560, 150],
    ["4月", 480, 310],
    ["5月", 530, 250],
    ["6月", 620, 160]
]
df = pd.DataFrame(data, columns=["月份", "上衣", "裤子"])

# 绘图
line = Line()
line.add_xaxis(xaxis_data=list(df["月份"]))
# 第1条平滑线
line.add_yaxis(series_name="上衣", y_axis=list(df["上衣"]), is_smooth=True)
# 第2条平滑线
line.add_yaxis(series_name="裤子", y_axis=list(df["裤子"]), is_smooth=True)

# 渲染
line.render()
```

运行后生成 render.html，在浏览器中打开，效果如图 8-11 所示。

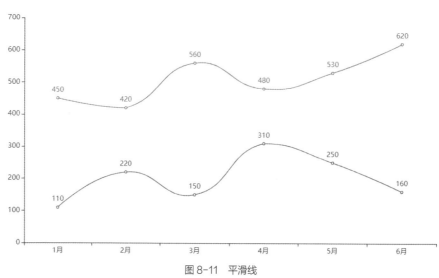

图 8-11　平滑线

## ◤ 分析：

对于折线图来说，我们可以使用 add_yaxis() 方法的 is_smooth 参数来定义线条为平滑线。当 is_smooth=True 时，线条为平滑线；当 is_smooth=False 时，线条为直线。is_smooth 的默认值为 False。

## ◤ 举例：线条样式

```python
import pandas as pd
from pyecharts.charts import Line
import pyecharts.options as opts

# 数据
data = [
    ["1月", 450, 110],
    ["2月", 420, 220],
    ["3月", 560, 150],
    ["4月", 480, 310],
    ["5月", 530, 250],
    ["6月", 620, 160]
]
df = pd.DataFrame(data, columns=["月份", "上衣", "裤子"])

# 绘图
line = Line()
line.add_xaxis(xaxis_data=list(df["月份"]))
# 第1条折线
line.add_yaxis(
    series_name="上衣",
    y_axis=list(df["上衣"]),
    linestyle_opts=opts.LineStyleOpts(type_="dashed")
)
# 第2条折线
line.add_yaxis(
    series_name="裤子",
    y_axis=list(df["裤子"]),
    linestyle_opts=opts.LineStyleOpts(type_="dotted")
)

# 渲染
line.render()
```

运行后生成 render.html，在浏览器中打开，效果如图 8-12 所示。

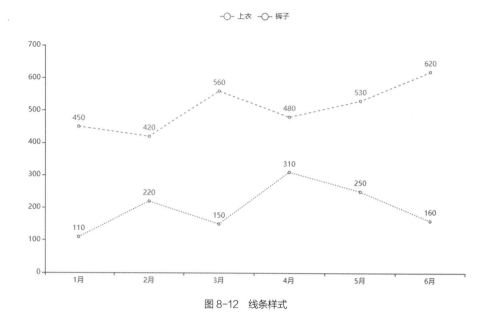

图 8-12　线条样式

### ▶ 分析：

如果想要改变线条的样式，我们可以使用 add_yaxis() 方法的 linestyle_opts 参数来实现。需要注意的是，linestyle_opts 参数的取值比较特殊，它的取值是 pyecharts.options 模块下的一个方法的返回值。所以我们首先需要使用 import pyecharts.options as opts 来导入 pyecharts.options。

当 linestyle_opts 的取值为 opts.LineStyleOpts(type_="dashed") 时，表示定义线条为虚线；当 linestyle_opts 的取值为 opts.LineStyleOpts(type_="dotted") 时，表示定义线条为点线。可能很多初学这些内容的小伙伴会觉得这种语法形状非常奇怪，为什么不直接定义成 linestyle_opts="dashed"，而是定义成 linestyle_opts= opts.LineStyleOpts(type_="dashed") 呢？

语法是官方规定的，我们只需要遵循规则就可以了。就像红绿灯的规则一样，我们没必要纠结为什么是"绿灯走红灯停"，而不是"绿灯停红灯走"。像上面这种语法形式，后面会经常出现，小伙伴们多接触几次就习惯了。

### ▶ 举例：面积图

```
import pandas as pd
from pyecharts.charts import Line
import pyecharts.options as opts

# 数据
data = [
    ["1月", 450, 110],
    ["2月", 420, 220],
    ["3月", 560, 150],
    ["4月", 480, 310],
    ["5月", 530, 250],
    ["6月", 620, 160]
```

```
]
df = pd.DataFrame(data, columns=["月份", "上衣", "裤子"])

# 绘图
line = Line()
line.add_xaxis(xaxis_data=list(df["月份"]))
# 第1条折线
line.add_yaxis(
    series_name="上衣",
    y_axis=list(df["上衣"]),
    areastyle_opts=opts.AreaStyleOpts(opacity=0.5)
)
# 第2条折线
line.add_yaxis(
    series_name="裤子",
    y_axis=list(df["裤子"]),
    areastyle_opts=opts.AreaStyleOpts(opacity=0.5)
)

# 渲染
line.render()
```

运行后生成 render.html，在浏览器中打开，效果如图 8-13 所示。

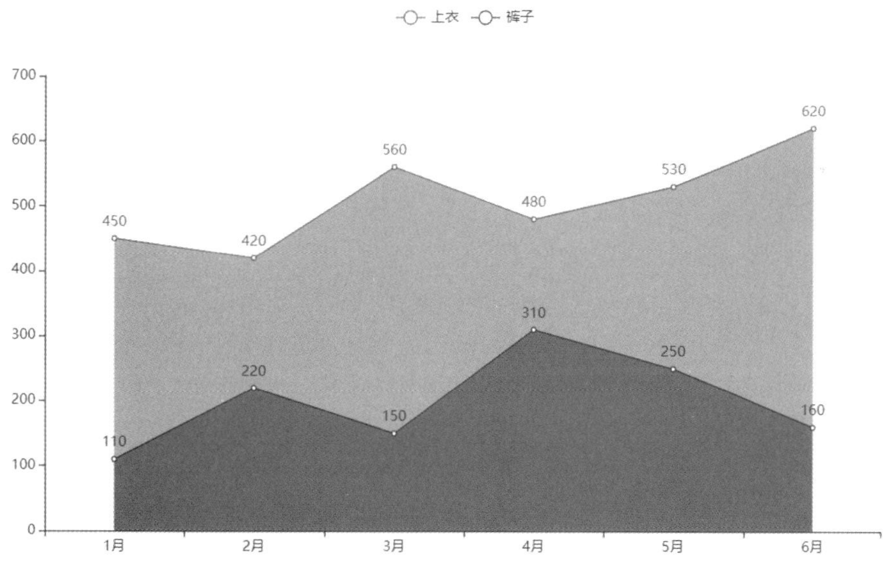


图 8-13 面积图

### ◤ 分析：

如果想要使用面积图来表示，我们可以使用 add_yaxis() 方法的 areastyle_opts 参数来实现。areastyle_opts 和 linestyle_opts 一样，也需要使用 import pyecharts.options as opts 导入 pyecharts.options 这个模块。

对于自定义样式，有以下非常重要的 2 点需要说明。

▸ 对于绝大多数图表的自定义样式，我们都是使用 add_yaxis() 方法提供的参数来实现的，
而不是使用其他方法。

▸ 如果参数名是"xxx_opts"这种形式的，那么该参数的取值肯定是 pyecharts.options
下的一个属性或方法的返回值。

## 8.3　柱形图

### 8.3.1　基本语法

在 Pyecharts 中，我们可以使用 Bar 这个模块来绘制柱形图。柱形图的主要作用是展示数据
的大小。

▰ **语法：**

```
bar = Bar()
bar.add_xaxis(xaxis_data)
bar.add_yaxis(series_name, y_axis)
```

▰ **说明：**

柱形图和折线图的语法是相似的，首先使用 Bar() 创建一个柱形图对象 bar，然后调用该对象
下面的 add_xaxis() 方法来添加 x 轴数据，以及调用 add_yaxis() 方法来添加 y 轴数据。

▰ **举例：一种柱条**

```
import pandas as pd
from pyecharts.charts import Bar

# 数据
data = [
    ["1月", 450],
    ["2月", 420],
    ["3月", 560],
    ["4月", 480],
    ["5月", 530],
    ["6月", 620]
]
df = pd.DataFrame(data, columns=["月份", "上衣"])

# 绘图
bar = Bar()
bar.add_xaxis(xaxis_data=list(df["月份"]))
bar.add_yaxis(series_name="上衣", y_axis=list(df["上衣"]))

# 渲染
bar.render()
```

运行后生成 render.html，在浏览器中打开，效果如图 8-14 所示。

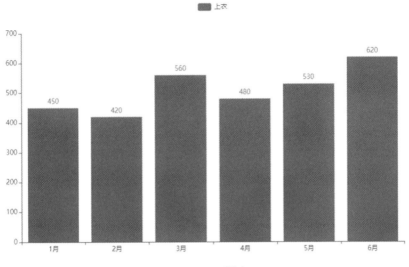

图8-14　一种柱条

## ▶ 分析：

对于这个例子来说，下面2种形式是等价的。

```
# 形式1：分开调用
bar.add_xaxis(xaxis_data=list(df["月份"]))
bar.add_yaxis(series_name="上衣", y_axis=list(df["上衣"]))
bar.render()
```

```
# 形式2：链式调用
bar.add_xaxis(xaxis_data=list(df["月份"])).add_yaxis(series_name="上衣", y_axis=list(df["上衣"])).render()
```

## ▶ 举例：多种柱条

```
import pandas as pd
from pyecharts.charts import Bar

# 数据
data = [
    ["1月", 450, 110],
    ["2月", 420, 220],
    ["3月", 560, 150],
    ["4月", 480, 310],
    ["5月", 530, 250],
    ["6月", 620, 160]
]
df = pd.DataFrame(data, columns=["月份", "上衣", "裤子"])

# 绘图
bar = Bar()
bar.add_xaxis(xaxis_data=list(df["月份"]))
# 第1种柱条
```

```
bar.add_yaxis(series_name="上衣", y_axis=list(df["上衣"]))
# 第2种柱条
bar.add_yaxis(series_name="裤子", y_axis=list(df["裤子"]))
```

```
# 渲染
bar.render()
```

运行后生成 render.html，在浏览器中打开，效果如图 8-15 所示。

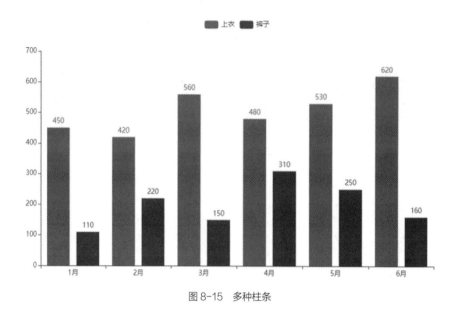

图 8-15　多种柱条

### ▐ 分析：

由于这两种柱条共享 x 轴数据，也就是说它们的 x 轴数据是一样的，所以我们只需要调用一次
add_xaxis() 方法就可以了。然后有多少种柱条，就调用多少次 add_yaxis() 方法。

## 8.3.2　高级绘图

在实际开发中，柱形图的使用频率比较高。某些情况下，基本的柱形图并不能满足实际需求，
所以我们还要掌握一些高级柱形图的绘制方法。高级柱形图主要包括以下 2 种。

▸ 横向柱形图（条形图）。

▸ 堆叠柱形图。

### 1. 横向柱形图（条形图）

条形图可以看成横的柱形图。在 Pyecharts 中，我们可以使用 reversal_axis() 方法来改变
柱形图的方向，从而实现横向柱形图（条形图）。

### ▐ 语法：

```
bar.reversal_axis()
```

### ▌ 说明：

bar 是一个柱形图对象，reversal_axis() 方法不需要参数。

### ▌ 举例：

```python
import pandas as pd
from pyecharts.charts import Bar

# 数据
data = [
    ["1月", 450, 110],
    ["2月", 420, 220],
    ["3月", 560, 150],
    ["4月", 480, 310],
    ["5月", 530, 250],
    ["6月", 620, 160]
]
df = pd.DataFrame(data, columns=["月份", "上衣", "裤子"])

# 绘图
bar = Bar()
bar.add_xaxis(xaxis_data=list(df["月份"]))
# 第1种柱条
bar.add_yaxis(series_name="上衣", y_axis=list(df["上衣"]))
# 第2种柱条
bar.add_yaxis(series_name="裤子", y_axis=list(df["裤子"]))
# 改变方向
bar.reversal_axis()

# 渲染
bar.render()
```

运行后生成 render.html，在浏览器中打开，效果如图 8-16 所示。

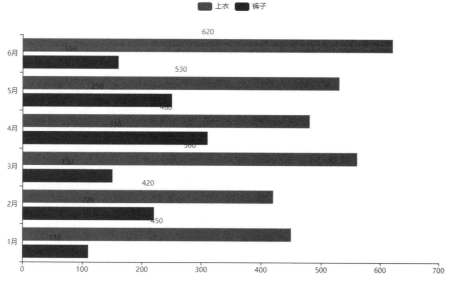

图 8-16　横向柱形图（条形图）

### ▼ 分析：

reversal_axis() 方法会将 x 轴和 y 轴调换，这样柱形图就变成了横向柱形图（条形图）。

### 2. 堆叠柱形图

在 Pyecharts 中，我们可以使用 add_yaxis() 方法的 stack 参数来实现堆叠柱形图。stack 的取值是布尔值，默认值为 False。

### ▼ 举例：

```python
import pandas as pd
from pyecharts.charts import Bar

# 数据
data = [
    ["1月", 450, 110],
    ["2月", 420, 220],
    ["3月", 560, 150],
    ["4月", 480, 310],
    ["5月", 530, 250],
    ["6月", 620, 160]
]
df = pd.DataFrame(data, columns=["月份", "上衣", "裤子"])

# 绘图
bar = Bar()
bar.add_xaxis(xaxis_data=list(df["月份"]))
# 第1种柱条
bar.add_yaxis(series_name="上衣", y_axis=list(df["上衣"]), stack=True)
# 第2种柱条
bar.add_yaxis(series_name="裤子", y_axis=list(df["裤子"]), stack=True)

# 渲染
bar.render()
```

运行后生成 render.html，在浏览器中打开，效果如图 8-17 所示。

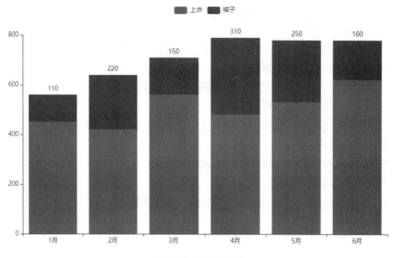

图 8-17　堆叠柱形图

## ▶ 分析：

实现堆叠柱形图很简单，只需要将 stack 参数的值设置为 True 就可以了。对于这个例子来说，"裤子"在"上衣"的上方，如果想要改变两者的位置，我们只需要改变两个 add_yaxis() 方法的先后顺序即可。

细心的小伙伴可能会发现，这个例子的动画效果并不是很好，我们可以在 Bar() 中对 init_opts 参数进行设置来关闭动画。对于下面这一句代码，小伙伴们看不懂没关系，8.4 节中会详细介绍。

```
# 关闭动画
bar = Bar(init_opts = opts.InitOpts(animation_opts=opts.AnimationOpts(animation=False)))
```

## 8.4　通用设置

通用设置不仅可以用于折线图和柱形图，还可以用于其他大多数图表。Pyecharts 的通用设置分为 3 种：① 全局设置；② 序列设置；③ 其他设置。

其中全局设置针对的是所有图表，而序列设置针对的是部分图表。不管是进行全局设置，还是序列设置，我们都需要导入 pyecharts.options 这个模块。

本节的内容非常重要，可以说是整个 Pyecharts 部分的重点，后面我们也会经常用到这些设置，所以小伙伴们一定要把每一种设置的语法都理解清楚。

### 8.4.1　全局设置

在 Pyecharts 中，我们可以使用 set_global_opts() 方法来进行全局设置，涉及的对象包括标题、图例、坐标轴、提示框等。

## ▶ 语法：

```
obj.set_global_opts()
```

## ▶ 说明：

obj 是一个图表对象。set_global_opts() 方法的参数有很多，常用的如表 8-2 所示。

表 8-2　set_global_opts() 的常用参数

| 参数 | 说明 |
|---|---|
| title_opts | 标题设置 |
| legend_opts | 图例设置 |
| xaxis_opts、yaxis_opts | 坐标轴设置 |
| tooltip_opts | 提示框设置 |
| datazoom_opts | 区域缩放设置 |

### 1. 标题设置

在 Pyecharts 中，我们可以使用 set_global_opts() 方法的 title_opts 参数来对标题进行设置。

▌ **语法**：

```
obj.set_global_opts(title_opts=opts.TitleOpts(title, subtitle))
```

▌ **说明**：

obj 是一个图表对象。参数 title 用于定义主标题，参数 subtitle 用于定义副标题。

▌ **举例**：

```python
import pandas as pd
from pyecharts.charts import Line
import pyecharts.options as opts

# 数据
data = [
    ["1月", 450, 110],
    ["2月", 420, 220],
    ["3月", 560, 150],
    ["4月", 480, 310],
    ["5月", 530, 250],
    ["6月", 620, 160]
]
df = pd.DataFrame(data, columns=["月份", "上衣", "裤子"])

# 绘图
line = Line()
line.add_xaxis(xaxis_data=list(df["月份"]))
# 第1条折线
line.add_yaxis(series_name="上衣", y_axis=list(df["上衣"]))
# 第2条折线
line.add_yaxis(series_name="裤子", y_axis=list(df["裤子"]))
# 设置标题
line.set_global_opts(title_opts=opts.TitleOpts(title="上半年销量折线图"))

# 渲染
line.render()
```

运行后生成 render.html，在浏览器中打开，效果如图 8-18 所示。

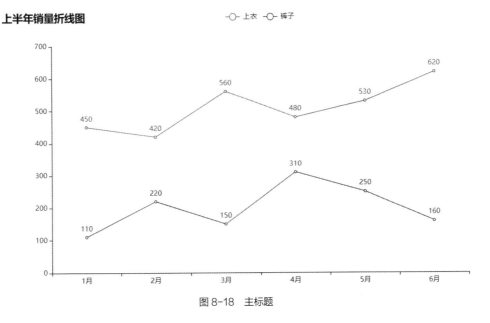

图 8-18 主标题

### ▶ 分析：

参数 title 用于定义主标题，如果想要增加一个副标题，我们可以使用参数 subtitle 来实现。修改"设置标题"部分的代码如下，再次运行的效果如图 8-19 所示。

```
line.set_global_opts(title_opts=opts.TitleOpts(
    title="上半年销量折线图",
    subtitle="这是一个副标题"
))
```

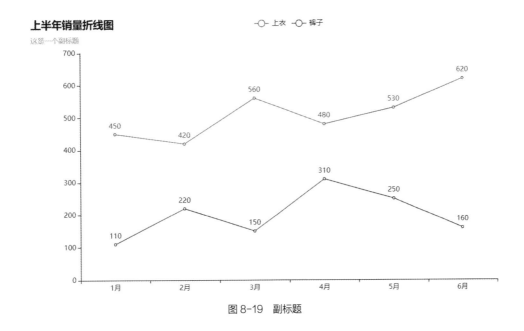

图 8-19 副标题

## 2. 图例设置

在 Pyecharts 中，我们可以使用 set_global_opts() 方法的 legend_opts 参数来对图例进行设置。

▶ **语法**：

```
obj.set_global_opts(legend_opts=opts.LegendOpts(pos_left, orient))
```

▶ **说明**：

obj 是一个图表对象。参数 pos_left 用于定义图例的整体位置，常用的取值如表 8-3 所示。

表 8-3 参数 pos_left 的常用取值

| 取值 | 说明 |
| --- | --- |
| center（默认值） | 中间 |
| left | 左边 |
| right | 右边 |

参数 orient 用于定义图例的排列方向，常用的取值如表 8-4 所示。

表 8-4 参数 orient 常用的取值

| 取值 | 说明 |
| --- | --- |
| horizontal（默认值） | 水平排列 |
| vertical | 垂直排列 |

▶ **举例**：

```
import pandas as pd
from pyecharts.charts import Line
import pyecharts.options as opts

# 数据
data = [
    ["1月", 450, 110],
    ["2月", 420, 220],
    ["3月", 560, 150],
    ["4月", 480, 310],
    ["5月", 530, 250],
    ["6月", 620, 160]
]
df = pd.DataFrame(data, columns=["月份", "上衣", "裤子"])

# 绘图
line = Line()
line.add_xaxis(xaxis_data=list(df["月份"]))
# 第1条折线
line.add_yaxis(series_name="上衣", y_axis=list(df["上衣"]))
# 第2条折线
```

```
line.add_yaxis(series_name="裤子", y_axis=list(df["裤子"]))
# 设置图例
line.set_global_opts(legend_opts=opts.LegendOpts(pos_left="left", orient="vertical"))

# 渲染
line.render()
```

运行后生成 render.html，在浏览器中打开，效果如图 8-20 所示。

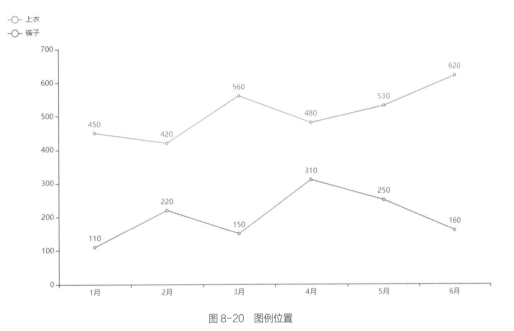

图 8-20　图例位置

▶ **分析：**

pos_left="left" 表示将图例放在图表的左边，orient="vertical" 表示将图例垂直排列。小伙伴们可以自行试一下 pos_left 和 orient 这两个参数的各种取值，看看效果是怎样的。

### 3. 坐标轴设置

在 Pyecharts 中，我们可以使用 set_global_opts() 方法的 xaxis_opts 和 yaxis_opts 这 2 个参数来对坐标轴进行各种设置。

▶ **语法：**

```
obj.set_global_opts(
    xaxis_opts=opts.AxisOpts(),
    yaxis_opts=opts.AxisOpts()
)
```

▶ **说明：**

xaxis_opts 和 yaxis_opts 这 2 个参数都是可选的。坐标轴设置主要包含 2 个方面的内容：
① 添加分割线；② 添加分割区域。

### ▌ 举例：添加分割线

```
import pandas as pd
from pyecharts.charts import Line
import pyecharts.options as opts

# 数据
data = [
    ["1月", 450, 110],
    ["2月", 420, 220],
    ["3月", 560, 150],
    ["4月", 480, 310],
    ["5月", 530, 250],
    ["6月", 620, 160]
]
df = pd.DataFrame(data, columns=["月份", "上衣", "裤子"])

# 绘图
line = Line()
line.add_xaxis(xaxis_data=list(df["月份"]))
# 第1条折线
line.add_yaxis(series_name="上衣", y_axis=list(df["上衣"]))
# 第2条折线
line.add_yaxis(series_name="裤子", y_axis=list(df["裤子"]))
# 添加分割线
line.set_global_opts(
    xaxis_opts=opts.AxisOpts(splitline_opts=opts.SplitLineOpts(is_show=True))
)

# 渲染
line.render()
```

运行后生成 render.html，在浏览器中打开，效果如图 8-21 所示。

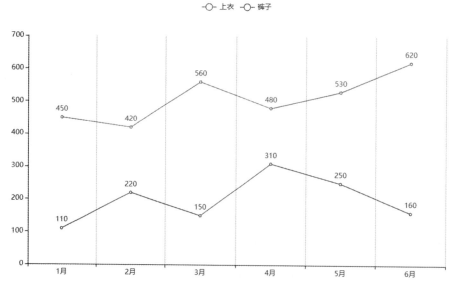

图 8-21　只设置 xaxis_opts 的效果

## ▚ 分析：

当我们将 xaxis_opts 改为 yaxis_opts 时，效果如图 8-22 所示。如果 xaxis_opts 和 yaxis_opts 同时存在，效果如图 8-23 所示。

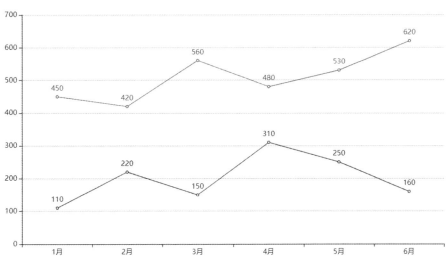

图 8-22　只设置 yaxis_opts 的效果

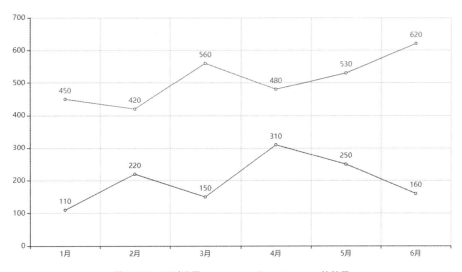

图 8-23　同时设置 xaxis_opts 和 yaxis_opts 的效果

## ▚ 举例：添加分割区域

```python
import pandas as pd
from pyecharts.charts import Line
import pyecharts.options as opts


# 数据
```

```
data = [
    ["1月", 450, 110],
    ["2月", 420, 220],
    ["3月", 560, 150],
    ["4月", 480, 310],
    ["5月", 530, 250],
    ["6月", 620, 160]
]
df = pd.DataFrame(data, columns=["月份", "上衣", "裤子"])

# 绘图
line = Line()
line.add_xaxis(xaxis_data=list(df["月份"]))
# 第1条折线
line.add_yaxis(series_name="上衣", y_axis=list(df["上衣"]))
# 第2条折线
line.add_yaxis(series_name="裤子", y_axis=list(df["裤子"]))
# 添加分割区域
line.set_global_opts(
    xaxis_opts=opts.AxisOpts(
        is_scale=True,
        splitarea_opts=opts.SplitAreaOpts(
            is_show=True,
            areastyle_opts=opts.AreaStyleOpts(opacity=1)
        )
    )
)

# 渲染
line.render()
```

运行后生成 render.html，在浏览器中打开，效果如图 8-24 所示。

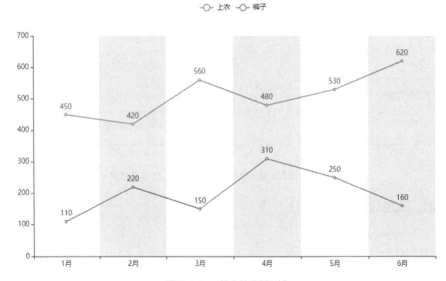

图 8-24　x 轴上的分割区域

▶ **分析：**

```
line.set_global_opts(
    xaxis_opts=opts.AxisOpts(
        is_scale=True,
        splitarea_opts=opts.SplitAreaOpts(
            is_show=True,
            areastyle_opts=opts.AreaStyleOpts(opacity=1)
        )
    )
)
```

上面这一段代码用于添加 x 轴上的分割区域。这段代码比较长，小伙伴们不需要记忆，等需要用的时候，回到这里查看一下就可以了。对于 Pyecharts 的各种配置，小伙伴们都不需要专门记忆，但一定要认真理解。

对于这个例子来说，当我们把 xaxis_opts 换成 yaxis_opts 之后，效果如图 8-25 所示。

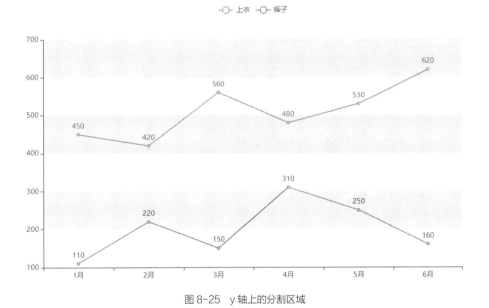

图 8-25　y 轴上的分割区域

## 4. 提示框设置

在 Pyecharts 中，我们可以使用 set_global_opts() 方法的 tooltip_opts 参数来对提示框进行设置。

▶ **语法：**

```
objs.set_global_opts(tooltip_opts=opts.TooltipOpts(
    is_show,
    is_always_show_content,
    trigger,
    trigger_on
))
```

▛ 说明：

objs 是一个图表对象。参数 is_show 用于定义是否显示提示框，取值是布尔值（默认值为 True）。参数 is_always_show_content 用于定义是否一直显示提示框，取值是布尔值（默认值为 False）。

参数 trigger 用于定义触发的类型，常用的取值如表 8-5 所示。

表 8-5　参数 trigger 的常用取值

| 取值 | 说明 |
| --- | --- |
| item | 图形触发，用于散点图、饼状图等无类目轴的图表 |
| axis | 坐标轴触发，用于折线图、柱形图等有类目轴的图表 |
| none（默认值） | 什么都不触发 |

参数 trigger_on 用于定义触发的条件，常用的取值如表 8-6 所示。

表 8-6　参数 trigger_on 的常用取值

| 取值 | 说明 |
| --- | --- |
| mousemove（默认值） | 鼠标指针移动时触发 |
| click | 单击鼠标时触发 |
| mousemove\|click | 鼠标指针移动或单击鼠标时都会触发 |
| none | 什么都不触发 |

▛ 举例：is_always_show_content 参数

```python
import pandas as pd
from pyecharts.charts import Line
import pyecharts.options as opts

# 数据
data = [
    ["1月", 450, 110],
    ["2月", 420, 220],
    ["3月", 560, 150],
    ["4月", 480, 310],
    ["5月", 530, 250],
    ["6月", 620, 160]
]
df = pd.DataFrame(data, columns=["月份", "上衣", "裤子"])

# 绘图
line = Line()
line.add_xaxis(xaxis_data=list(df["月份"]))
# 第1条折线
line.add_yaxis(series_name="上衣", y_axis=list(df["上衣"]))
# 第2条折线
line.add_yaxis(series_name="裤子", y_axis=list(df["裤子"]))
# 设置提示框
line.set_global_opts(tooltip_opts=opts.TooltipOpts(is_always_show_content=True))
```

```
# 渲染
line.render()
```

运行后生成 render.html，在浏览器中打开，效果如图 8-26 所示。当鼠标指针移到“1 月”这个节点上时，浏览器效果如图 8-27 所示。

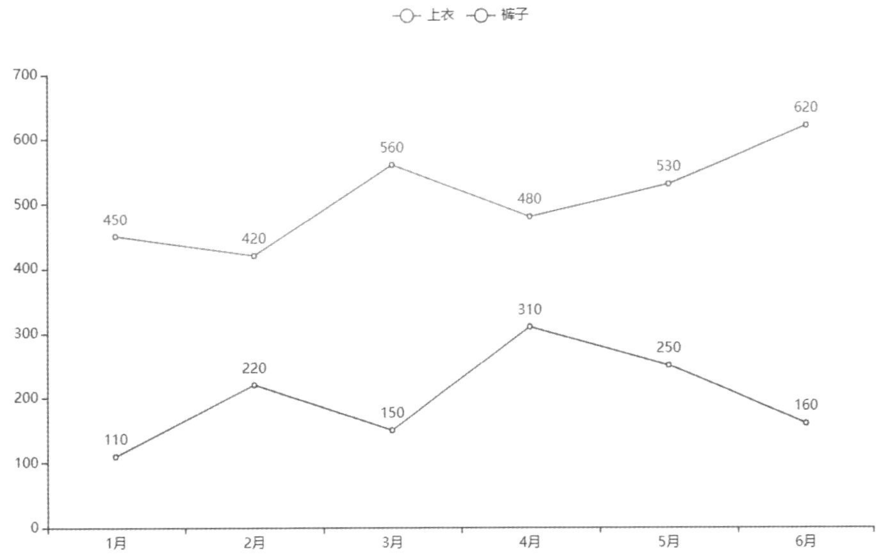


图 8-26 默认效果

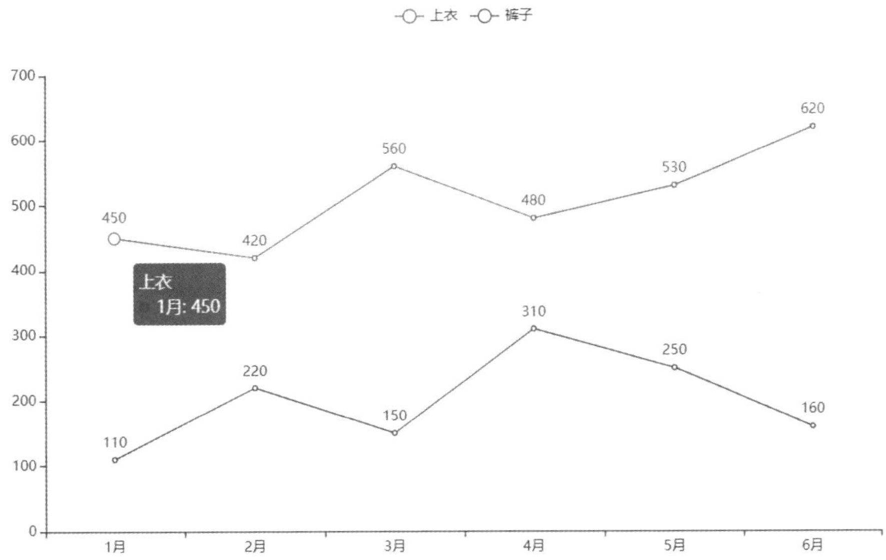


图 8-27 鼠标指针移动效果

## ◤ 分析：

is_always_show_content=True 表示当鼠标指针移到节点上时，该节点对应的提示框会一直显示而不会消失。此外，小伙伴们可以自行试一下 is_show 这个参数。

### ▌ 举例：trigger 参数

```
import pandas as pd
from pyecharts.charts import Line
import pyecharts.options as opts

# 数据
data = [
    ["1月", 450, 110],
    ["2月", 420, 220],
    ["3月", 560, 150],
    ["4月", 480, 310],
    ["5月", 530, 250],
    ["6月", 620, 160]
]
df = pd.DataFrame(data, columns=["月份", "上衣", "裤子"])

# 绘图
line = Line()
line.add_xaxis(xaxis_data=list(df["月份"]))
# 第1条折线
line.add_yaxis(series_name="上衣", y_axis=list(df["上衣"]))
# 第2条折线
line.add_yaxis(series_name="裤子", y_axis=list(df["裤子"]))
# 设置提示框
line.set_global_opts(tooltip_opts=opts.TooltipOpts(trigger="axis"))

# 渲染
line.render()
```

运行后生成 render.html，在浏览器中打开，效果如图 8-28 所示。当鼠标指针移到"1 月"上时，浏览器效果如图 8-29 所示。

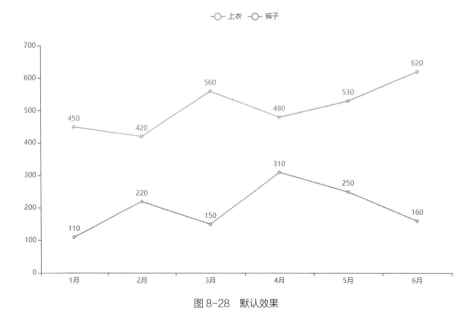

图 8-28　默认效果

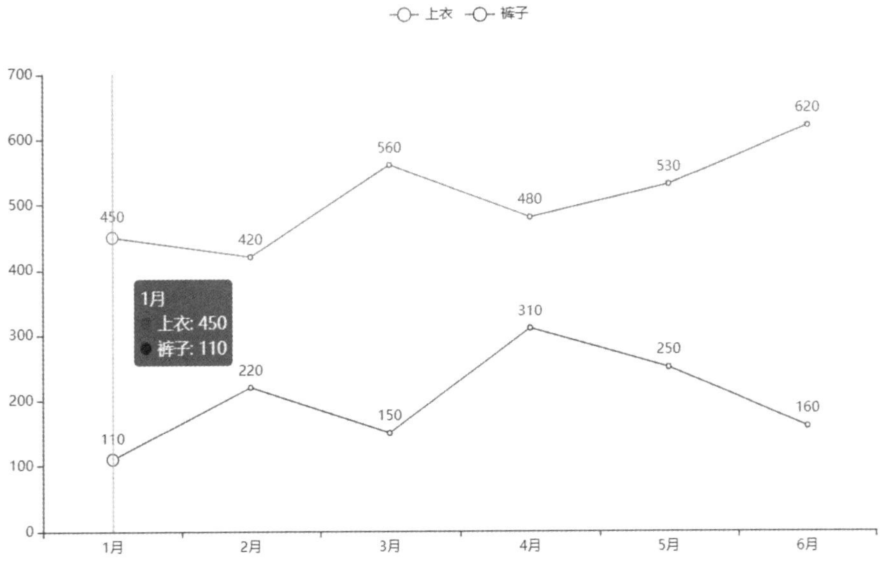


图 8-29 鼠标指针移动效果

### 分析：

对于折线图来说，我们设置 trigger="axis" 之后，当鼠标指针移到 x 轴某个坐标上时，该坐标对应的所有数据会显示出来。使用这种方式可以更好地查看坐标轴各位置对应的数据。

### 举例：trigger_on 参数

```
import pandas as pd
from pyecharts.charts import Line
import pyecharts.options as opts

# 数据
data = [
    ["1月", 450, 110],
    ["2月", 420, 220],
    ["3月", 560, 150],
    ["4月", 480, 310],
    ["5月", 530, 250],
    ["6月", 620, 160]
]
df = pd.DataFrame(data, columns=["月份", "上衣", "裤子"])

# 绘图
line = Line()
line.add_xaxis(xaxis_data=list(df["月份"]))
# 第1条折线
line.add_yaxis(series_name="上衣", y_axis=list(df["上衣"]))
# 第2条折线
line.add_yaxis(series_name="裤子", y_axis=list(df["裤子"]))
# 设置提示框
line.set_global_opts(tooltip_opts=opts.TooltipOpts(trigger_on="click"))
```

```
# 渲染
line.render()
```

运行后生成 render.html，在浏览器中打开，效果如图 8-30 所示。当鼠标指针移到"1 月"上时，并不会显示提示框。但是单击该节点后，就会显示提示框，浏览器效果如图 8-31 所示。

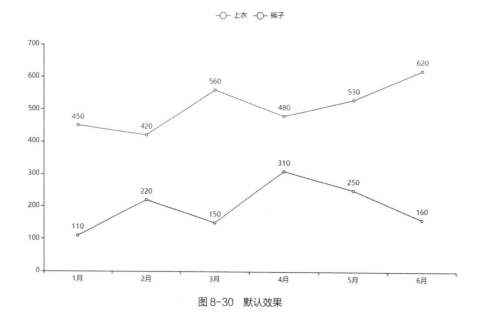

图 8-30　默认效果

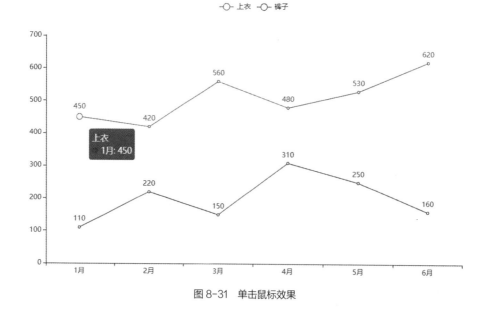

图 8-31　单击鼠标效果

## ▸ 分析：

默认情况下，鼠标指针移动到相应节点上就会显示提示框。trigger_on="click" 表示只有单击节点才会显示提示框，其他情况下不会显示提示框。

## 5. 区域缩放设置

在 Pyecharts 中，我们可以使用 set_global_opts() 方法的 datazoom_opts 参数来对图表进行区域缩放设置。

▼ **语法：**

```
obj.set_global_opts(
    datazoom_opts=[opts.DataZoomOpts(pos_bottom="-2%")]
)
```

▼ **说明：**

obj 是一个图表对象。参数 pos_bottom 用于定义滚动条的位置，一般我们使用"-2%"就可以。

▼ **举例：**

```python
import pandas as pd
from pyecharts.charts import Line
import pyecharts.options as opts

# 数据
data = [
    ["1月", 450],
    ["2月", 420],
    ["3月", 560],
    ["4月", 480],
    ["5月", 530],
    ["6月", 620],
    ["7月", 600],
    ["8月", 480],
    ["9月", 550],
    ["10月", 670],
    ["11月", 420],
    ["12月", 630]
]
df = pd.DataFrame(data, columns=["月份", "上衣"])

# 绘图
line = Line()
line.add_xaxis(xaxis_data=list(df["月份"]))
line.add_yaxis(series_name="上衣", y_axis=list(df["上衣"]))
# 设置区域缩放
line.set_global_opts(
    datazoom_opts=[opts.DataZoomOpts(pos_bottom="-2%")]
)

# 渲染
line.render()
```

运行后生成 render.html，在浏览器中打开，效果如图 8-32 所示。

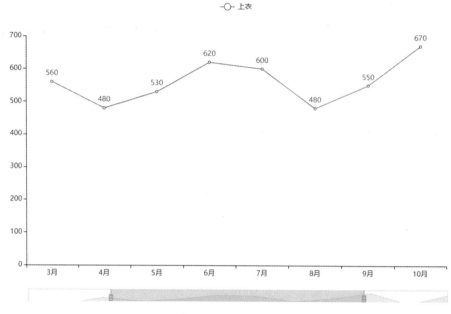

图 8-32　设置区域缩放

### ▶ 分析：

从图 8-32 可以看出，折线图下方多了一个滚动条。拖动这个滚动条，可以查看左右两边的数据。在实际开发中，如果坐标轴数据过多，我们可以使用设置区域缩放这种方式来清晰地展示更多的数据。

### 6. 初始化设置

值得单独说明的是，在 Pyecharts 中，我们可以使用绘图函数的 init_opts 参数来进行一些全局的初始化设置，包括主题风格、动画开关等的设置。

### ▶ 语法：

```
line = Line(init_opts=opts.InitOpts())
```

### ▶ 说明：

需要特别注意一点，init_opts 参数是在绘图函数中使用的，而不是在 set_global_opts() 方法中使用的。

### ▶ 举例：主题风格

```
import pandas as pd
from pyecharts.charts import Line
import pyecharts.options as opts
from pyecharts.globals import ThemeType
```

```
# 数据
data = [
    ["1月", 450, 110],
    ["2月", 420, 220],
    ["3月", 560, 150],
    ["4月", 480, 310],
    ["5月", 530, 250],
    ["6月", 620, 160]
]
df = pd.DataFrame(data, columns=["月份", "上衣", "裤子"])

# 绘图
line = Line(init_opts=opts.InitOpts(theme=ThemeType.LIGHT))
line.add_xaxis(xaxis_data=list(df["月份"]))
# 第1条折线
line.add_yaxis(series_name="上衣", y_axis=list(df["上衣"]))
# 第2条折线
line.add_yaxis(series_name="裤子", y_axis=list(df["裤子"]))

# 渲染
line.render()
```

运行后生成 render.html，在浏览器中打开，效果如图 8-33 所示。

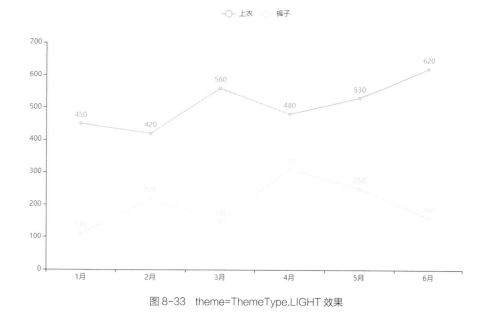

图 8-33　theme=ThemeType.LIGHT 效果

### ▼ 分析：

如果想要定义主题风格，除了要导入 pyecharts.options 模块之外，我们还需要从 pyecharts.globals 导入 ThemeType 这个模块。ThemeType 模块提供了各种主题风格。

对于这个例子来说，当我们把 theme=ThemeType.LIGHT 改为 theme=ThemeType.DARK 之后，效果如图 8-34 所示。

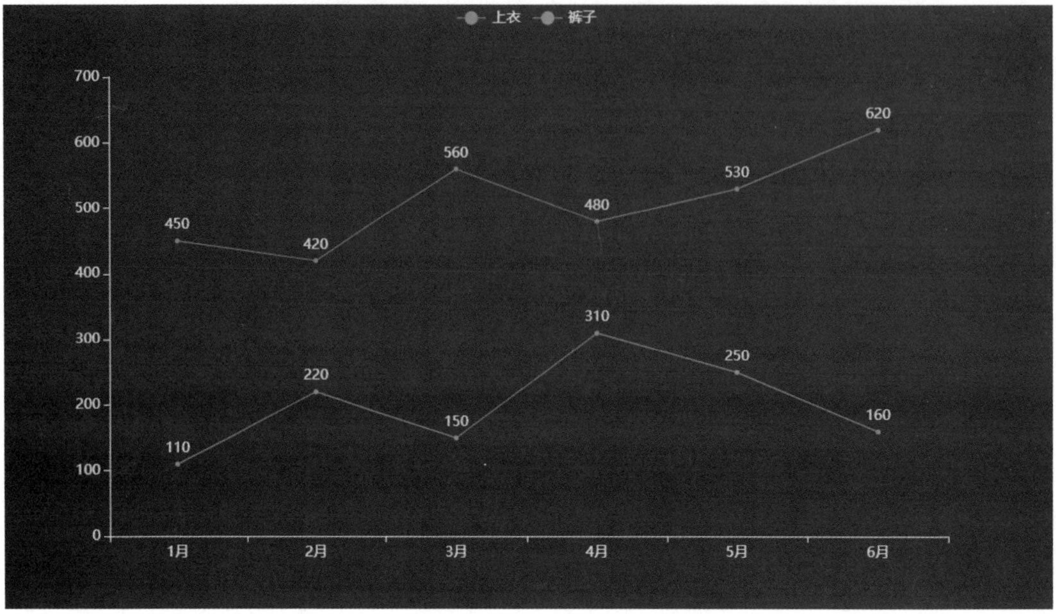


图 8-34 theme=ThemeType.DARK 效果

Pyecharts 提供的主题风格非常多。至于都有哪些主题风格，小伙伴们可以查看对应的官方文档。

### 举例：关闭动画

```
import pandas as pd
from pyecharts.charts import Line
import pyecharts.options as opts

# 数据
data = [
    ["1月", 450, 110],
    ["2月", 420, 220],
    ["3月", 560, 150],
    ["4月", 480, 310],
    ["5月", 530, 250],
    ["6月", 620, 160]
]
df = pd.DataFrame(data, columns=["月份", "上衣", "裤子"])

# 绘图
line = Line(init_opts = opts.InitOpts(animation_opts=opts.AnimationOpts(animation=False)))
line.add_xaxis(xaxis_data=list(df["月份"]))
# 第1条折线
line.add_yaxis(series_name="上衣", y_axis=list(df["上衣"]))
# 第2条折线
```

```
line.add_yaxis(series_name="裤子", y_axis=list(df["裤子"]))
```

```
# 渲染
line.render()
```

运行后生成 render.html，在浏览器中打开，效果如图 8-35 所示。

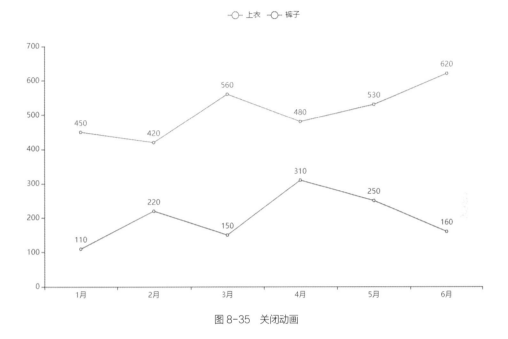

图 8-35　关闭动画

### ▶ 分析：

默认情况下，Pyecharts 会在加载页面时为所有图表提供动画效果，这是为了提升用户体验。但是在某些情况下，我们需要把所有动画都关闭，此时就可以使用下面这样的代码来实现。

```
line = Line(init_opts = opts.InitOpts(animation_opts=opts.AnimationOpts(animation=False)))
```

## 8.4.2　序列设置

在 Pyecharts 中，我们可以使用 set_series_opts() 方法来进行序列设置。序列设置只是针对某一部分图表而言的。

### ▶ 语法：

```
obj.set_series_opts()
```

### ▶ 说明：

obj 是一个图表对象。对于 set_series_opts() 方法来说，它常用的参数如表 8-7 所示。

表8-7 set_series_opts()的常用参数

| 参数 | 说明 |
| --- | --- |
| markpoint_opts | 标记点设置 |
| markline_opts | 标记线设置 |
| label_opts | 标签设置 |

## 1. 标记点设置

在Pyecharts中，我们可以使用set_series_opts()方法的markpoint_opts参数来添加标记点效果。

### 语法：

```
obj.set_series_opts(markpoint_opts=opts.MarkPointOpts(data=[opts.MarkPointItem(type_="min")]))
```

### 说明：

参数type_（注意后面有下划线）用于定义标记点的类型，常用的取值如表8-8所示。

表8-8 参数type_的常用取值

| 取值 | 说明 |
| --- | --- |
| min | 最小值 |
| max | 最大值 |
| average | 平均值 |

### 举例：

```
import pandas as pd
from pyecharts.charts import Line
import pyecharts.options as opts

# 数据
data = [
    ["1月", 450, 110],
    ["2月", 420, 220],
    ["3月", 560, 150],
    ["4月", 480, 310],
    ["5月", 530, 250],
    ["6月", 620, 160]
]
df = pd.DataFrame(data, columns=["月份", "上衣", "裤子"])

# 绘图
line = Line()
line.add_xaxis(xaxis_data=list(df["月份"]))
# 第1条折线
line.add_yaxis(series_name="上衣", y_axis=list(df["上衣"]))
# 第2条折线
```

```
line.add_yaxis(series_name="裤子", y_axis=list(df["裤子"]))
# 设置标记点
line.set_series_opts(markpoint_opts=opts.MarkPointOpts(data=[opts.MarkPointItem(type_="min")]))

# 渲染
line.render()
```

运行后生成 render.html，在浏览器中打开，效果如图 8-36 所示。

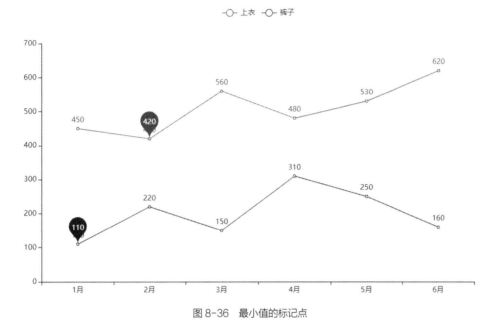

图 8-36　最小值的标记点

### ▶ 分析：

type_="min" 表示为每一条折线添加一个标记点，该标记点标记的是最小值。对于序列设置来说，除了可以在 set_series_opts() 方法中进行设置之外，我们还可以在 add_yaxis() 方法中进行设置。对于这个例子来说，下面 2 种形式是等价的。

```
# 形式1
set_series_opts()
line.set_series_opts(markpoint_opts=opts.MarkPointOpts(data=[opts.MarkPointItem(type_="min")]))

# 形式2
add_yaxis()
line.add_yaxis(
    series_name="上衣",
    y_axis=list(df["上衣"]),
    markpoint_opts=opts.MarkPointOpts(data=[opts.MarkPointItem(type_="min")])
)
```

简单来说，add_yaxis() 方法拥有 set_series_opts() 方法中的所有参数。在 "8.2 折线图" 一节中，我们使用的其实就是第 2 种形式。不过在实际开发中，对于序列设置，还是更推荐使用 set_series_opts() 方法来实现，主要是因为这种方法可以让代码更加直观。

对于这个例子来说，当我们把 type_="min" 改为 type_="max" 之后，效果如图 8-37 所示。

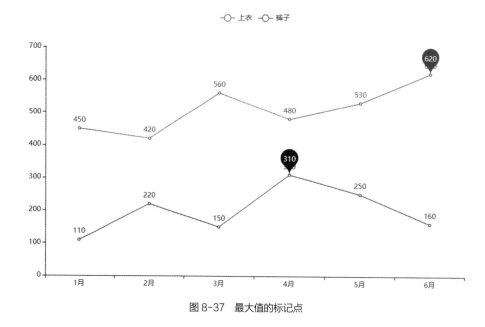

图 8-37　最大值的标记点

### 2. 标记线设置

在 Pyecharts 中，我们可以使用 set_series_opts() 方法的 markline_opts 参数来添加标记线效果。

▌ **语法：**

```
obj.set_series_opts(markline_opts=opts.MarkLineOpts(data=[opts.MarkLineItem(type_="min")]))
```

▌ **说明：**

标记线和标记点的作用是一样的，只不过表现形式不一样而已。对于标记线来说，参数 type_ 也有 3 种取值，如表 8-9 所示。

表 8-9　参数 type_ 的常用取值

| 取值 | 说明 |
| --- | --- |
| min | 最小值 |
| max | 最大值 |
| average | 平均值 |

▌ **举例：设置标记线**

```
import pandas as pd
from pyecharts.charts import Line
import pyecharts.options as opts
```

```python
# 数据
data = [
    ["1月", 450, 110],
    ["2月", 420, 220],
    ["3月", 560, 150],
    ["4月", 480, 310],
    ["5月", 530, 250],
    ["6月", 620, 160]
]
df = pd.DataFrame(data, columns=["月份", "上衣", "裤子"])

# 绘图
line = Line()
line.add_xaxis(xaxis_data=list(df["月份"]))
# 第1条折线
line.add_yaxis(series_name="上衣", y_axis=list(df["上衣"]))
# 第2条折线
line.add_yaxis(series_name="裤子", y_axis=list(df["裤子"]))
# 设置标记线
line.set_series_opts(markline_opts=opts.MarkLineOpts(data=[opts.MarkLineItem(type_="min")]))

# 渲染
line.render()
```

运行生成的 render.html，浏览器效果如图 8-38 所示。

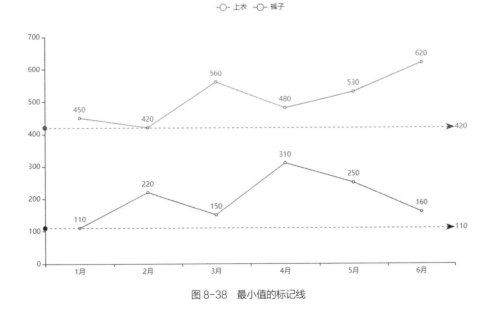

图 8-38　最小值的标记线

## ▶ 分析：

type_="min" 表示为每一条折线添加一个标记线，该标记线标记的是最小值。同样，对于这个例子来说，下面 2 种形式是等价的。

```
# 形式1
set_series_opts()
line.set_series_opts(markline_opts=opts.MarkLineOpts(data=[opts.MarkLineItem(type_="min")]))
```

```
# 形式2
add_yaxis()
line.add_yaxis(
    series_name="上衣",
    y_axis=list(df["上衣"]),
    markline_opts=opts.MarkLineOpts(data=[opts.MarkLineItem(type_="min")])
)
```

对于这个例子来说，当我们把 type_="min" 改为 type_="max" 之后，效果如图 8-39 所示。

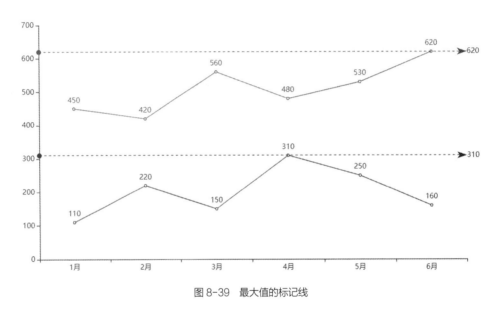

图 8-39　最大值的标记线

### 3. 标签设置

在 Pyecharts 中，我们可以使用 set_series_opts() 方法的 label_opts 参数来对标签进行设置。

▶ **语法：**

```
obj.set_series_opts(label_opts=opts.LabelOpts(
    is_show,
    position,
    formatter,
    font_size,
    font_weight,
    color
))
```

## ▼ 说明：

obj 是一个图表对象。

参数 is_show 表示是否显示标签，取值为 True 或 False（默认值为 True）。

参数 position 用于定义标签的位置，常用的取值如表 8-10 所示。

表 8-10　参数 position 的常用取值

| 取值 | 说明 |
| --- | --- |
| center（默认值） | 居中显示 |
| left | 靠左显示 |
| right | 靠右显示 |

参数 formatter 用于对标签内容自定义格式：{a} 表示序列名，{b} 表示数据名，{c} 表示数据值，{d} 表示百分比。

参数 font_size 用于定义字体大小，参数 font_weight 用于定义字体粗细，参数 color 用于定义字体颜色。

## ▼ 举例：隐藏标签

```python
import pandas as pd
from pyecharts.charts import Line
import pyecharts.options as opts

# 数据
data = [
    ["1月", 450, 110],
    ["2月", 420, 220],
    ["3月", 560, 150],
    ["4月", 480, 310],
    ["5月", 530, 250],
    ["6月", 620, 160]
]
df = pd.DataFrame(data, columns=["月份", "上衣", "裤子"])

# 绘图
line = Line()
line.add_xaxis(xaxis_data=list(df["月份"]))
# 第1条折线
line.add_yaxis(series_name="上衣", y_axis=list(df["上衣"]))
# 第2条折线
line.add_yaxis(series_name="裤子", y_axis=list(df["裤子"]))
# 隐藏标签
line.set_series_opts(label_opts=opts.LabelOpts(is_show=False))

# 渲染
line.render()
```

运行后生成 render.html，在浏览器中打开，效果如图 8-40 所示。

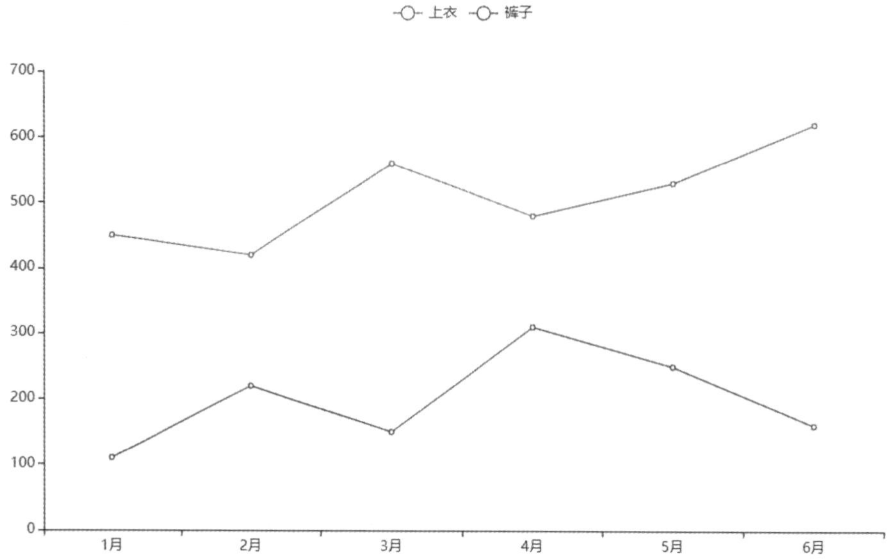


图 8-40 隐藏标签

### ◤ 分析：

is_show=False 表示隐藏所有标签。虽然标签被隐藏了，但当鼠标指针移到相应节点上时，还是可以显示该节点的数据信息，如图 8-41 所示。

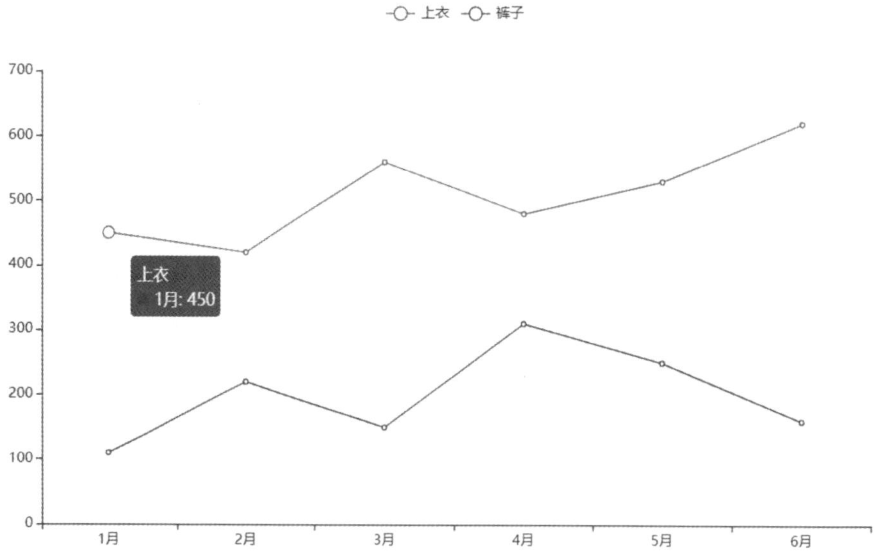


图 8-41 显示提示框

### ◤ 举例：标签位置

```
import pandas as pd
from pyecharts.charts import Bar
import pyecharts.options as opts
```

```python
# 数据
data = [
    ["1月", 450, 110],
    ["2月", 420, 220],
    ["3月", 560, 150],
    ["4月", 480, 310],
    ["5月", 530, 250],
    ["6月", 620, 160]
]
df = pd.DataFrame(data, columns=["月份", "上衣", "裤子"])

# 绘图
bar = Bar()
bar.add_xaxis(xaxis_data=list(df["月份"]))
# 第1种柱条
bar.add_yaxis(series_name="上衣", y_axis=list(df["上衣"]))
# 第2种柱条
bar.add_yaxis(series_name="裤子", y_axis=list(df["裤子"]))
# 改变方向
bar.reversal_axis()

# 渲染
bar.render()
```

运行后生成 render.html，在浏览器中打开，效果如图 8-42 所示。

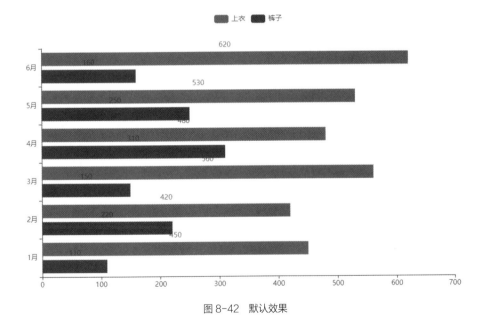

图 8-42　默认效果

### ▼ 分析：

bar.reversal_axis() 表示将柱形图改成横向显示，此时就成了一个条形图。对于条形图来说，标签默认是居中显示的，这可能会导致部分标签看不清楚。我们可以使用 label_opts 参数将标签设置为靠右显示，也就是添加下面这一句代码，此时效果如图 8-43 所示。

```
# 定义标签位置
bar.set_series_opts(label_opts=opts.LabelOpts(position="right"))
```

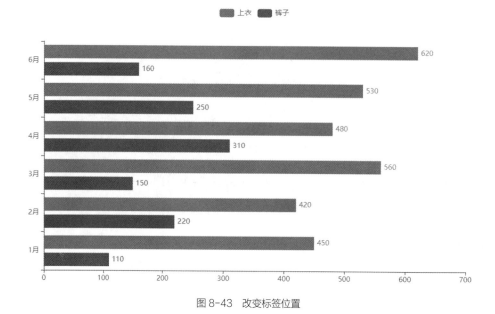

图 8-43　改变标签位置

## ▌ 举例：标签格式

```
import pandas as pd
from pyecharts.charts import Bar
import pyecharts.options as opts

# 数据
data = [
    ["1月", 450, 110],
    ["2月", 420, 220],
    ["3月", 560, 150],
    ["4月", 480, 310],
    ["5月", 530, 250],
    ["6月", 620, 160]
]
df = pd.DataFrame(data, columns=["月份", "上衣", "裤子"])

# 绘图
bar = Bar()
bar.add_xaxis(xaxis_data=list(df["月份"]))
# 第1种柱条
bar.add_yaxis(series_name="上衣", y_axis=list(df["上衣"]))
# 第2种柱条
bar.add_yaxis(series_name="裤子", y_axis=list(df["裤子"]))
```

```
# 定义标签格式
bar.set_series_opts(label_opts=opts.LabelOpts(formatter="{b}:{c}"))
```

```
# 渲染
bar.render()
```

运行后生成 render.html，在浏览器中打开，效果如图 8-44 所示。

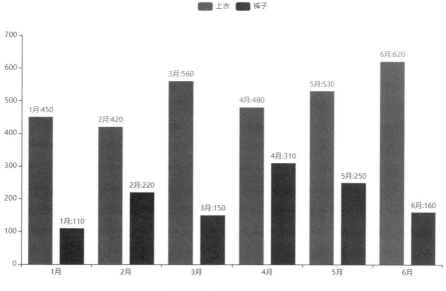

图 8-44　改变标签格式

### ▌ 分析：

对于 formatter 取值的设置，我们需要遵循一定的规则：{a} 表示序列名，{b} 表示数据名，{c} 表示数据值等。

### ▌ 举例：字体样式

```
import pandas as pd
from pyecharts.charts import Bar
import pyecharts.options as opts

# 数据
data = [
    ["1月", 450, 110],
    ["2月", 420, 220],
    ["3月", 560, 150],
    ["4月", 480, 310],
    ["5月", 530, 250],
    ["6月", 620, 160]
]
df = pd.DataFrame(data, columns=["月份", "上衣", "裤子"])

# 绘图
bar = Bar()
bar.add_xaxis(xaxis_data=list(df["月份"]))
```

```
# 第1种柱条
bar.add_yaxis(series_name="上衣", y_axis=list(df["上衣"]))
# 第2种柱条
bar.add_yaxis(series_name="裤子", y_axis=list(df["裤子"]))
# 字体样式
bar.set_series_opts(label_opts=opts.LabelOpts(
    font_size=16,
    font_weight="bold",
    color="orange"
))

# 渲染
bar.render()
```

运行后生成 render.html，在浏览器中打开，效果如图 8-45 所示。

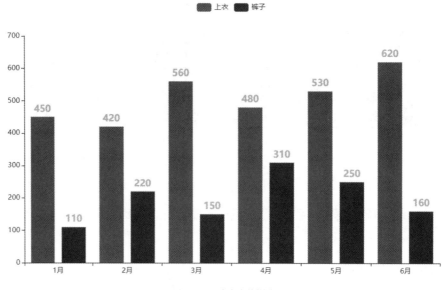

图 8-45　改变字体样式

### ▶ 分析：

font_size=16 表示定义字体大小为 16 像素，font_weight="bold" 表示定义字体为粗体，color="orange" 表示定义字体颜色为橙色。

最后，对于全局设置和序列设置，我们可以总结一下它们之间的区别，主要有以下 2 点。

- ▶ 全局设置是针对所有图表而言的，序列设置是针对部分图表而言的。
- ▶ 全局设置是在 set_global_opts() 方法或绘图函数中进行设置，而序列设置是在 set_series_opts() 方法或 add_yaxis() 方法中进行设置。

## 8.4.3　其他设置

除了全局设置以及序列设置之外，这里再给小伙伴们拓展介绍一下其他方面的设置，这是为了使大家学习的内容更加系统。其他设置主要有以下 2 个方面的内容。

▶ 改变方向。

▶ 改变颜色。

### 1. 改变方向

在 Pyecharts 中，我们可以使用 reversal_axis() 方法来改变图表的方向。对于 reversal_axis() 方法，前面已经介绍过了，实际上它只能用于柱形图、箱线图，而不能用于其他图表。

▼ **语法**：

```
obj.reversal_axis()
```

▼ **说明**：

obj 是一个图表对象，reversal_axis() 方法不需要参数。

▼ **举例**：

```python
import pandas as pd
from pyecharts.charts import Bar

# 数据
data = [
    ["1月", 450, 110],
    ["2月", 420, 220],
    ["3月", 560, 150],
    ["4月", 480, 310],
    ["5月", 530, 250],
    ["6月", 620, 160]
]
df = pd.DataFrame(data, columns=["月份", "上衣", "裤子"])

# 绘图
bar = Bar()
bar.add_xaxis(xaxis_data=list(df["月份"]))
# 第1种柱条
bar.add_yaxis(series_name="上衣", y_axis=list(df["上衣"]))
# 第2种柱条
bar.add_yaxis(series_name="裤子", y_axis=list(df["裤子"]))
# 改变方向
bar.reversal_axis()

# 渲染
bar.render()
```

运行后生成 render.html，在浏览器中打开，效果如图 8-46 所示。

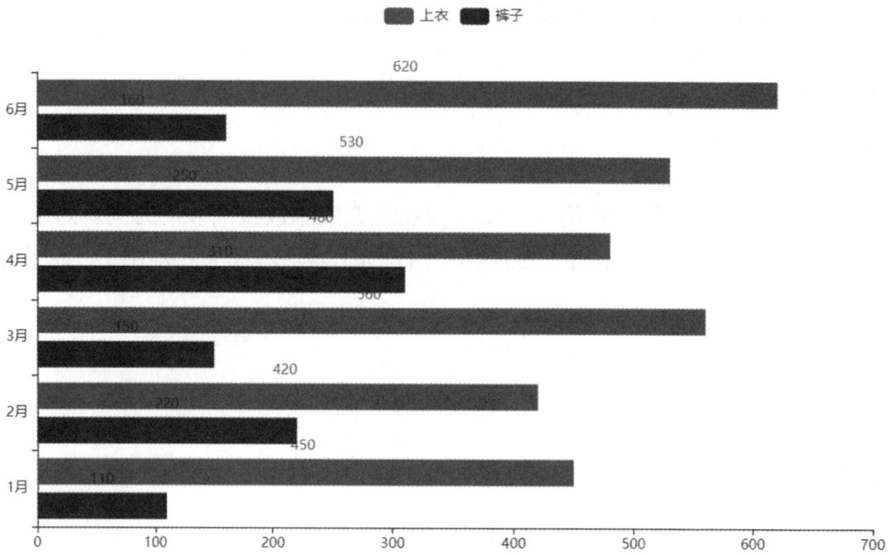


图8-46 改变方向

## 2. 改变颜色

在 Pyecharts 中，如果想要对图表自定义颜色，我们可以使用 set_colors() 这个方法来实现。

### ◤ 语法：

```
obj.set_colors(colors)
```

### ◤ 说明：

参数 colors 是一个列表，列表的每一个元素都代表一个颜色值。颜色值可以是关键字，也可以是十六进制 RGB 值。

### ◤ 举例：

```
import pandas as pd
from pyecharts.charts import Bar

# 数据
data = [
    ["1月", 450, 110],
    ["2月", 420, 220],
    ["3月", 560, 150],
    ["4月", 480, 310],
    ["5月", 530, 250],
    ["6月", 620, 160]
]
df = pd.DataFrame(data, columns=["月份", "上衣", "裤子"])
```

```
# 绘图
bar = Bar()
bar.add_xaxis(xaxis_data=list(df["月份"]))
# 第1种柱条
bar.add_yaxis(series_name="上衣", y_axis=list(df["上衣"]))
# 第2种柱条
bar.add_yaxis(series_name="裤子", y_axis=list(df["裤子"]))
# 定义颜色
bar.set_colors(["#FF6666", "#339999"])

# 渲染
bar.render()
```

运行后生成 render.html，在浏览器中打开，效果如图 8-47 所示。

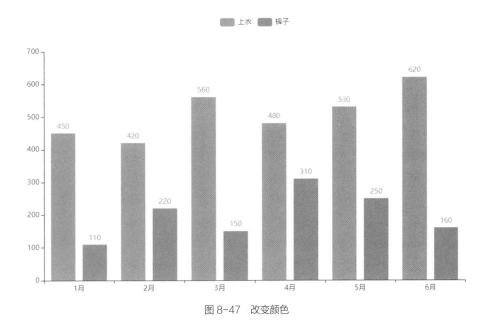

图 8-47　改变颜色

▶ **分析：**

由于这里有 2 种柱条，所以我们需要使用 2 种颜色。对于这个例子来说，下面 2 种形式是等价的。

```
# 形式1
bar.add_yaxis(series_name="上衣", y_axis=list(df["上衣"]))
bar.add_yaxis(series_name="裤子", y_axis=list(df["裤子"]))
bar.set_colors(["#FF6666", "#339999"])

# 形式2
bar.add_yaxis(series_name="上衣", y_axis=list(df["上衣"]), color="#FF6666")
bar.add_yaxis(series_name="裤子", y_axis=list(df["裤子"]), color="#339999")
```

　　set_colors() 方法可以为所有图表自定义颜色，color 参数只能为部分图表自定义颜色，这一点小伙伴们要清楚。

## 8.5　散点图

### 8.5.1　基本语法

　　在 Pyecharts 中，我们可以使用 Scatter 这个模块来绘制散点图。散点图的主要作用是判断两个变量之间是否存在关联趋势。

▼ **语法：**

```
scatter = Scatter()
scatter.add_xaxis(xaxis_data)
scatter.add_yaxis(series_name, y_axis)
```

▼ **说明：**

　　散点图和折线图的语法相似，首先使用 Scatter() 创建一个散点图对象 scatter，然后调用该对象下面的 add_xaxis() 方法来添加 x 轴数据，以及调用 add_yaxis() 方法来添加 y 轴数据。

▼ **举例：一组散点**

```
import pandas as pd
from pyecharts.charts import Scatter

# 数据
data = [
    ["1月", 450],
    ["2月", 420],
    ["3月", 560],
    ["4月", 480],
    ["5月", 530],
    ["6月", 620]
]
df = pd.DataFrame(data, columns=["月份", "上衣"])

# 绘图
scatter = Scatter()
scatter.add_xaxis(xaxis_data=list(df["月份"]))
scatter.add_yaxis(series_name="上衣", y_axis=list(df["上衣"]))

# 渲染
scatter.render()
```

运行后生成 render.html，在浏览器中打开，效果如图 8-48 所示。

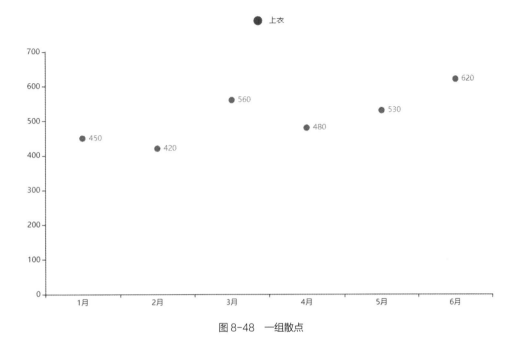

图 8-48　一组散点

## ▶ 分析：

在 Pyecharts 中，折线图、柱形图、散点图的基本语法是非常相似的。小伙伴们可以多多对比一下，这样更能加深理解和记忆。

## ▶ 举例：多组散点

```python
import pandas as pd
from pyecharts.charts import Scatter


# 数据
data = [
    ["1月", 450, 110],
    ["2月", 420, 220],
    ["3月", 560, 150],
    ["4月", 480, 310],
    ["5月", 530, 250],
    ["6月", 620, 160]
]
df = pd.DataFrame(data, columns=["月份", "上衣", "裤子"])


# 绘图
scatter = Scatter()
scatter.add_xaxis(xaxis_data=list(df["月份"]))
# 第1组散点
scatter.add_yaxis(series_name="上衣", y_axis=list(df["上衣"]))
```

```
# 第2组散点
scatter.add_yaxis(series_name="裤子", y_axis=list(df["裤子"]))

# 渲染
scatter.render()
```

运行生成的 render.html，浏览器效果如图 8-49 所示。

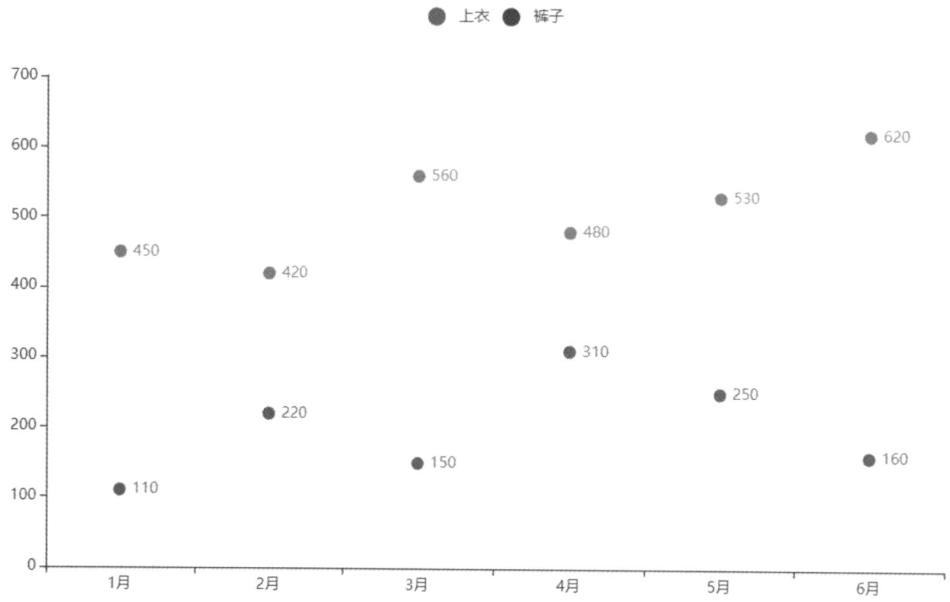


图 8-49　多组散点

### ◤ 分析：

对于散点图来说，有多少组散点，就调用多少次 add_yaxis() 方法。

## 8.5.2　样式定义

在 Pyecharts 中，关于散点图的自定义样式，主要包括 2 个方面的内容：① 散点样式；② 添加区分效果。

### 1. 散点样式

在 Pyecharts 中，我们可以使用 add_yaxis() 方法的 symbol 参数来定义散点的形状，也可以使用 symbol_size 参数来定义散点的大小。

### ◤ 语法：

```
obj.add_yaxis(
    ......
    symbol,
```

```
        symbol_size
)
```

### ▼ 说明：

参数 symbol 用于定义散点的形状，常用的取值如表 8-11 所示。

表 8-11　参数 symbol 的常用取值

| 取值 | 说明 |
| --- | --- |
| circle（默认值） | 圆形 |
| rect | 矩形 |
| triangle | 三角形 |
| diamond | 钻石形 |
| arrow | 箭头形 |

参数 symbol_size 用于定义散点的大小，默认值为 10（即 10 像素）。

### ▼ 举例：

```python
import pandas as pd
from pyecharts.charts import Scatter

# 数据
data = [
    ["1月", 450],
    ["2月", 420],
    ["3月", 560],
    ["4月", 480],
    ["5月", 530],
    ["6月", 620]
]
df = pd.DataFrame(data, columns=["月份", "上衣"])

# 绘图
scatter = Scatter()
scatter.add_xaxis(xaxis_data=list(df["月份"]))
scatter.add_yaxis(
    series_name="上衣",
    y_axis=list(df["上衣"]),
    symbol="diamond",
    symbol_size=20
)

# 渲染
scatter.render()
```

运行后生成 render.html，在浏览器中打开，效果如图 8-50 所示。

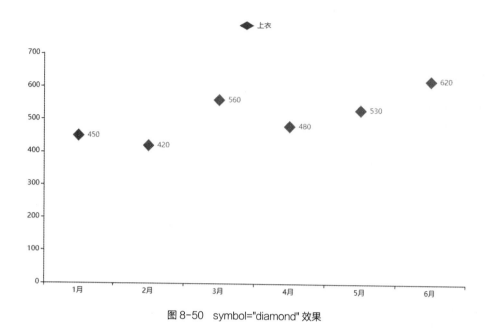

图 8-50　symbol="diamond" 效果

### ▚ 分析：

symbol="diamond" 表示定义散点的形状为钻石形，symbol_size=20 表示将散点的大小定义为 20 像素。如果我们将 symbol="diamond" 改为 symbol="arrow"，效果如图 8-51 所示。

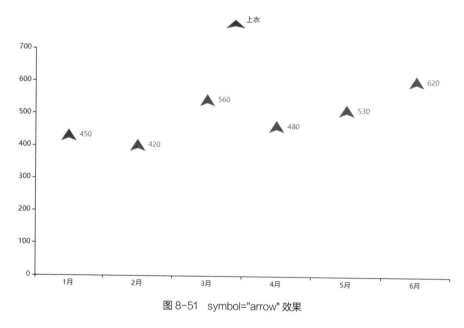

图 8-51　symbol="arrow" 效果

如果想要改变散点的颜色，应该怎么做呢？小伙伴们别忘了 8.4 节介绍的 set_colors() 方法和 color 参数。对于这个例子来说，下面 2 种形式都是可行的，运行后的效果如图 8-52 所示。

```
# 形式1
scatter.add_yaxis(
    series_name="上衣",
    y_axis=list(df["上衣"]),
    symbol="diamond",
    symbol_size=20
)
scatter.set_colors(["#009999"])

# 形式2
scatter.add_yaxis(
    series_name="上衣",
    y_axis=list(df["上衣"]),
    symbol="diamond",
    symbol_size=20,
    color="#009999"
)
```

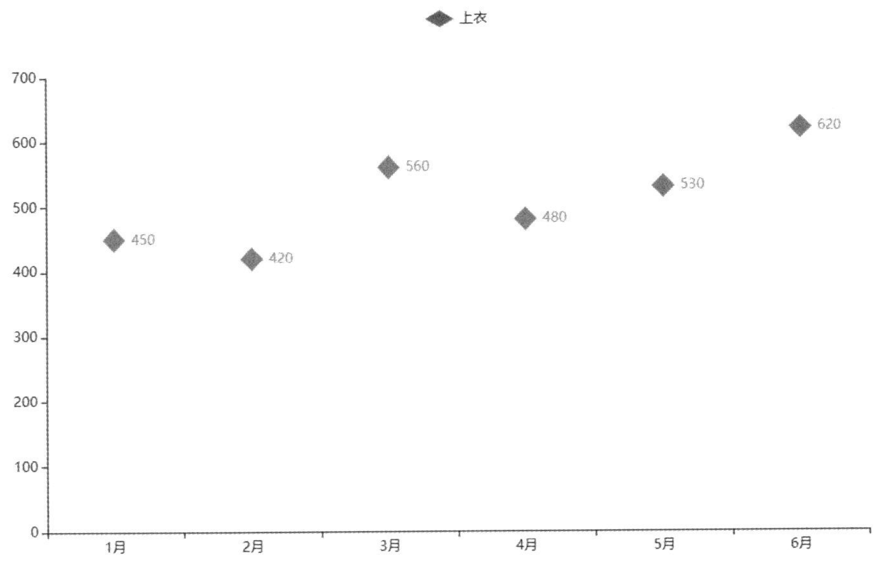


图8-52　改变散点颜色

## 2. 添加区分效果

在Pyecharts中，我们可以使用set_global_opts()方法结合visualmap_opts参数来为散点图添加区分效果，包括颜色区分、大小区分等。

### 举例：颜色区分

```
import pandas as pd
from pyecharts.charts import Scatter
import pyecharts.options as opts

# 数据
```

```
data = [
    ["1月", 450],
    ["2月", 420],
    ["3月", 560],
    ["4月", 480],
    ["5月", 530],
    ["6月", 620]
]
df = pd.DataFrame(data, columns=["月份", "上衣"])

# 绘图
scatter = Scatter()
scatter.add_xaxis(xaxis_data=list(df["月份"]))
scatter.add_yaxis(
    series_name="上衣",
    y_axis=list(df["上衣"]),
    symbol_size=20
)
# 添加颜色区分
scatter.set_global_opts(visualmap_opts=opts.VisualMapOpts(
    type_="color",
    min_=420,
    max_=620,
    pos_bottom=50,
    pos_right=0
))

# 渲染
scatter.render()
```

运行后生成 render.html，在浏览器中打开，效果如图 8-53 所示。

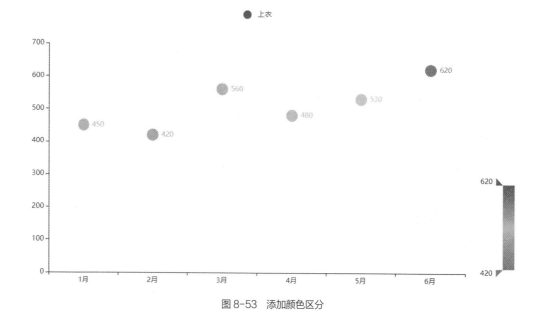

图 8-53　添加颜色区分

▶ 分析：

```
scatter.set_global_opts(visualmap_opts=opts.VisualMapOpts(
    type_="color",
    min_=420,
    max_=620,
    pos_bottom=50,
    pos_right=0
))
```

上面这一段代码中的 type_="color" 表示使用颜色来进行区分。由于代码涉及的这一组数据的最小值是 420、最大值是 620，所以这里我们设置 min_=420、max_=620。min_=420 和 max_=620 表示颜色条的取值从 420 开始，到 620 结束。

当然，我们也可以设置颜色条的取值从 0 开始，只需要设置 min_=0 就可以了，此时效果如图 8-54 所示。从图 8-54 可以看出，此时散点的区分效果并不好，所以并不推荐设置 min_=0。

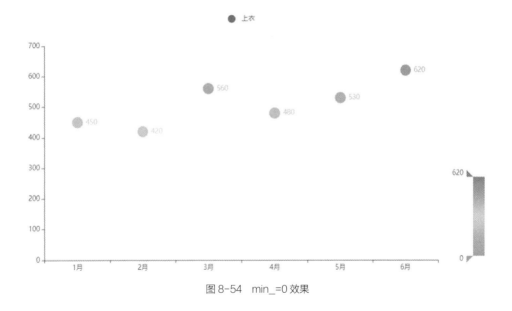

图 8-54　min_=0 效果

pos_bottom 和 pos_right 这 2 个参数用于定义颜色条的位置，这里我们设置成将其放在右下角的位置。

▶ 举例：自定义颜色

```
import pandas as pd
from pyecharts.charts import Scatter
import pyecharts.options as opts

# 数据
data = [
    ["1月", 450],
    ["2月", 420],
```

```
        ["3月", 560],
        ["4月", 480],
        ["5月", 530],
        ["6月", 620]
]
df = pd.DataFrame(data, columns=["月份", "上衣"])

# 绘图
scatter = Scatter()
scatter.add_xaxis(xaxis_data=list(df["月份"]))
scatter.add_yaxis(
        series_name="上衣",
        y_axis=list(df["上衣"]),
        symbol_size=20
)
# 添加颜色区分
scatter.set_global_opts(visualmap_opts=opts.VisualMapOpts(
        type_="color",
        min_=420,
        max_=620,
        pos_bottom=50,
        pos_right=0,
        range_color=["lightskyblue", "yellow", "orangered"]
))

# 渲染
scatter.render()
```

运行后生成 render.html，在浏览器中打开，效果如图 8-55 所示。

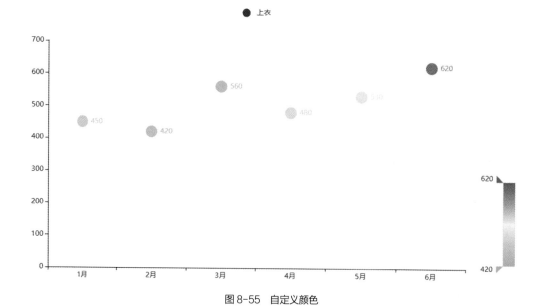

图 8-55　自定义颜色

▼ **分析：**

如果觉得颜色条默认的颜色不好看，我们还可以使用range_color这个参数来自定义颜色。
range_color 参数的取值是一个列表，range_color=["lightskyblue", "yellow", "orangered"]
表示颜色条是从"lightskyblue"（天蓝色）过渡到"yellow"（黄色），然后从"yellow"过渡到
"orangered"（橘黄色）。

▼ **举例：添加大小区分**

```python
import pandas as pd
from pyecharts.charts import Scatter
import pyecharts.options as opts


# 数据
data = [
    ["1月", 450],
    ["2月", 420],
    ["3月", 560],
    ["4月", 480],
    ["5月", 530],
    ["6月", 620]
]
df = pd.DataFrame(data, columns=["月份", "上衣"])


# 绘图
scatter = Scatter()
scatter.add_xaxis(xaxis_data=list(df["月份"]))
scatter.add_yaxis(
    series_name="上衣",
    y_axis=list(df["上衣"]),
    symbol_size=20
)
# 添加大小区分
scatter.set_global_opts(visualmap_opts=opts.VisualMapOpts(
    type_="size",
    min_=420,
    max_=620,
    pos_bottom=50,
    pos_right=0
))


# 渲染
scatter.render()
```

运行后生成 render.html，在浏览器中打开，效果如图 8-56 所示。

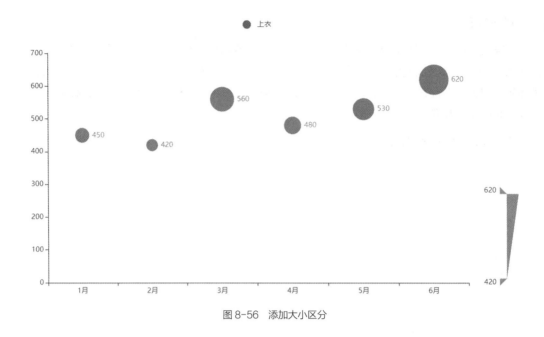

图 8-56　添加大小区分

▰ **分析：**

如果想要为散点添加大小区分，我们只需要将 type_="color" 改为 type_="size" 就可以了，非常简单。

## 8.6　饼状图

### 8.6.1　基本语法

在 Pyecharts 中，我们可以使用 Pie 这个模块来绘制饼状图。饼状图的主要作用是展示各个部分占总和的比例。

▰ **语法：**

```
pie = Pie()
pie.add(series_name, data_pair)
```

▰ **说明：**

和折线图、柱形图等不一样，饼状图是使用 add() 方法来添加数据的。series_name 是一个必选参数，用于定义序列名。data_pair 也是一个必选参数，用于定义饼状图的数据。

▰ **举例：**

```
import numpy as np
import pandas as pd
from pyecharts.charts import Pie
```

```
# 数据
data = [
    ["蜘蛛侠", 8.9],
    ["蝙蝠侠", 4.1],
    ["钢铁侠", 12.1],
    ["毒液", 8.5],
    ["海王", 11.5]
]
df = pd.DataFrame(data, columns=["电影", "票房"])
df_array = np.array(df)                # 转换为数组
df_list = df_array.tolist()            # 转换为列表

# 绘图
pie = Pie()
pie.add(series_name="", data_pair=df_list)

# 渲染
pie.render()
```

运行后生成 render.html，在浏览器中打开，效果如图 8-57 所示。

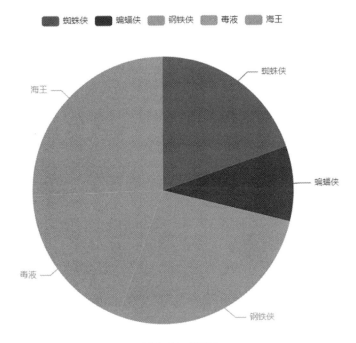

图 8-57　饼状图

### ▌ 分析：

对于饼状图的 add() 方法来说，series_name 是一个必选参数，小伙伴们如果不想写内容，可以给它赋一个空字符串。参数 data_pair 的值要求是一个列表，下面 2 种形式都是可行的。其中，每一项的第 1 个元素是数据名，第 2 个元素是对应的值。

```
# 形式1
[
    ["蜘蛛侠", 8.9],
    ["蝙蝠侠", 4.1],
    ["钢铁侠", 12.1],
    ["毒液", 8.5],
    ["海王", 11.5]
]
# 形式2
[
    ("蜘蛛侠", 8.9),
    ("蝙蝠侠", 4.1),
    ("钢铁侠", 12.1),
    ("毒液", 8.5),
    ("海王", 11.5)
]
```

小伙伴们肯定会问："data 这个变量一开始不就是像上面这样的二维列表吗？为什么后面还要'多此一举'先转换为 DataFrame，再转换为二维列表呢？"其实这是因为在实际开发中，数据一般是存放在外部文件中的，而不是像上面这个例子那样在代码中定义的。如果数据存放在外部文件中，我们就必须先用 pandas 来读取数据，此时获得的数据本质上是 DataFrame。接着我们还要将这个 DataFrame 转换为二维列表。

```
df_array = np.array(df)          # 将DataFrame转换为数组
df_list = df_array.tolist()      # 将数组转换为列表
```

上面这两句代码的作用是将 DataFrame 转换为列表，这是使用了数据分析的方法，小伙伴们可以自行复习一下 NumPy 以及 pandas 的相关内容。

## 8.6.2　样式定义

在 Pyecharts 中，关于饼状图的自定义样式，主要包括 3 个方面的内容：① 标签格式；② 圆环图；③ 多饼状图。

### 1. 标签格式

对于饼状图，我们可以使用 set_series_opts() 方法结合 label_opts 参数来对标签自定义格式。关于这一点，我们在"8.4 通用设置"一节中已经介绍过。

▌ **举例：**

```
import numpy as np
import pandas as pd
from pyecharts.charts import Pie
import pyecharts.options as opts
```

```
# 数据
data = [
      ["蜘蛛侠", 8.9],
      ["蝙蝠侠", 4.1],
      ["钢铁侠", 12.1],
      ["毒液", 8.5],
      ["海王", 11.5],
]
df = pd.DataFrame(data, columns=["电影", "票房"])
df_array = np.array(df)                    # 转换为数组
df_list = df_array.tolist()                # 转换为列表

# 绘图
pie = Pie()
pie.add(series_name="", data_pair=df_list)
# 定义标签格式
pie.set_series_opts(label_opts=opts.LabelOpts(formatter="{b}：{c}亿美元"))

# 渲染
pie.render()
```

运行后生成 render.html，在浏览器中打开，效果如图 8-58 所示。

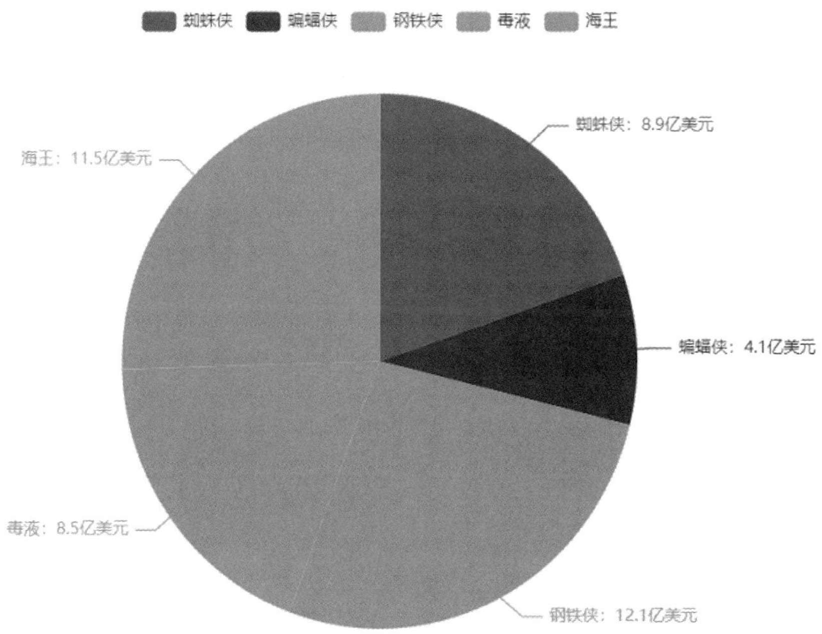


图 8-58　定义标签格式

## 分析：

在 formatter="{b}：{c} 亿美元" 中，{b} 表示数据名，{c} 表示数据值。

### ▚ 举例：显示百分比

```
import numpy as np
import pandas as pd
from pyecharts.charts import Pie
import pyecharts.options as opts

# 数据
data = [
    ["蜘蛛侠", 8.9],
    ["蝙蝠侠", 4.1],
    ["钢铁侠", 12.1],
    ["毒液", 8.5],
    ["海王", 11.5],
]
df = pd.DataFrame(data, columns=["电影", "票房"])
df_array = np.array(df)                    # 转换为数组
df_list = df_array.tolist()                # 转换为列表

# 绘图
pie = Pie()
pie.add(series_name="", data_pair=df_list)
# 定义标签格式
pie.set_series_opts(label_opts=opts.LabelOpts(formatter="{b} : {d}%"))

# 渲染
pie.render()
```

运行后生成 render.html，在浏览器中打开，效果如图 8-59 所示。

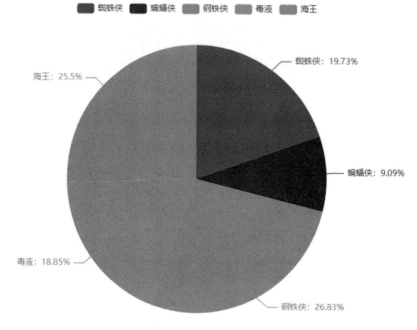

图 8-59　显示百分比

▶ **分析：**

默认情况下，Pyecharts 中的饼状图显示的是具体数据，而不是百分比。如果想要使用百分比来表示，我们可以对标签自定义设置。在 formatter="{b} : {d}%" 中，{b} 表示数据名，{d} 表示百分比。

## 2. 圆环图

圆环图也叫作"环形图"。在 Pyecharts 中，我们可以使用 add() 方法的 radius 参数来定义饼状图的内半径和外半径，从而实现圆环图。

▶ **语法：**

```
obj.add(
    ......
    radius=[内半径，外半径]
)
```

▶ **说明：**

参数 radius 的取值是一个列表，第 1 个元素用于定义内半径，第 2 个元素用于定义外半径。

▶ **举例：**

```
import numpy as np
import pandas as pd
from pyecharts.charts import Pie

# 数据
data = [
    ["蜘蛛侠", 8.9],
    ["蝙蝠侠", 4.1],
    ["钢铁侠", 12.1],
    ["毒液", 8.5],
    ["海王", 11.5],
]
df = pd.DataFrame(data, columns=["电影", "票房"])
df_array = np.array(df)                  # 转换为数组
df_list = df_array.tolist()              # 转换为列表

# 绘图
pie = Pie()
pie.add(
    series_name="",
    data_pair=df_list,
    radius=["30%", "75%"],
)

# 渲染
pie.render()
```

运行后生成 render.html，在浏览器中打开，效果如图 8-60 所示。

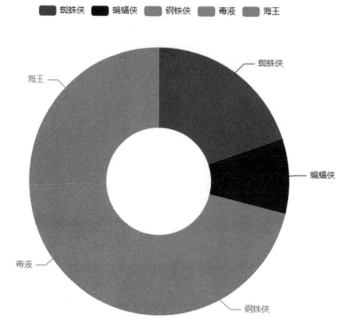

图 8-60　圆环图

### 3. 多饼状图

如果想要实现多饼状图，我们需要多次调用 add() 方法，然后使用 center 参数来设置每一个饼状图的位置。

▶ **语法**：

```
obj.add(
    ……
    center=[x轴位置，y轴位置]
)
```

▶ **说明**：

参数 center 的取值是一个列表，第 1 个元素用于定义 x 轴位置，第 2 个元素用于定义 y 轴位置。

▶ **举例**：

```
import numpy as np
import pandas as pd
from pyecharts.charts import Pie
import pyecharts.options as opts

# 数据
data = [
    ["蜘蛛侠", 8.9],
```

```
        ["蝙蝠侠", 4.1],
        ["钢铁侠", 12.1],
        ["毒液", 8.5],
        ["海王", 11.5],
]
df = pd.DataFrame(data, columns=["电影", "票房"])
df_array = np.array(df)                    # 转换为数组
df_list = df_array.tolist()                # 转换为列表
sum = df["票房"].sum()

# 绘图
pie = Pie()
# 第1个饼状图
pie.add(
        series_name="",
        data_pair=[df_list[0], ("其他", sum)],
        radius=[30, 60],
        center=["20%", "30%"]
)
# 第2个饼状图
pie.add(
        series_name="",
        data_pair=[df_list[1], ("其他", sum)],
        radius=[30, 60],
        center=["55%", "30%"]
)
# 第3个饼状图
pie.add(
        series_name="",
        data_pair=[df_list[2], ("其他", sum)],
        radius=[30, 60],
        center=["20%", "70%"]
)
# 第4个饼状图
pie.add(
        series_name="",
        data_pair=[df_list[3], ("其他", sum)],
        radius=[30, 60],
        center=["55%", "70%"]
)

# 定义标签格式
pie.set_series_opts(label_opts=opts.LabelOpts(formatter="{b}:{d}%"))

# 渲染
pie.render()
```

运行后生成 render.html，在浏览器中打开，效果如图 8-61 所示。

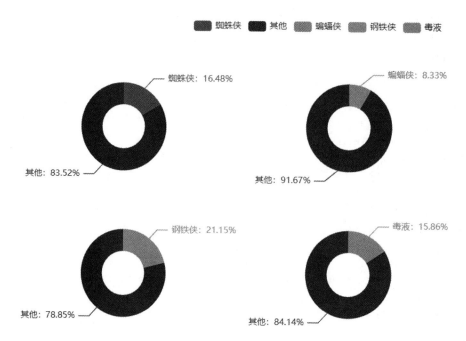

图 8-61　多饼状图

▸ **分析：**

对于多饼状图来说，有多少个饼状图，就需调用多少次 add() 方法。每一个饼状图我们都需要使用 center 这个参数来设置它的位置。

# 8.7　箱线图

## 8.7.1　基本语法

在 Pyecharts 中，我们可以使用 Boxplot 这个模块来绘制箱线图。箱线图的主要作用有 2 个：① 展示数据分布情况；② 判断是否有异常值。

▸ **语法：**

```
box = Boxplot()
box.add_xaxis(xaxis_data)
box.add_yaxis(series_name, y_axis)
```

▸ **说明：**

箱线图和折线图的语法相似，首先使用 Boxplot() 创建一个箱线图对象 box，然后调用该对象下面的 add_xaxis() 方法来添加 x 轴数据，以及调用 add_yaxis() 方法来添加 y 轴数据。

## 举例：有一个箱子的箱线图

```
import pandas as pd
from pyecharts.charts import Boxplot

# 数据
data = [
    ["张三", 24],
    ["李四", 18],
    ["王五", 37],
    ["小芳", 24],
    ["小红", 12],
    ["小明", 42],
    ["小华", 56],
    ["小莉", 67],
    ["小英", 45],
    ["小军", 120]
]
df = pd.DataFrame(data, columns=["姓名", "年龄"])

# 转换为二维列表
ages=[]
ages.append(list(df["年龄"]))

# 绘图
box = Boxplot()
box.add_xaxis(["年龄"])
box.add_yaxis(series_name="", y_axis=box.prepare_data(ages))

# 渲染
box.render()
```

运行后生成 render.html，在浏览器中打开，效果如图 8-62 所示。

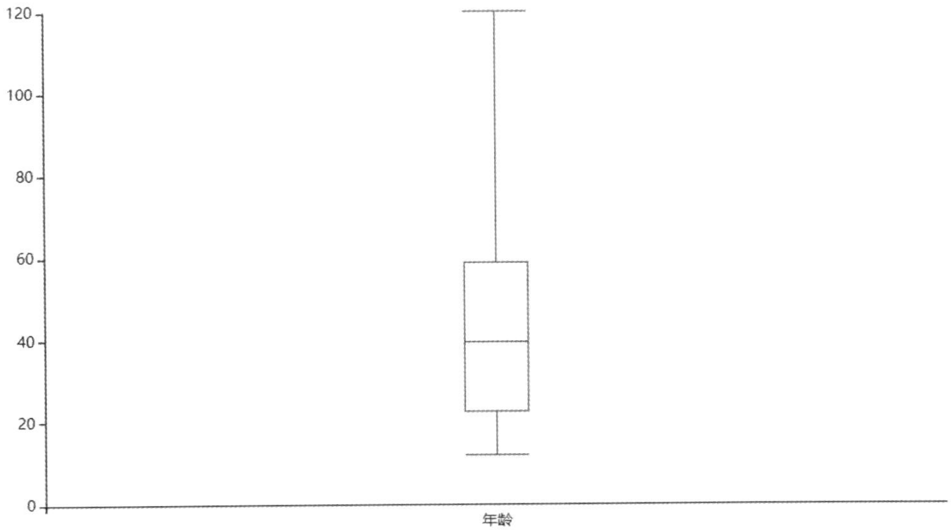


图 8-62　有一个箱子的箱线图

### ▼ 分析：

绘制箱线图 add_yaxis() 方法中的 y_axis 参数的取值是非常特别的，和其他图表不一样。box.prepare_data(ages) 中的"box"指的是箱线图对象，prepare_data() 是箱线图对象下的一个方法，ages 要求是一个二维列表。

```
# 转换为二维列表
ages=[]
temp=[]
for i in list(df["年龄"]):
        temp.append(i)
ages.append(temp)
```

上面这一段代码就是为了获得这样一个二维列表: [[24, 18, 37, 24, 12, 42, 56, 67, 45, 120]]。小伙伴们一定要记住：**箱线图的数据必须是二维列表**。之所以要求数据是二维列表，是因为 Pyecharts 可以同时绘制多个箱子。该二维列表有多少个元素，就可以绘制多少个箱子。

对于这个例子来说，如果使用 list(df[" 年龄 "]) 作为 y_axis 的数据，那么会报错。这是因为 list(df[" 年龄 "]) 得到的是一个一维列表，也就是: [24, 18, 37, 24, 12, 42, 56, 67, 45, 120]。

最后需要注意的是，Pyecharts 的箱线图和 Matplotlib 或 Seaborn 的箱线图有些不一样，它是不会显示出异常值的。不过 Pyecharts 的箱线图的交互性比较好，当鼠标指针移到箱线图上时，会出现一个提示框把统计数据清晰地显示出来，如图 8-63 所示。

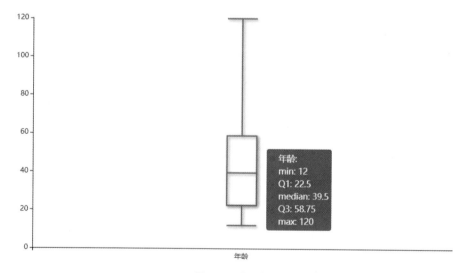

图 8-63　提示框

### ▼ 举例：有多个箱子的箱线图

```
import pandas as pd
from pyecharts.charts import Boxplot

# 数据
data = [
    ["张三", 65, 71, 74],
```

```
    ["李四", 61, 50, 67],
    ["王五", 90, 67, 82],
    ["小芳", 87, 64, 81],
    ["小红", 92, 71, 98],
    ["小明", 87, 94, 82],
    ["小华", 82, 61, 64],
    ["小莉", 82, 70, 97],
    ["小英", 64, 91, 63],
    ["小军", 62, 71, 58]
]
df = pd.DataFrame(data, columns=["姓名", "语文", "数学", "英语"])

# 转换为二维列表
scores = []
scores.append(list(df["语文"]))
scores.append(list(df["数学"]))
scores.append(list(df["英语"]))

# 绘图
box = Boxplot()
box.add_xaxis(["语文", "数学", "英语"])
box.add_yaxis(series_name="各科成绩", y_axis=box.prepare_data(scores))

# 渲染
box.render()
```

运行后生成 render.html，在浏览器中打开，效果如图 8-64 所示。

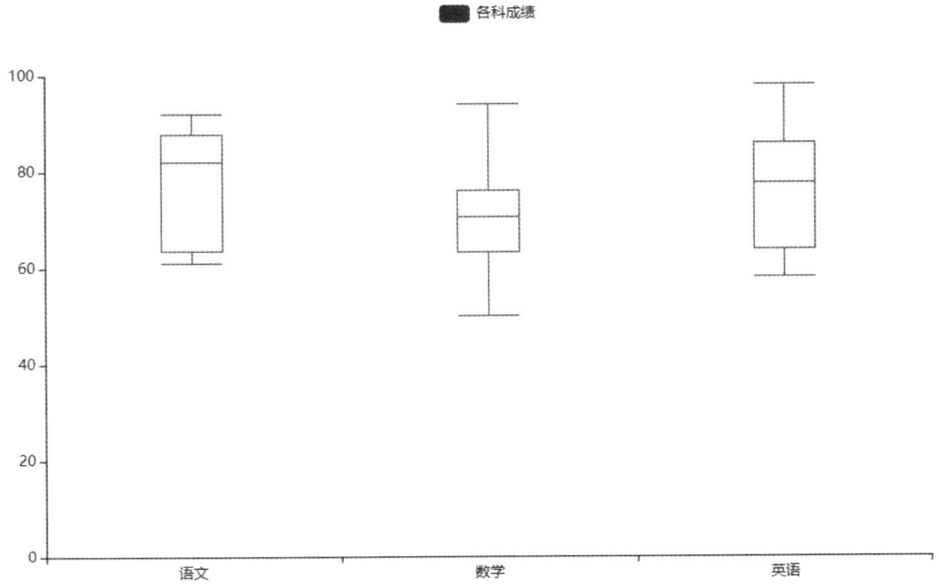


图 8-64 有多个箱子的箱线图

## 分析：

```
# 转换为二维列表
scores = []
```

```
scores.append(list(df["语文"]))
scores.append(list(df["数学"]))
scores.append(list(df["英语"]))
```

运行上面这一段代码后，我们获得的 scores 是一个二维列表，也就是下面这个二维列表。

```
[
    [65, 61, 90, 87, 92, 87, 82, 82, 64, 62],
    [71, 50, 67, 64, 71, 94, 61, 70, 91, 71],
    [74, 67, 82, 81, 98, 82, 64, 97, 63, 58]
]
```

## 8.7.2 样式定义

在 Pyecharts 中，我们还可以对箱线图进行样式自定义，主要包括 2 个方面的内容：① 横向显示；② 改变颜色。

### 举例：横向显示

```
import pandas as pd
from pyecharts.charts import Boxplot

# 数据
data = [
    ["张三", 24],
    ["李四", 18],
    ["王五", 37],
    ["小芳", 24],
    ["小红", 12],
    ["小明", 42],
    ["小华", 56],
    ["小莉", 67],
    ["小英", 45],
    ["小军", 120]
]
df = pd.DataFrame(data, columns=["姓名", "年龄"])

# 转换为二维列表
ages=[]
ages.append(list(df["年龄"]))

# 绘图
box = Boxplot()
box.add_xaxis(["年龄"])
box.add_yaxis(series_name="", y_axis=box.prepare_data(ages))
# 横向显示
box.reversal_axis()

# 渲染
box.render()
```

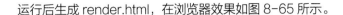

运行后生成 render.html，在浏览器效果如图 8-65 所示。

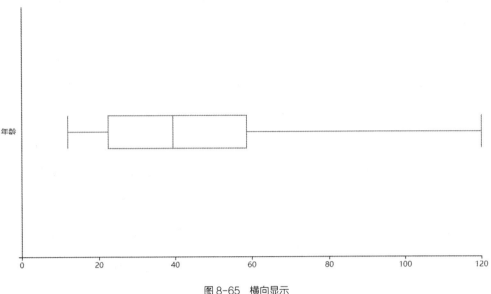

图 8-65　横向显示

## ▮ 分析：

箱线图默认是纵向显示的，如果想要改为横向显示，我们可以使用之前介绍的 reversal_axis() 方法来实现。

## ▮ 举例：改变颜色

```
import pandas as pd
from pyecharts.charts import Boxplot

# 数据
data = [
    ["张三", 24],
    ["李四", 18],
    ["王五", 37],
    ["小芳", 24],
    ["小红", 12],
    ["小明", 42],
    ["小华", 56],
    ["小莉", 67],
    ["小英", 45],
    ["小军", 120]
]
df = pd.DataFrame(data, columns=["姓名", "年龄"])

# 转换为二维列表
ages=[]
ages.append(list(df["年龄"]))
```

```
# 绘图
box = Boxplot()
box.add_xaxis(["年龄"])
box.add_yaxis(series_name="", y_axis=box.prepare_data(ages))
# 改变颜色
box.set_colors(["orange"])

# 渲染
box.render()
```

运行后生成 render.html，在浏览器中打开，效果如图 8-66 所示。

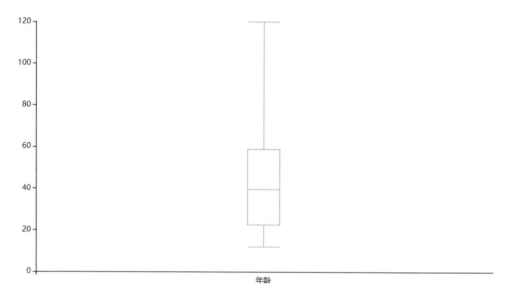

图 8-66　改变颜色

### ▶ 分析：

如果想要改变箱线图的颜色，我们可以使用之前介绍的 set_colors() 方法来实现。但是对于箱线图，我们无法使用 color 参数来改变其颜色，这是因为箱线图的 add() 方法中没有 color 这个参数。

# 第 9 章

# 高级图表

## 9.1 高级图表简介

第 8 章介绍的是 Pyecharts 中常用的图表，不过在实际开发中，有时我们也会有一些特殊的需求，此时仅仅依靠基础图表，其实是满足不了工作要求的。

本章我们将介绍 Pyecharts 中的高级图表，主要包括以下 7 种。

- ▶ K 线图。
- ▶ 水球图。
- ▶ 日历图。
- ▶ 词云图。
- ▶ 地图。
- ▶ 树形图表。
- ▶ 3D 图表。

实际上除了上面介绍的这些图表之外，Pyecharts 还有非常多其他图表，包括漏斗图、旭日图、主题河流图等。不过小伙伴们只要能够掌握上面介绍的这些图表，就可以走得很远了。对于其他图表，小伙伴们可以通过官方文档来学习。

## 9.2 K 线图

### 9.2.1 基本语法

K 线图又叫作 "蜡烛图"。小伙伴们应该都知道与股市相关的有 4 个指标：开盘价、收盘价、最低价、最高价。K 线图就是围绕这 4 个指标来表现数据的一种图表。

在 Pyecharts 中，我们可以使用 Kline 这个模块来绘制 K 线图。

### ▮ 语法：

```
k = Kline()
k.add_xaxis(xaxis_data)
k.add_yaxis(series_name, y_axis)
```

### ▆ 说明：

Kline() 用于创建一个 K 线图对象，add_xaxis() 方法用于添加 x 轴数据，add_yaxis() 方法用于添加 y 轴数据。

### ▆ 举例：

```python
import numpy as np
import pandas as pd
from pyecharts.charts import Kline

# 数据
data = [
    ["2022-01-01", 197, 165, 156, 200],
    ["2022-01-02", 161, 164, 155, 188],
    ["2022-01-03", 146, 214, 100, 215],
    ["2022-01-04", 228, 233, 215, 236],
    ["2022-01-05", 230, 226, 220, 231]
]
df = pd.DataFrame(data, columns=["日期", "开盘", "收盘", "最低", "最高"])
# 获取日期部分
dates = list(df["日期"])
# 设置行名
df.set_index("日期", inplace=True)
# 获取数据部分
df_array = np.array(df)
df_list = df_array.tolist()

# 绘图
k = Kline()
k.add_xaxis(xaxis_data=dates)
k.add_yaxis(series_name="", y_axis=df_list)

# 渲染
k.render()
```

运行后生成 render.html，在浏览器中打开，效果如图 9-1 所示。

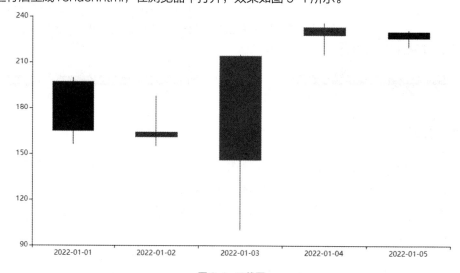

图 9-1  K 线图

▶ **分析：**

K线图中的每一项代表的是某个时间的股市数据。当我们将鼠标指针移到某一项上时，就会出现提示框显示该时间的开盘价（open）、收盘价（close）、最低价（lowest）、最高价（highest），如图9-2所示。

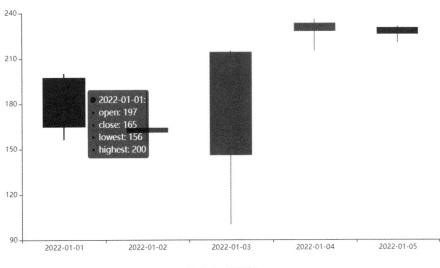

图9-2　提示框

## 9.2.2　实际案例

当前项目下的data文件夹中有一个stock.csv文件，项目结构如图9-3所示。stock.csv文件保存的是一个月内的股市数据，部分内容如图9-4所示。

图9-3　项目结构

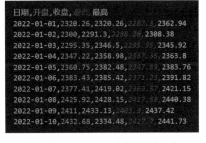

图9-4　stock.csv文件的部分内容

▶ **举例：**

```python
import numpy as np
import pandas as pd
from pyecharts.charts import Kline

# 读取文件
df = pd.read_csv(r"data/stock.csv")
# 获取日期部分
```

```
dates = list(df["日期"])
# 设置行名
df.set_index("日期", inplace=True)
# 获取数据部分
df_array = np.array(df)
df_list = df_array.tolist()

# 绘图
k = Kline()
k.add_xaxis(xaxis_data=dates)
k.add_yaxis(series_name="", y_axis=df_list)

# 渲染
k.render()
```

运行后生成 render.html，在浏览器中打开，效果如图 9-5 所示。

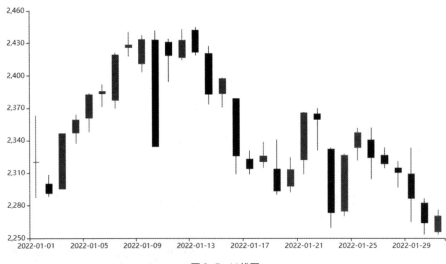

图 9-5  K 线图

### ▰ 举例：添加标记线

```
import numpy as np
import pandas as pd
from pyecharts.charts import Kline
import pyecharts.options as opts

# 读取文件
df = pd.read_csv(r"data/stock.csv")
# 获取日期部分
dates = list(df["日期"])
# 设置行名
df.set_index("日期", inplace=True)
# 获取数据部分
df_array = np.array(df)
df_list = df_array.tolist()
```

```
# 绘图
k = Kline()
k.add_xaxis(xaxis_data=dates)
k.add_yaxis(series_name="", y_axis=df_list)
# 添加标记线
k.set_series_opts(markline_opts=opts.MarkLineOpts(data=[opts.MarkLineItem(type_="max")]))

# 渲染
k.render()
```

运行后生成 render.html，在浏览器中打开，效果如图 9-6 所示。

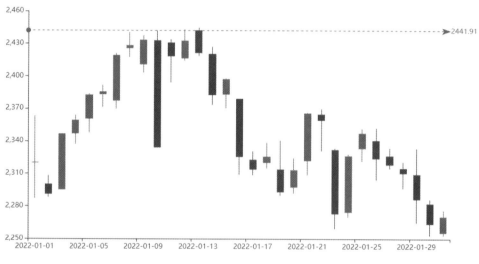

图 9-6　添加标记线

## ▶ 举例：添加分割区域

```
import numpy as np
import pandas as pd
from pyecharts.charts import Kline
import pyecharts.options as opts

# 读取文件
df = pd.read_csv(r"data/stock.csv")
# 获取日期部分
dates = list(df["日期"])
# 设置行名
df.set_index("日期", inplace=True)
# 获取数据部分
df_array = np.array(df)
df_list = df_array.tolist()

# 绘图
k = Kline()
k.add_xaxis(xaxis_data=dates)
```

```
k.add_yaxis(series_name="", y_axis=df_list)
# 添加分割区域
k.set_global_opts(
    yaxis_opts=opts.AxisOpts(
        is_scale=True,
        splitarea_opts=opts.SplitAreaOpts(
            is_show=True,
            areastyle_opts=opts.AreaStyleOpts(opacity=1)
        ),
    )
)

# 渲染
k.render()
```

运行后生成 render.html，在浏览器中打开，效果如图 9-7 所示。

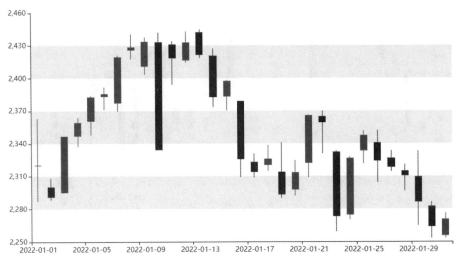

图 9-7　添加分割区域

### ▛ 举例：添加区域缩放

```
import numpy as np
import pandas as pd
from pyecharts.charts import Kline
import pyecharts.options as opts

# 读取文件
df = pd.read_csv(r"data/stock.csv")
# 获取日期部分
dates = list(df["日期"])
# 设置行名
df.set_index("日期", inplace=True)
# 获取数据部分
df_array = np.array(df)
df_list = df_array.tolist()
```

```
# 绘图
k = Kline()
k.add_xaxis(xaxis_data=dates)
k.add_yaxis(series_name="", y_axis=df_list)
# 添加区域缩放
k.set_global_opts(
    datazoom_opts=[opts.DataZoomOpts(pos_bottom="-2%")]
)

# 渲染
k.render()
```

运行后生成 render.html，在浏览器中打开，效果如图 9-8 所示。

图 9-8　添加区域缩放

# 9.3　水球图

## 9.3.1　基本语法

在 Pyecharts 中，我们可以使用 Liquid 这个模块来绘制水球图。水球图是一种适合展示单个百分比数据的图表。

### ▌ 语法：

```
lq = Liquid()
lq.add(series_name, data)
```

### 说明：

对于水球图来说，它使用的也是 add() 方法。参数 series_name 用于定义序列名，参数 data 用于定义数据部分。

### 举例：基本水球图

```
from pyecharts.charts import Liquid

# 数据
data = [0.8]
# 绘图
lq = Liquid()
lq.add(series_name="票房占比", data=data)

# 渲染
lq.render()
```

运行后生成 render.html，在浏览器中打开，效果如图 9-9 所示。

图 9-9 水球图

### 分析：

需要注意的是，参数 data 的取值要求是一维列表，列表的元素取值是范围为 0.0~1.0 的浮点数。接下来我们再来看一个具体的实例，了解一下水球图是怎么使用的。

### 举例：实际案例

```
import pandas as pd
from pyecharts.charts import Liquid

# 数据
data = [
      ["蜘蛛侠", 8.9],
      ["蝙蝠侠", 4.1],
      ["钢铁侠", 12.1],
      ["毒液", 8.5],
      ["海王", 11.5]
]
df = pd.DataFrame(data, columns=["电影", "票房"])
# 获取票房总和
total = df["票房"].sum()
# 获取所占百分比数据
```

```
percent = [df.loc[0].at["票房"] / total]

# 绘图
lq = Liquid()
lq.add(series_name="票房占比", data=percent)

# 渲染
lq.render()
```

运行后生成 render.html，在浏览器中打开，效果如图 9-10 所示。

图 9-10 水球图

**分析：**

在这个例子中，是先求出“蜘蛛侠”票房占总票房的百分比，然后使用水球图来展示数据。

## 9.3.2 样式定义

在 Pyecharts 中，关于水球图的自定义样式，主要包括 3 个方面的内容：① 水球形状；② 关闭动画；③ 多水球图。

### 1. 水球形状

在 Pyecharts 中，我们可以使用 add() 方法的参数 shape 来定义水球的形状。对于参数 shape 来说，它常用的取值如表 9-1 所示。

表 9-1 参数 shape 的常用取值

| 取值 | 说明 |
| --- | --- |
| circle（默认值） | 圆形 |
| rect | 矩形 |
| triangle | 三角形 |
| diamond | 钻石形 |
| pin | 针形 |
| arrow | 箭头形 |

**举例：**

```
from pyecharts.charts import Liquid

# 数据
```

```
data = [0.8]
# 绘图
lq = Liquid()
lq.add(series_name="票房占比", data=data, shape="rect")

# 渲染
lq.render()
```

运行后生成 render.html，在浏览器中打开，效果如图 9-11 所示。

图 9-11　shape="rect"

**▶ 分析：**

shape="rect" 表示将水球的形状设置成矩形。我们将 shape 的值依次修改为 triangle、diamond、pin、arrow，效果分别如图 9-12~ 图 9-15 所示。

图 9-12　shape="triangle"

图 9-13　shape="diamond"

图 9-14　shape="pin"

图 9-15　shape="arrow"

### 2. 关闭动画

默认情况下，水球图会有一个波浪动画。在 Pyecharts 中，我们可以使用 add() 方法的参数 is_animation 来关闭动画。is_animation 的值是一个布尔值，也就是 True 或 False。

**▶ 举例：**

```
from pyecharts.charts import Liquid

# 数据
```

```
data = [0.8]
# 绘图
lq = Liquid()
lq.add(series_name="票房占比", data=data, is_animation=False)

# 渲染
lq.render()
```

运行后生成 render.html，在浏览器中打开，效果如图 9-16 所示。

图 9-16　关闭动画

▌ 分析：

使用 is_animation=False 之后，水球图的动画就会被关闭。除了这种方式之外，我们还可以使用"8.4 通用设置"一节介绍的设置方法来关闭动画。

### 3. 多水球图

如果想要实现多水球图，我们需要多次调用 add() 方法，然后使用参数 center 来设置每一个水球的位置。多水球图和多饼状图的实现方式是一样的，小伙伴们可以对比理解。

▌ 语法：

```
obj.add(
    ......
    center=[x轴位置，y轴位置]
)
```

▌ 说明：

参数 center 的取值是一个列表，第 1 个元素用于定义 x 轴位置，第 2 个元素用于定义 y 轴位置。

▌ 举例：

```
import pandas as pd
from pyecharts.charts import Liquid

# 数据
data = [
    ["蜘蛛侠", 8.9],
    ["蝙蝠侠", 4.1],
    ["钢铁侠", 12.1],
    ["毒液", 8.5],
    ["海王", 11.5]
```

```
]
df = pd.DataFrame(data, columns=["电影", "票房"])
total = df["票房"].sum()
percent1 = [df.loc[0].at["票房"] / total]
percent2 = [df.loc[1].at["票房"] / total]

# 绘图
lq = Liquid()
lq.add(series_name="蜘蛛侠", data=percent1, center=["60%", "50%"])
lq.add(series_name="蝙蝠侠", data=percent2, center=["25%", "50%"])

# 渲染
lq.render()
```

运行后生成 render.html，在浏览器中打开，效果如图 9-17 所示。

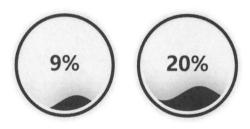

图 9-17　多水球图

### ▰ 分析：

对于多水球图来说，有多少个水球，就需调用多少次 add() 方法。对于每一个水球，我们都需要使用 center 这个参数来设置它的位置。

## 9.4　日历图

### 9.4.1　基本语法

在 Pyecharts 中，我们可以使用 Calendar 这个模块来绘制日历图。日历图用于展示一段时间的日历布局，有助于我们更好地查看所选日期对应的数据。

### ▰ 语法：

```
c = Calendar()
c.add(
    series_name,
    yaxis_data,
    calendar_opts=opts.CalendarOpts(range_="年份")
)
```

▶ **说明：**

对于日历图来说，它也使用 add() 方法。参数 series_name 用于定义序列名。参数 yaxis_data 用于定义数据部分。需要注意的是，日历图的 add() 方法是使用参数 yaxis_data 来定义数据部分，而不是使用参数 data_pair 来定义数据部分。参数 calendar_opts 是一个必选参数，range_ 用于指定所选的年份。

▶ **举例：**

```python
import numpy as np
import pandas as pd
from pyecharts.charts import Calendar
import pyecharts.options as opts

# 数据
data = [
    ["2022-01-01", 450],
    ["2022-01-02", 420],
    ["2022-01-03", 560],
    ["2022-01-04", 480],
    ["2022-01-05", 530],
    ["2022-01-06", 620],
    ["2022-01-07", 600],
    ["2022-01-08", 480],
    ["2022-01-09", 550],
    ["2022-01-10", 670]
]
df = pd.DataFrame(data, columns=["日期", "销量"])
df_array = np.array(df)              # 转换为数组
df_list = df_array.tolist()          # 转换为列表

# 绘图
c = Calendar()
c.add(series_name="", yaxis_data=df_list, calendar_opts=opts.CalendarOpts(range_="2022"))

# 渲染
c.render()
```

运行后生成 render.html，在浏览器中打开，效果如图 9-18 所示。

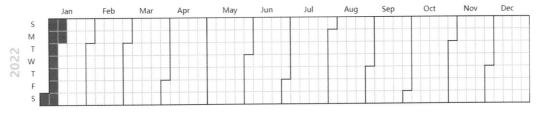

图 9-18 日历图

▶ **分析：**

日历图展示的是一年的数据，左边的 S、M、T 等代表的是星期，顶部的 Jan、Feb、Mar 等

代表的是月份，每一个单元格代表一天。当鼠标指针移到某一个单元格上时，会出现提示框显示该
天对应的数据，如图 9-19 所示。

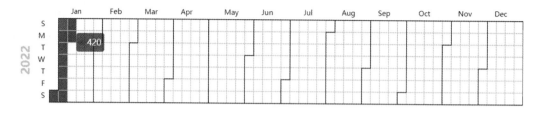

图 9-19　提示框

由于这个例子只有 2022 年中 10 天的数据，所以只有 10 个单元格绘制上了颜色，其他白色部
分代表的是没有数据的日期。

此外需要注意日历图的数据部分，它的数据要求是一个二维列表。列表每一项的第 1 个元素是
日期，第 2 个元素是数据。下面 2 种形式都是可行的。

```
# 形式1
[
    ["2022-01-01", 450],
    ["2022-01-02", 420],
    ["2022-01-03", 560],
    ["2022-01-04", 480],
    ["2022-01-05", 530]
]

# 形式2
[
    ("2022-01-01", 450),
    ("2022-01-02", 420),
    ("2022-01-03", 560),
    ("2022-01-04", 480),
    ("2022-01-05", 530)
]
```

## 9.4.2　实际案例

当前项目下的 data 文件夹中有一个 steps.csv 文件，项目结构如图 9-20 所示。steps.csv
文件保存的是某人 2020 年每天的步数数据，部分内容如图 9-21 所示。

图 9-20　项目结构　　　　　　　　　图 9-21　steps.csv 文件的部分内容

### 举例：

```python
import numpy as np
import pandas as pd
from pyecharts.charts import Calendar
import pyecharts.options as opts


# 读取文件
df = pd.read_csv(r"data/steps.csv")
df_array = np.array(df)                      # 转换为数组
df_list = df_array.tolist()                  # 转换为列表

# 绘图
c = Calendar()
c.add(
    series_name="",
    yaxis_data=df_list,
    calendar_opts=opts.CalendarOpts(range_="2020")
)

# 渲染
c.render()
```

运行后生成 render.html，在浏览器中打开，效果如图 9-22 所示。

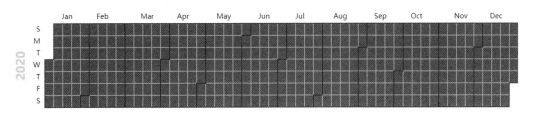

图 9-22　默认效果

### 分析：

红色部分代表的是有数据的日期。不过整个日历都是红色的，这样用户体验会不好，我们可以使用 set_global_opts() 方法结合参数 visualmap_opts 来添加颜色区分，请看下面的例子。

### 举例：添加区分

```python
import numpy as np
import pandas as pd
from pyecharts.charts import Calendar
import pyecharts.options as opts

# 读取文件
df = pd.read_csv(r"data/steps.csv")
df_array = np.array(df)                      # 转换为数组
df_list = df_array.tolist()                  # 转换为列表
steps_min = int(df["步数"].min())            # 获取最小值
steps_max = int(df["步数"].max())            # 获取最大值
```

```
# 绘图
c = Calendar()
c.add(series_name="", yaxis_data=df_list, calendar_opts=opts.CalendarOpts(range_="2020"))
# 添加颜色区分
c.set_global_opts(visualmap_opts=opts.VisualMapOpts(
    type_="color",
    min_=steps_min,
    max_=steps_max,
    pos_bottom=50,
    pos_right=0
))

# 渲染
c.render()
```

运行后生成 render.html，在浏览器中打开，效果如图 9-23 所示。

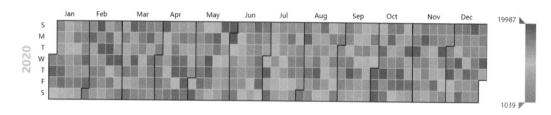

图 9-23　添加颜色区分

▶ **分析：**

添加颜色区分之后，我们就可以清楚地看到哪些日期步数比较多，哪些日期步数比较少了。

## 9.5　词云图

### 9.5.1　基本语法

词云图指的是突出频率较高的"关键词"，并过滤无用的文本信息的图。这样用户扫一眼词云图就可知道文本的重点是什么。

在 Pyecharts 中，我们可以使用 WordCloud 这个模块来生成词云图。

▶ **语法：**

```
cloud = WordCloud()
cloud.add(series_name, data_pair)
```

▶ **说明：**

对于词云图来说，它也使用 add() 方法。参数 series_name 用于定义序列名，参数 data_

pair 用于定义数据部分。

▚ **举例：**

```
from pyecharts.charts import WordCloud

# 数据
data = [
    ["红楼梦", 999],
    ["西游记", 988],
    ["水浒传", 976],
    ["三国演义", 975],
    ["史记", 955],
    ["资治通鉴", 945],
    ["二十四史", 935],
    ["战国策", 921],
    ["论语", 915],
    ["尚书", 871],
    ["周易", 868],
    ["道德经", 845],
    ["吕氏春秋", 831],
    ["春秋左氏传", 811],
    ["大学", 791],
    ["中庸", 777],
    ["孟子", 758],
    ["老子", 745],
    ["墨子", 717],
    ["山海经", 699],
    ["天工开物", 655],
    ["本草纲目", 578],
    ["梦溪笔谈", 537],
    ["奇门遁甲", 512],
    ["九章算术", 500],
    ["伤寒论", 487],
    ["海国图志", 462],
    ["世说新语", 417],
    ["东周列国志", 384],
    ["封神演义", 382],
    ["聊斋志异", 365],
    ["官场现形记", 347],
    ["二十年目睹之怪现状", 282],
    ["骆驼祥子", 255],
    ["阿Q正传", 250],
    ["狂人日记", 242],
    ["平凡的世界", 236],
    ["活着", 230],
    ["白鹿原", 73],
    ["红高粱", 65]
]
```

```
# 绘图
cloud = WordCloud()
cloud.add(
    series_name="",
    data_pair=data
)

# 渲染
cloud.render()
```

运行后生成 render.html，在浏览器中打开，效果如图 9-24 所示。

图 9-24　词云图

### ▶ 分析：

对于 data_pair 这个参数来说，它的值要求是一个二维列表，列表每一项的第 1 个元素是文本，第 2 个元素是该文本出现的次数。下面 2 种形式都是可行的。

```
# 形式1
data = [
    ["红楼梦", 999],
    ["西游记", 988],
    ["水浒传", 976],
    ["三国演义", 975]
]

# 形式2
data = [
    ("红楼梦", 999),
    ("西游记", 988),
    ("水浒传", 976),
    ("三国演义", 975)
]
```

对于词云图来说，当鼠标指针移到某一项上时，会出现提示框显示该项对应的数据，如图 9-25 所示。

图 9-25 提示框

## 9.5.2 样式定义

在 Pyecharts 中，关于词云图的自定义样式，主要包括 2 个方面的内容：① 词云形状；② 字体大小。

### 1. 词云形状

在 Pyecharts 中，我们可以使用 add() 方法的参数 shape 来定义词云的形状。对于参数 shape 来说，它常用的取值如表 9-2 所示。

表 9-2 参数 shape 的常用取值

| 取值 | 说明 |
| --- | --- |
| circle | 圆形 |
| rect | 矩形 |
| triangle | 三角形 |
| pentagon | 五角形 |
| star | 星形 |
| diamond | 钻石形 |

我们在原来例子的基础上使用 shape 这个参数，修改 "# 绘图" 部分的代码如下，效果如图 9-26 所示。

```
cloud.add(
    series_name="",
    data_pair=data,
    shape="diamond"
)
```

图 9-26 shape="diamond" 效果

实际上，对参数 shape 设置这几种取值的效果并不明显。在实际开发中，我们只需要使用默认值就可以了。

### 2. 字体大小

在 Pyecharts 中，我们可以使用 add() 方法的参数 word_size_range 来定义词云图的字体大小范围。word_size_range 的值是一个列表，word_size_range=[m, n] 表示字体大小的范围为 m~n 像素。

我们在原来例子的基础上使用 word_size_range 这个参数，修改"# 绘图"部分的代码如下，此时效果如图 9-27 所示。

```
cloud.add(
    series_name="",
    data_pair=data,
    word_size_range=[10, 50]
)
```

图 9-27　word_size_range=[10, 50] 效果

需要注意的是，word_size_range=[m, n] 中的 m 和 n 的值不能太大也不能太小。当它们的值太大时，文本就会显示不完整。比如当 word_size_range=[10, 100] 时，效果如图 9-28 所示。

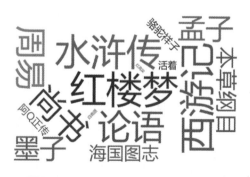

图 9-28　word_size_range=[10, 100] 效果

本节只是给小伙伴们介绍词云图的基本使用方法。如果是在真正的商业产品设计环节中，我们还需要在设计层面上多多考虑，比如使用自定义的形状等，让产品的用户体验更好。

# 第 10 章

## 其他操作

## 10.1　模拟数据

在 Pyecharts 中，可以使用它自带的 Faker 库来生成模拟数据。使用了模拟数据，就不需要手动指定数据了，这样可以方便学习 Pyecharts 的各种图表。

▼ **语法：**

```
from pyecharts.faker import Faker
```

▼ **说明：**

我们需要从 pyecharts.faker 模块中导入 Faker 库。Faker 库常用的属性如表 10-1 所示。

表 10-1　Faker 库常用的属性

| 属性 | 说明 | 取值 |
|------|------|------|
| visual_color | 随机颜色 | ["#313695", "#4575b4", …, "#74add1"] |
| months | 12 个月份 | ["1 月 ", "2 月 ", …, "12 月 "] |
| clock | 时间字符 | ["12a", "1a", …, "11p"] |
| week | 中文星期 | [" 周一 ", " 周二 ", …, " 周日 "] |
| week_en | 英文星期 | ["Saturday", "Friday", …, "Sunday"] |
| country | 国家 | ["China", "Canada", …, "Germany"] |
| provinces | 省份 | [" 广东 ", " 北京 ", …, " 江苏 "] |
| guangdong_city | 城市（以广东为例） | [" 汕头市 ", " 汕尾市 ", …, " 惠州市 "] |
| clothes | 衣服 | [" 衬衫 ", " 毛衣 ", …, " 袜子 "] |
| fruits | 水果 | [" 草莓 ", " 芒果 ", …, " 车厘子 "] |
| drinks | 饮料 | [" 可乐 ", " 雪碧 ", …, " 青岛 "] |

| 属性 | 说明 | 取值 |
|---|---|---|
| phones | 手机 | [" 小米 ", " 三星 ", …, "OPPO"] |
| cars | 汽车 | [" 宝马 ", " 法拉利 ", …, " 特斯拉 "] |
| animal | 动物 | [" 河马 ", " 蟒蛇 ", …, " 狮子 "] |
| dogs | 小狗 | [" 哈士奇 ", " 萨摩耶 ", …, " 柯基 "] |

Faker 库还提供了 2 种方法: values() 和 choose()。Faker.values(start, end) 返回的是一个数值型列表, 列表中每一个数的取值范围都是 [start, end]。

Faker.choose() 方法是从以下 7 个结果中选一个来返回。

- ▶ Faker.week
- ▶ Faker.phones
- ▶ Faker.clothes
- ▶ Faker.drinks
- ▶ Faker.fruits
- ▶ Faker.animal
- ▶ Faker.dogs

对于 Faker 库, 我们需要记住一点: **Faker 的所有属性和方法都会生成一个列表型的数据。**

### ▉ 举例: Faker 属性

```
from pyecharts.faker import Faker
print(Faker.visual_color)
```

运行后, 控制台的输出结果如下。

```
["#313695", "#4575b4", "#74add1", "#abd9e9", "#e0f3f8", "#ffffbf", "#fee090", "#fdae61",
"#f46d43", "#d73027", "#a50026"]
```

### ▉ 举例: Faker.values()

```
from pyecharts.faker import Faker
print(Faker.values(100, 1000))
```

运行后, 控制台的输出结果如下。

```
[907, 382, 237, 232, 212, 619, 804]
```

### ▉ 举例: Faker.choose()

```
from pyecharts.faker import Faker
print(Faker.choose())
```

运行后, 控制台的输出结果如下。

```
[" 小米 ", " 华为 ", "VIVO", "OPPO"]
```

## 举例：折线图

```
from pyecharts.charts import Line
from pyecharts.faker import Faker

# 数据
clothes = Faker.clothes
values = Faker.values()

# 绘图
line = Line()
line.add_xaxis(xaxis_data=clothes)
line.add_yaxis(series_name="衣服销量", y_axis=values)

# 渲染
line.render()
```

运行后生成 render.html，在浏览器中打开，效果如图 10-1 所示。

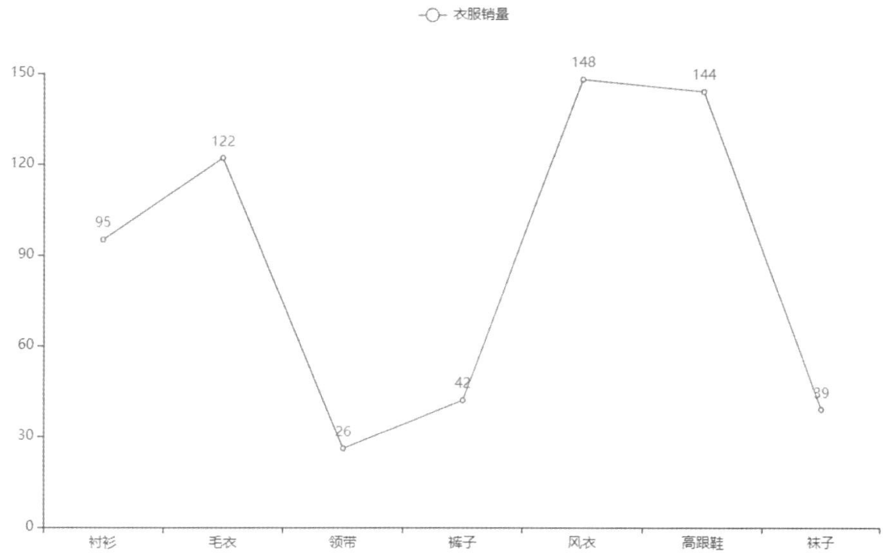


图 10-1 折线图

## 分析：

对于这个例子来说，Faker.clothes 会生成这样一个列表：["衬衫", "毛衣", "领带", "裤子", "风衣", "高跟鞋", "袜子"]，而 Faker.values() 会生成这样一个列表：[95, 122, 26, 42, 148, 144, 39]。

## 举例：柱形图

```
import pandas as pd
from pyecharts.charts import Bar
from pyecharts.faker import Faker

# 数据
months = Faker.months
```

```
values = Faker.values()

# 绘图
bar = Bar()
bar.add_xaxis(xaxis_data=months)
bar.add_yaxis(series_name="上衣", y_axis=values)

# 渲染
bar.render()
```

运行后生成 render.html，在浏览器中打开，效果如图 10-2 所示。

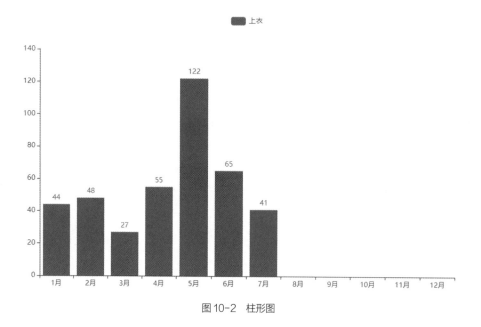

图 10-2　柱形图

### ▌ 分析：

对于这个例子来说，Faker.months 会生成这样一个列表：["1 月", "2 月", "3 月", "4 月", "5 月", "6 月", "7 月", "8 月", "9 月", "10 月", "11 月", "12 月"]，而 Faker.values() 会生成这样一个列表：[44, 48, 27, 55, 122, 65, 41]。

### ▌ 举例：地图

```
from pyecharts.charts import Map
import pyecharts.options as opts
from pyecharts.faker import Faker

# 数据
data = []
for x in zip(Faker.guangdong_city, Faker.values()):
    data.append(x)

# 绘图
map = Map()
map.add(series_name="各城市销量统计", data_pair=data, maptype="广东")
```

```
# 添加颜色区分
map.set_global_opts(visualmap_opts=opts.VisualMapOpts(
    type_="color",
    pos_bottom=50,
    pos_right=0
))
```

```
# 渲染
map.render()
```

运行后生成 render.html，在浏览器中打开，效果如图 10-3 所示。

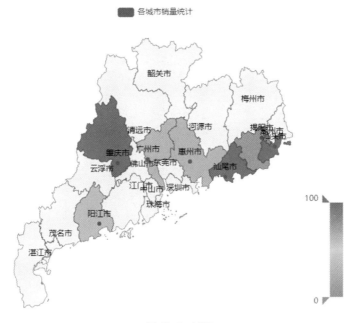

图 10-3　地图

### ▶ 分析：

在这个例子中，Faker.values() 会生成这样一个列表: [(" 汕头市 ", 122), (" 汕尾市 ", 119), (" 揭阳市 ", 77), (" 阳江市 ", 37), (" 肇庆市 ", 108), (" 广州市 ", 63), (" 惠州市 ", 31)]。

## 10.2　保存图片

在 Pyecharts 中，如果想要将一个图表保存成一张图片，可通过以下 3 种方式实现。

▶ 使用 snapshot-selenium
▶ 使用 snapshot-phantomjs
▶ 通过右键菜单保存

前面两种方式可以实现"自动化保存"，不过这两种方式配置起来比较麻烦，小伙伴们可以自行根据官方文档来实现。第 3 种方式是手动保存，实现起来最简单。

## ▌举例：

```
import pandas as pd
from pyecharts.charts import Bar

# 数据
data = [
    ["1月", 450, 110],
    ["2月", 420, 220],
    ["3月", 560, 150],
    ["4月", 480, 310],
    ["5月", 530, 250],
    ["6月", 620, 160]
]
df = pd.DataFrame(data, columns=["月份", "上衣", "裤子"])

# 绘图
bar = Bar()
bar.add_xaxis(xaxis_data=list(df["月份"]))
# 第1种柱条
bar.add_yaxis(series_name="上衣", y_axis=list(df["上衣"]))
# 第2种柱条
bar.add_yaxis(series_name="裤子", y_axis=list(df["裤子"]))

# 渲染
bar.render()
```

运行生成的 render.html，浏览器效果如图 10-4 所示。

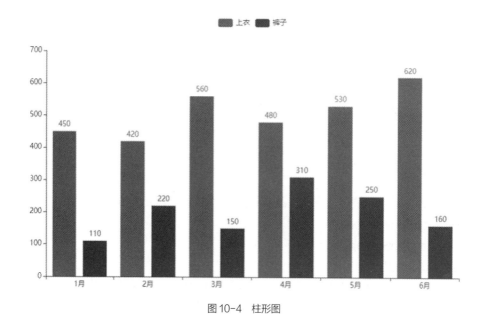

图 10-4　柱形图

### ▶ 分析：

经过之前的学习我们知道，Pyecharts 会将图表渲染成一个 HTML 文件，在浏览器中打开这个 HTML 文件，就可以查看绘制出来的图表了。

此时想要将图表保存为一张图片，就非常简单了。首先，把鼠标指针移到图表上面，然后单击鼠标右键，在右键菜单中选择"将图像另存为"，就可以将图片保存到本地了，如图 10-5 所示。

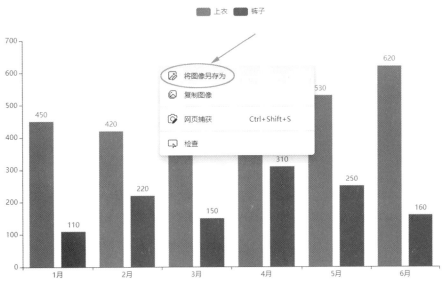

图 10-5　通过右键菜单保存

## 10.3　更多内容

对于 Pyecharts 来说，如果小伙伴们能够认真学习并掌握本书介绍的内容，就已经可以走得很远了。实际上，Pyecharts 还提供了非常多的进阶话题，包括参数传递、数据格式以及定制地图等。

此外，Pyecharts 还可以结合 Flask、Django 等 Web 框架，这是它非常强大的一个功能。不过想要使用这些功能，对开发者的要求也比较高，至少需要先学习 Flask（如图 10-6 所示）、Django（如图 10-7 所示）等框架。对 Web 开发感兴趣的小伙伴，也可以看"从 0 到 1"系列的《从 0 到 1：Flask Web 开发》和《从 0 到 1：Django Web 开发》进行学习。

图 10-6　Flask

图 10-7　Django

Pyecharts 官方文档提供了非常详细的语法讲解以及丰富的实例。如果想要更深入地了解 Pyecharts，小伙伴们可以多阅读官方文档。

## 10.4　其他可视化库

这里已经接近本书的尾声了，对于 Python 可视化库来说，最常用的还是 Matplotlib、Seaborn 和 Pyecharts。小伙伴们把这 3 个可视化库认真掌握好，就能够满足 90% 以上的工作需求了。

实际上，除了这 3 个可视化库以外，Python 还有很多其他不错的可视化库。这一节我们给小伙伴们简单介绍一下，以便拓展大家的知识面。对于 Python 其他可视化库，常用的有以下 4 种。

- ▶ ggplot。
- ▶ Bokeh。
- ▶ Pygal。
- ▶ Plotly。

### 10.4.1　ggplot

ggplot（如图 10-8 所示）是基于 R 语言的 ggplot2 的一个 Python 可视化库，它的核心理念是将绘图与数据进行分离。ggplot 主要有以下特点。

- ▶ 数据相关的绘图与数据无关的绘图分开处理。
- ▶ 按图层作图，类似于 Photoshop。
- ▶ 命令式的作图调整函数，使作图更具灵活性。
- ▶ 将常见的统计变换融入作图。

图 10-8　ggplot

需要注意的是，ggplot 和 Pandas 存在共生关系。如果你打算使用 ggplot，那么最好将数据保存在 DataFrame 中。

### 10.4.2　Bokeh

Bokeh（如图 10-9 所示）是基于 JavaScript 实现的交互可视化库（类似于 Pyecharts），它可以在 Web 浏览器中实现美观的视觉效果。Bokeh 主要有以下特点。

- ▶ 可以通过简单的命令来快速创建复杂的统计图。
- ▶ 可以嵌入到 Flask 或 Django 中，类似于 Pyecharts。
- ▶ 可以转换用其他库（如 Matplotlib、Seaborn）创建的可视化内容。
- ▶ 能够灵活地将交互式应用、布局和样式选择用于可视化。

图 10-9　Bokeh

不过，Bokeh 也有很多缺点。首先是它的语法比较晦涩难懂，其次是它的版本经常会更新，而且有些语法还不向下兼容，这是非常令人头疼的一点。

## 10.4.3　Pygal

Pygal（如图 10-10 所示）是一个矢量图表可视化库，它可以使用面向对象的方式来创建各种数据图表。Pygal 主要有以下特点。

- ▶ 使用面向对象的语法，比较简单。
- ▶ 可以生成 SVG 矢量图片格式。
- ▶ 可以生成 HTML 表格、XML etree 等。
- ▶ 可以应用于 Web 开发。

图 10-10　Pygal

如果想要在不同尺寸的屏幕上展示图表，我们可以考虑使用 Pygal 来进行绘制，这是因为 Pygal 可以将图表渲染成一个 SVG 文件。

## 10.4.4　Plotly

Plotly（如图 10-11 所示）是新一代的 Python 数据可视化库，它通过构建基于 HTML 的交互式图表来显示信息，并且可以创建各种形式的精美图表。Plotly 主要有以下特点。

- ▶ 可以生成 HTML 文件，Web 在线交互，类似于 Pyecharts。
- ▶ 不仅支持 Python 语言，还支持 R 语言。
- ▶ 提供"在线"和"离线"两种模式创建图表。

▶ 用户体验非常好，配色也非常好看。

图 10-11　Plotly

Plotly 除了提供丰富的图表之外，还提供强大的交互功能，可同 Pyecharts 相比较。如果你是一名数据分析师，那么 Plotly 可以说是你的一个强有力的选择。

# 第 4 部分
## 附录

# 附录 A

# Matplotlib 绘图函数

| 基本图表 | |
|---|---|
| plot() | 折线图 |
| bar() | 柱形图 |
| barh() | 条形图 |
| hist() | 直方图 |
| pie() | 饼状图 |
| scatter() | 散点图 |
| boxplot() | 箱线图 |
| 高级绘图 | |
| step() | 阶梯图 |
| stackplot() | 面积图 |
| stem() | 棉棒图 |
| errorbar() | 误差棒图 |
| polar() | 雷达图 |
| imshow() | 热力图 |
| subplot() | 子图表 |

# 附录 B

# Seaborn 绘图函数

| 基础图表 | |
|---|---|
| lineplot() | 折线图 |
| scatterplot() | 散点图 |
| barplot() | 柱形图 |
| histplot() | 直方图 |
| boxplot() | 箱线图 |
| **高级图表** | |
| heatmap() | 热力图 |
| kdeplot() | 核密度图 |
| violinplot() | 小提琴图 |
| boxenplot() | 增强箱线图 |
| stripplot() | 分布散点图 |
| regplot() | 线性回归图 |
| **其他图表** | |
| subplots() | 子图表 |
| catplot() | 图表分组 |
| jointplot() | 双变量图 |
| pairplot() | 多变量图 |

# 附录 C

# Pyecharts 绘图模块

| 基础图表 | |
| --- | --- |
| Line | 折线图 |
| Bar | 柱形图 |
| Scatter | 散点图 |
| Pie | 饼状图 |
| Boxplot | 箱线图 |
| 高级图表 | |
| Kline | K 线图 |
| Liquid | 水球图 |
| Calendar | 日历图 |
| WordCloud | 词云图 |
| Map | 地图 |
| Tree | 树图 |
| Bar3D | 3D 柱形图 |